余韻都市

ニューローカルと
公共交通

中村文彦＋
国際交通安全学会
都市の文化的創造的機能を支える
公共交通のあり方研究会
編著

鹿島出版会

はじめに

本書は、公益財団法人国際交通安全学会（International Association of Traffic and Safety Sciences、ＩＡＴＳＳ）の二〇一八年度から三か年にわたる研究調査プロジェクト「都市の文化的創造的機能を支える公共交通の役割」の研究成果をとりまとめ、未来の都市のあり方、それを支える交通、特にいわゆる公共交通の考え方、役割について提言するものである。ここで、いわゆる公共交通という言い方をしているのは、最終章で触れるが、近年の情報通信技術革新の中で、自転車のシェアリングなど新しい移動サービスが数多く出現し、公共交通の定義を再整理する必要が出てきたことに関連する。本書執筆の二〇二一年時点で、欧州を中心に議論が展開しており、電車や路線バスなどを、「いわゆる」という単語で表現しておくことが望ましいと判断した。

さて、未来の都市のあり方を考えるにあたり、すでに多くの議論や実践があり、多くのキーワードがある。持続可能性（サステナビリティ）、創造性（クリエイティビティ）、多様性（ダイバーシティ）、強靭性（レジリエンス）をはじめとして、多くのキーワードが注目されている。加えて、情報通信技術のめざましい発展を土台に、スマートシティという言葉も頻繁に目にする。それぞれのキーワードの出自を理解したとしても、その意味するところは、必ずしも関係者間でずれがないわけではないが、それでも、これらのキーワードは、未来の都市を議論する上では必需品のようにも位置づけられよう。

一方で、二〇二〇年から世界的に深刻な問題となった新型コロナウイルスによるパンデミック状況への対応の中で、ニューノーマルという言葉も頻出単語になってきた。感染拡大防止のためのソーシャルディスタンシングの確保から仕事や生活の行動様式の変容までが議論され、実践されるようになり、ウェブ会議、オンライン診療、オンライン教育などもきわめて身近なものになってきた。

サステナビリティ、クリエイティビティ、ダイバーシティ、レジリエンス、スマートシティ、そして、ニューノーマル、これらの単語を見据えながら、未来の都市、その中の交通、その中のいわゆる公共交通を語ろうとする我々の研究調査プロジェクトは、必ずしもこのパンデミック状況を想定して始めたものではなく、本書編著を担当し、研究調査プロジェクトのリーダーを仰せつかっている中村文彦のきわめて素朴な疑問から始まっている。

きっかけの疑問①…都心で舞台や音楽を劇場で鑑賞してからの帰路の電車が混んでいて、せっかく盛り上がった気持ちがしぼんでいくのがもったいないのではないか？

ここから発想は大きく動いた。

きっかけの疑問②…そもそも都会の交通システムは通勤需要の集中を処理することを大命題に設計されているけど、それでいいのだろうか？　自家用車は必ず座れるのに、電車やバスに着席できなくてもなんとも思わないということ自体、そもそもおかしくないか？
さらに発展してしまい、都市論とつながってしまった。

きっかけの疑問③…都市の中心というと、東京なら大手町や霞が関のオフィスビル街を思いがちだが、都市の中心とはそもそも働く場所としてのオフィスビル街ではないのではないか？ むしろ、都市の中心は、広場や劇場やスタジアムあるいは美術館などといったものであるべきで、そこは、我々が余暇といわれる時間を楽しめる空間、言い換えれば、心を豊かにする時間を過ごせる空間であるべきなのではないか？ そういう意味で、文化的そして創造的な機能こそが都市の中心的な機能なのではないか？ そして、交通、特にいわゆる公共交通は、そういった機能を支えることが第一に重要なのではないか？

これらの疑問をきっかけに、学際的な議論や海外調査を組み込んで、研究調査プロジェクトを立ち上げ、中村のこのような疑問にお付き合いいただける仲間を、国際交通安全学会会員から募り、さらに学会員ではないが、関心をもっていただけた都市デザイン、社会学の大御所の先生方にも加わっていただき、二〇一八年度から勉強会を開始した。

実際に議論を始めると、根本的なところでいくつもの壁にぶち当たった。そもそも文化的とは何か、創造的とは何か、都市の起源までさかのぼりギリシャではどうだったか、我々の日本の首都東京、昔の江戸はどうだったのか、公共交通とはそもそも何なのか、メンバーの方々に助けられながら、発散しがちな議論を繰り返す中で、劇場というキーワードを残しつつ、ニューヨーク、ロンドン、そしてウィーンでの現地調査、人々の余暇行動や主観的幸福感についての世界規模でのアンケート調査、地図情報システムを活用した都市空間での劇場など立地の実態調査、近世を経て近代以降の東京の歴史的な成り立ちから見た文化機能、移動の価値を見直す中での低速移動の意義などの切り口で、研究調査作業を進めた。

そんな中で、プロジェクトの二年目には、ニューヨーク市交通局長を二〇〇七年より六年間勤め、ブロードウェイ地区などの完全歩行者空間化を実現したジャネット・サディク＝カーン氏の日本招聘を実現させた。ニューヨーク市では、道路空間の計画、設計、運用、維持管理を行うのが交通局で、地下鉄や路線バスのサービスの計画、運営、運行は、ニューヨーク市および周辺都市で共同で経営する運輸公社の担当となる。ニューヨーク市交通局は、自動車優先から歩行者、自転車、そして公共交通優先へと道路空間を変えていく場面で多くの成果を出した。彼女を招聘し、歩行者空間確保の意義、道路空間再配分の必要性を焦点にシンポジウムも開催した。我々研究調査プロジェクトメンバーが、人間中心の空間づくりの意義と効果、実現戦略について、その重要性の認識を新たにした瞬間であった。

その後、新型コロナウイルスの影響から、研究活動は大きく制約を受けた。活動内容としては、当初予定していた、東南アジアの大都市への展開などは断念したものの、一方で、このコロナ禍の中で混迷している、これからの都市の姿、それを支える公共交通の姿について、日本の関係者に向けて、具体的な方向性を示すためにも、日本の地方都市でのケーススタディが重要と判断し、研究調査プロジェクトの三年目には、ＬＲＴ（Light Rail Transit）導入、路面電車ネットワーク充実、中心市街地再生、コンパクトシティ政策推進などで知られている富山県富山市でのケーススタディを、オンライン中心になったが敢行した。

新型コロナウイルスの影響は、研究の方向性にも影響を与えている。ただし、これはネガティブな意味ではなく、むしろ、当初の素朴な疑問から始まった、都市およびそれを支える公共交通の見直しの方向性について、強く背中を押してくれたものと認識している。

外出の自粛から、舞台イベントやスポーツイベントが中止になり、博物館や美術館さえも休館になって、改めて、文化に触れる活動の重要性を認識するに至った。在宅勤務が急増して、結果的に通勤ラッシュが大きく緩和され、非人間的な移動の場面は図らずも減少した。そんな流れの中で、ニューノーマルという掛け声とともに、働き方、毎日の過ごし方についての見直しの機運が高まってきた。海外では、歩行者や自転車の見直し、クラスターの恐れから敬遠されかつ利用者減に伴う収入減の危機に瀕している公共交通の支援、といった議論が始まっている。我々がこのプロジェクトで議論してきたことは、このような状況下での、次の時代の都市に対しての新しい思想を打ち出す土台となりえていると確信するところである。

本書では、三年間の研究調査プロジェクトの活動の中から、前述の世の中の情勢を十分に踏まえた上で、今我々が伝えるべき新しい都市のあり方、それを支える公共交通のあり方について、具体的でかつ長くもちこたえることのできる思想の提示に向けて、重要な骨組みとなる研究成果を、研究調査プロジェクトメンバーで分担して執筆した。この序章の後に八つの章に分けて内容を述べている。市民へのウェブ調査分析を土台とした人々の行動や幸福感についての考察、東京の歴史的な側面を含めた社会学的文脈からの考察、地図上の立地分析を含めた都市空間のデザインの視点からの文脈を柱に、海外調査から学んだことの考察、ここまでの論点を整理した都市と交通に関わる考え方の総括、それをもとにした富山市でのケーススタディ、全体を受けての未来の都市に向けての有志討議、最終的な提言という構成にした。出版プロジェクトの時間的な制約もあることから、八章のうちの三章を座談会形式として、研究調査プロジェクトメンバーのこのプロジェクトへの思いをわかりやすい言葉のやりとりで、読者に伝えることを試みた。

最終的には、都市の歴史的文脈、文化的体験の種類の多様性に留意し、都市の中での時空間の意味、移動の意味の再考に踏み込み、その上で、公共交通につながる空間の課題、交通結節点や車両を含む公共交通のインフラの課題、公共交通を支えるシステムの課題に触れ、連続性やスケール感、移動の選択肢や自由度、情報提供や運賃制度も含めたＭａａＳ（Mobility as a Service）の動向も踏まえた上で、最終的な提言につなげている。

本書の結論は、喫緊の公共交通事業崩壊危機への対処や、コロナ禍で露呈してしまった福祉をはじめとする様々な都市問題への緊急対応策には、直接は触れていない。そのため、現場での危機感を即座に和らげるような効能は有していない。

しかしながら、長期にわたって都市そして交通、公共交通のあり方を見直していく場面、あるいはそのような課題について研究を進める場面で、土台となるものの考え方を見直すヒントを示すことはできているので、読者諸兄がその点を味わっていただければ、プロジェクトに関わったメンバー一同、うれしい限りである。

余韻都市　ニューローカルと公共交通

目次

写真・図表について特記なきものは編著者の撮影、作成による。

1章

コンサートホールや劇場への「行きやすさ」が人々を幸福にする

国連の調査によると、日本人は他の先進国の人々に比べて、幸福感が薄いようだ。人が生き生きとして、幸せに暮らすことができる都市をつくるためには、様々な努力が必要だが、この章では音楽や演劇などの「文化的な娯楽」の力に着目する。日本、アメリカ、イギリスの三か国で行ったアンケート調査の結果を分析すると、「文化的な娯楽活動への交通アクセス」の改善が、人々の幸福感を高める可能性が見えてきた。

川端祐一郎

藤井聡

1 文化的な娯楽と幸福感

1 幸福の様々な意味

多くの人は、「幸せな人生を送りたい」と思っているだろう。それは当然のことだ。「幸せな境遇に安住するとハングリー精神を失ってしまうからダメだ」などとひねくれたことを言う人も中にはいるし、それはそれで確かに一理ある。しかしほとんどの人は、何とか幸せになることを望んで、日々の暮らしを送っているはずである。ただし「幸せとは何か」というのは、そう簡単に答えの出る話ではない。もちろん、人の好みや価値観によって「何が満たされれば幸せになれるか」が異なるというのも確かなのだが、それ以前の問題として、そもそも「幸福」という言葉の意味がひとつではないのである。

ふつう、幸福と言えば、快い気持ちになることがなるべく多く、苦痛を感じることがなるべく少ないような状態を意味すると考えるだろう。このように、心の内面的な状態に基づいて定義される幸福を、哲学や心理学では「主観的幸福感」と呼んでいる。たいていの場合、幸福と言われればこの主観的幸福感をイメージする人が多いはずである。後で述べるように我々の研究チームも、この主観的幸福感を日本、イギリス、アメリカで調査し、文化的な娯楽活動の経験や交通の利便性がそれにどのような影響を与えているかを分析している。

しかし、これをわざわざ「主観的」幸福感と呼ぶからには、「客観的」な幸福も存在するということだ。では客観的幸福とは、どんなものだろうか。

ひとつは「生物学的」な意味での客観的幸福感で、脳波やホルモンの計測によって評価される。これはたしかに客観的な計測ではあるが、心の内面の状態と密接に関わっているので、ある意味では主観的幸福に近い概念だとも言える。

もうひとつは「哲学的」な意味での客観的幸福感で、これは心の内面の状態とは大きく異なるものだ。これについては哲学者の森岡正博氏が、次のような思考実験でわかりやすく説明している。


ここに、副作用のない完全な幸福薬があるとする。その薬を飲むと、たとえどのような経験をしようとも二〜三日のあいだ幸福感に満たされる。さて、ある親が小さな子どもを連れて道を歩いていた。突然、暴走車が突っ込んできて、その子をひき殺してしまった。親は動転してパニックになった。駆けつけた救急隊は、親の精神状態を確かめてから、その親に完全幸福薬を注入した。親の心はすぐに幸福感に包まれた。そして親は、「今日私の子どもが殺されたが、私はなんて幸福なのでしょう」と言って、救急隊員に微笑んだ。

親は、自分は幸福であると主張しているが、それが非常に奇妙なことであると思わない者はいないであろう。

（森岡正博「幸福感の操作と人間の尊厳――生命の哲学の構築に向けて（四）」『大阪府立大学紀要』七、九三〜一〇八頁、二〇一二年）


森岡氏によると、不幸を感じる能力を奪われた状態で本人がどれだけ幸福だと言っていても、それを安易に幸福と呼ぶわけにはいかない。たしかに、多くの人がそう考えるだろう。そういう意味で我々人間は皆、心の内面の状態とは異なる客観的な幸福にも、関心をもっているのだと言える。

2　日本人はあまり幸せではない？

客観的幸福感にはもうひとつ、「社会経済的」な意味のものがある。国連の関連チームが毎年作成している『幸福度レポート』は、複数の指標を組み合わせることで、各国の客観的な幸福度を評価している。計測されている

表1–1 客観的幸福度世界ランキング

年	国数	日本	アメリカ	イギリス	1位の国
2015	158か国	46位（5.99）	15位（7.12）	21位（6.87）	スイス（7.59）
2016	157か国	53位（5.92）	13位（7.10）	23位（6.73）	デンマーク（7.53）
2017	155か国	51位（5.92）	14位（6.99）	19位（6.71）	ノルウェー（7.54）
2018	156か国	54位（5.92）	18位（6.89）	19位（6.81）	フィンランド（7.63）
2019	156か国	58位（5.89）	19位（6.89）	15位（7.05）	フィンランド（7.77）
2020	153か国	62位（5.87）	18位（6.94）	13位（7.17）	フィンランド（7.81）
2021	149か国	56位（5.94）	19位（6.95）	17位（7.06）	フィンランド（7.84）

（『幸福度レポート』https://worldhappiness.report/archive/より作成）　（ ）内は幸福度指数

のは、①一人あたりGDP、②健康寿命、③社会的支援（困ったときに助けてくれる親族や友人の存在）、④人生の自由度（やりたいことができる度合い）、⑤国民の寛容さ（チャリティ募金への寄付額）、⑥政治権力の腐敗という六つの項目だ。③④⑥は各国のアンケート参加者が主観で回答するので、完全に客観的というわけでもないが、それでも「嬉しい気持ち」や「悲しい気持ち」として測られる主観的幸福感とは全く異なる性質の評価であることは間違いない。

このレポートでは、国ごとの幸福度ランキングが作成されているので、二〇一五年版から二〇二一年版までの順位を見てみよう。表1－1に示したとおり、ここ最近は、世界でいちばん幸福なのはフィンランド（四年連続）のようだ。デンマークやノルウェーもそうだが、このランキングでは以前から、北欧諸国が上位を占めることが多い。

では、日本はどうだろうか。日本は、「一人あたりGDP」では世界二四位、「健康寿命」では二位と高いランクに位置しているのだが、表1－1のように、総合的な幸福度では二〇二一年に五六位と、先進国の中ではかなり低いほうである。何年かさかのぼってみても、多少の変動はあるものの、お世辞にも高いランクとは言えない。

表1–2 主観的幸福度世界ランキング

年	国数	感情	日本	アメリカ	イギリス	1位の国
2019	155か国	ポジティブ	73位（0.74）	35位（0.82）	52位（0.77）	パラグアイ（0.91）
		ネガティブ	142位（0.18）	86位（0.28）	114位（0.22）	シリア（0.64）
2020	152か国	ポジティブ	76位（0.73）	30位（0.82）	45位（0.77）	パラグアイ（0.89）
		ネガティブ	139位（0.19）	85位（0.27）	112位（0.23）	中央アフリカ（0.60）
2021	147か国	ポジティブ	73位（0.73）	30位（0.80）	46位（0.77）	パナマ（0.88）
		ネガティブ	133位（0.19）	78位（0.28）	107位（0.24）	イラク（0.50）

（）内はポジティブ・ネガティブな感情の平均値。ネガティブは、順位が低いほうが幸福
（『幸福度レポート』https://worldhappiness.report/archive/より作成）

ちなみにこの『幸福度レポート』では、客観的幸福度とあわせて、主観的な幸福感についてのデータもまとめられている。ギャラップ社が各国で実施しているアンケート調査が元になっていて、回答者は調査日の前日に「面白い」「楽しい」といったポジティブな感情をどれくらい感じたか、そして「不安だ」「悲しい」といったネガティブな感情をどれくらい感じたかを答える。その平均値を集計して国別のランキングが作成されており、それを抜粋したものが表1－2である。

ポジティブな感情で二〇一九年と二〇二〇年に一位となっているパラグアイは、それ以前にも何度もこの項目で一位となっており、国民が非常に「前向き」な気質であることで知られている。また、ネガティブな感情で上位になるのは、内戦や政情不安のさなかにある国が多い。

日本はどうかというと、ポジティブな感情に関しては約一五〇か国中の七〇位台だから、これもやはり高いとは言えない。ただし、アメリカやイギリスよりも順位が低いが、その両国も先ほどの客観的幸福感に比べると順位は低くなっている。社会経済的な環境は先進国で高くなるのが自然だが、感情的な幸福度については必ずしもそうではないということだろう。

一方、興味深いことに、ネガティブな感情については、日本

のほうがアメリカやイギリスよりも低位となっている。この順位は、低いほど幸福であることを意味するから、ひとまず歓迎すべき結果だろう。約一五〇か国中の一三〇～一四〇位だから、日本人は世界で一〇～二〇番目くらいに、悲しい気持ちや不愉快な気持ちを味わわずに済んでいる人たちだということである。

ここからわかるのは、日本人はポジティブな感情もネガティブな感情も、諸外国の人々に比べて比較的弱いということだ。すごく幸せという実感もないが、すごく不幸という実感もない。サッパリしていてよいという見方もできるが、もしかすると日本人は、「人生を楽しむ」ということに関して、総じて「鈍い」ということなのかもしれない。

3 日本人は娯楽活動をあまり楽しんでいない?

幸福というものは、概念そのものに曖昧さがあるし、人によって感じ方も異なるので、政治家や官僚などのリーダーが「幸福度を高めること」を目標として宣言することは少ない。しかし、国民や住民の幸福を実現するのがリーダーの重要な役割であることを、否定する人もほとんどいないだろう。そこで最近では、政策についての評価や研究の場に、幸福度という指標も取り入れたほうがいいのではないかという議論がある。

主観的な幸福感は、その国の文化や国民性にも左右されるだろうし、当然それぞれの個人の価値観によっても左右される。しかしそれと同時に、自分の住んでいる地域の「環境」によっても、影響を受けることは間違いない。政策を決定するリーダーたちにできるのは、この「環境」を改善することであり、環境が幸福感に与える影響を知っておくことはとても重要である。

従来、例えば鉄道や公園や美術館を新しくつくった場合、その効果は「利用者数」などの客観的な指標で測られることが多かった。しかし、それらの施設をつくることの究極の目標が「住民の幸福」にあるのだとしたら、つくった結果として住民が幸福になったのかどうかに関心をもつのは自然なことだ。もちろん、幸福の定義も計測も難しいのではあるが、そういう試みはあってもよいはずである。

二〇一八年に始まったIATSSプロジェクト「都市の文化的創造的機能を支える公共交通の役割」の中で、我々（藤井・川端）の研究チームでは、コンサートを聴いたり演劇を観たりといった、文化的な娯楽活動に着目し、それらの活動へのアクセスをよくすることが住民の幸福度の上昇につながるのか否かを分析した。日本の都市は、そういった文化的娯楽を楽しみやすくすることで、人々がもっと幸せに暮らせるまちにしていくことが可能なのではないか、そういうポテンシャルがまだまだあるのではないかと考えているからだ。

例えば東京は世界に冠たる巨大都市で、国際的な人の往来も多く、ありとあらゆる文物が手に入るように思える。しかし東京を、パリ、ロンドン、ウィーン、ニューヨークといった欧米の都市と比べて「文化的に優れている」と感じる日本人は少ないのではないだろうか。わざわざ卑屈になる必要はないし、明治以来の日本人の舶来コンプレックスにはみっともないところもあって、日本固有の文化に自信をもつことはもちろん重要だろう。しかしどうも日本人には、とても勤勉で学問や仕事には一所懸命である一方で、「文化的な暮らし」を充実させるのが上手ではないというイメージが昔からあるのではないだろうか。

こうした問題意識もあって、我々は日本の東京と地方都市、そしてアメリカのニューヨーク、イギリスのロンドンと日米欧にまたがるかたちで、簡単なアンケート調査を行った。この調査は二〇一九年の一〜二月にかけてオンラインで行われたもので、東京の住民五〇〇人、全国の二〇の政令指定都市（札幌市や大阪市や福岡市など）の住民五〇〇人、ニューヨーク大都市圏の住民五〇〇人、そしてロンドンの住民五〇〇人を対象にしている。男女は同数で、年代は二〇代、三〇代、四〇代、五〇代、六〇代以上が均等に分布するようにした。

この調査のアンケート方法は少し特殊で、まずすべての参加者は、「コンサート」「演劇など」への参加頻度を答える。次に、「スポーツ（する）」「遊園地」「美術館」「動物園・水族館・博物館等」「映画」「スポーツ（観る）」の中から、最も好むものを一つ選んでもらい、それについての参加頻度を答える。つまり、すべての人が三つの

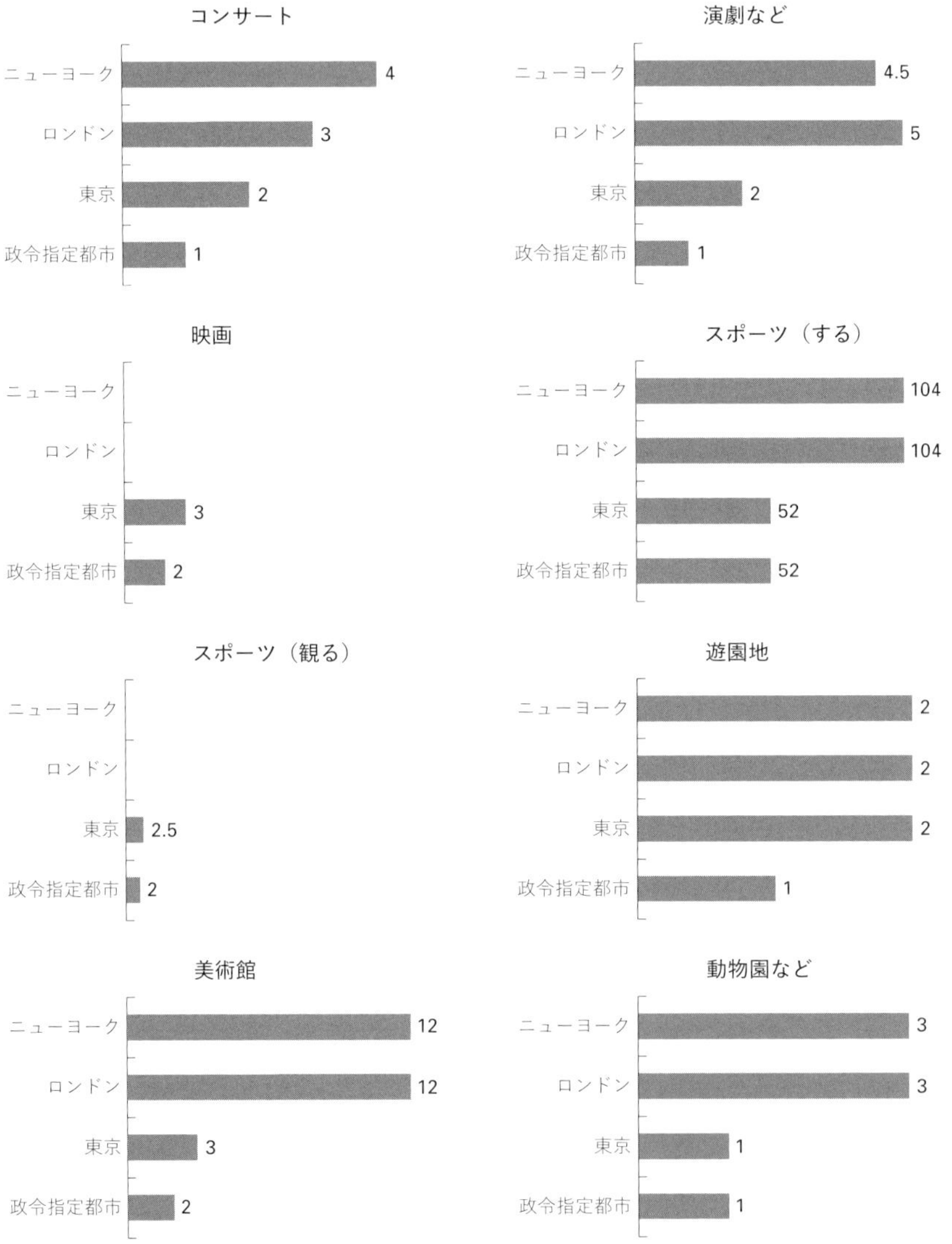

図1–1 娯楽活動への参加頻度（年間回数の中央値）

※いずれも1回以上行っている人の中央値であり、もともと関心がなくゼロ回の人は含まない

※「週×回」は52倍、「月×回」は12倍しており、週1回なら52回、週2回なら104回となる

※「映画」と「スポーツ（観る）」は、映画館やスタジアムでの鑑賞・観戦を指すが、ニューヨーク・ロンドンのデータではテレビなどでの視聴と区別ができていないため、掲載を省略した

※「演劇など」は、日本では「ミュージカル・舞台・落語等」、米英では「ミュージカルや演劇」として尋ねている。また「動物園など」は、「動物園・水族館・博物館等」として尋ねている

娯楽活動について回答するのだが、三つ目の活動は人によって異なることになる。

図1－1は、八種類の娯楽活動について、それぞれの地域の住民が年に何回程度楽しんでいるかを集計したものである。平均値を取ると「三六五日、毎日やる」という極端な人の影響が大きくなるので、ここでは中央値をまとめている。また、「もともと関心がなくて一回もしない」という人は除いているので、全住民の中央値よりは少し高い値になっている。

はっきりとわかるのは、日本の人々とニューヨーク、ロンドンの人々では、娯楽活動を楽しんでいる回数が大きく違っていて、どれを取っても日本のほうが少ないということである。例えば、演劇やミュージカルを観に行く回数は、ニューヨークやロンドンでは年に四〜五回であるところ、日本では、演劇に関心がある人でも、一〜二回しか行かない場合が多いようだ。美術館についても、ニューヨークとロンドンの人は毎月一回程度訪れているが、日本の人は三〜四か月に一回といったところである。スポーツをする回数も、ニューヨークとロンドンの人は週二回程度だが、日本人は週一回と半分になっている（グラフでは、それぞれ五二倍しており、一〇四回と五二回になっている）。また、東京と地方の政令指定都市の間でも、少し格差があり、東京のほうが少し多い。

この集計からは「関心がないので一回もしない」という人は除かれているので、日本と英米の差は、「音楽や演劇や美術にある程度関心がある人たち」の間での差ということになる。つまりこれらの数字が示しているのは、日本人がそういう文化的・芸術的な楽しみに興味をもっていないということではなくて、仮に興味があったとしても、ニューヨークやロンドンに比べると、鑑賞する機会や環境があまり充実していないのかもしれないということだ。

4　二つの主観的幸福感

ここで、我々の調査で計測した、各都市の住民の主観的幸福感も見ておこう。この調査では、主観的幸福感を

表1–3 感情的幸福感を計測するための質問

以下に示す感情を日々の暮らしの中で感じる頻度をお答えください					
	全く感じなかった	ほとんど感じなかった	時々感じた	頻繁に感じた	とても頻繁に感じた
とてもうれしい気持ち	□	□	□	□	□
少しうれしい気持ち	□	□	□	□	□
とても悲しい気持ち	□	□	□	□	□
少し悲しい気持ち	□	□	□	□	□
とても活発な気持ち	□	□	□	□	□
少し活発な気持ち	□	□	□	□	□
とても退屈な気持ち	□	□	□	□	□
少し退屈な気持ち	□	□	□	□	□
（その他16項目省略）					

表1–4 認知的幸福感を計測するための質問

以下の5つの項目についてどれくらい当てはまるかを、それぞれお答えください				
ほとんどの面で私の人生は私の理想に近い				
いいえ		どちらとも言えない		はい
□	□	□	□	□
私の人生はとても素晴らしい				
いいえ		どちらとも言えない		はい
□	□	□	□	□
私は自分の人生に満足している				
いいえ		どちらとも言えない		はい
□	□	□	□	□
私はこれまで、自分の人生に求める大切なものを得てきた				
いいえ		どちらとも言えない		はい
□	□	□	□	□
もう一度人生をやり直せるとしてもほとんど何も変えないだろう				
いいえ		どちらとも言えない		はい
□	□	□	□	□

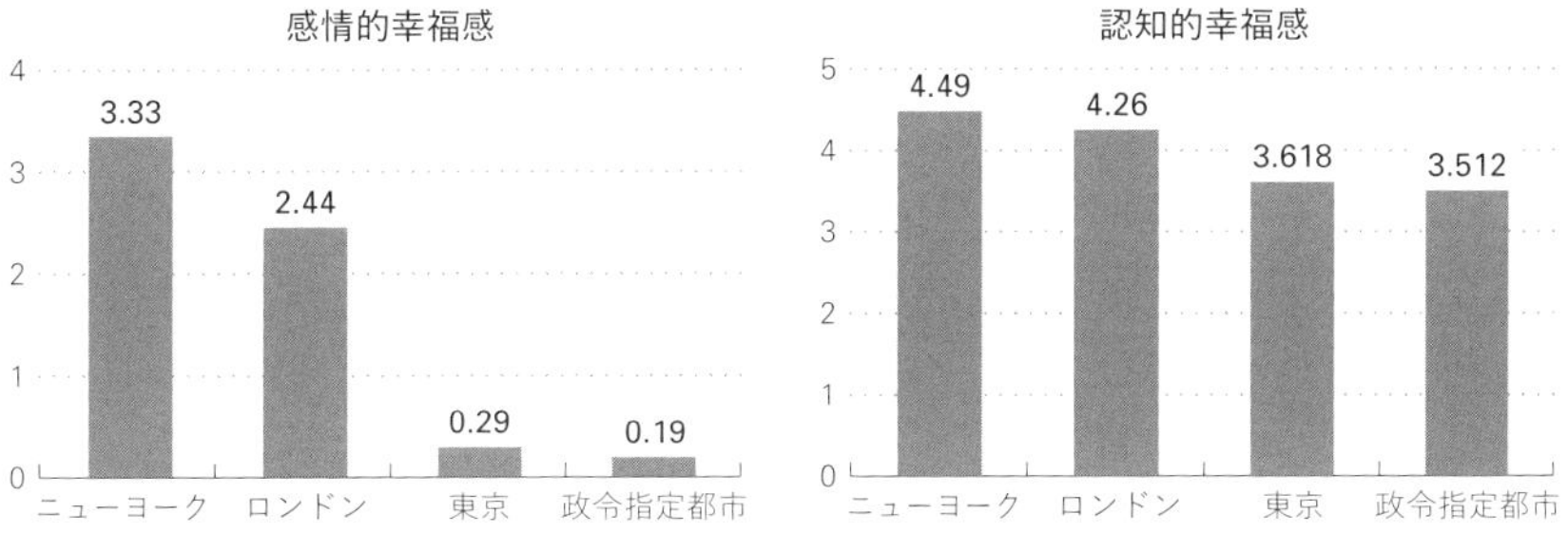

図1–2 感情的幸福感と認知的幸福感の都市別平均

さらに「感情的幸福感」と「認知的幸福感」に区別している。これは、心理学における幸福感研究ではしばしば用いられる区別だ。

簡単にいうと、感情的幸福感は、幸せな気持ちや不幸せな気持ちを、日常生活においてどれくらい「感じるか」を尋ねている。一方、認知的幸福感は、各々が自分自身をどれくらい幸せだと「考えているか」を尋ねている。感情的幸福感のほうは、直感的な感覚に近いと言えるだろう。それに対して認知的幸福感のほうは、自分の生活や人生を振り返って、冷静に評価するようなものだ。

具体的な質問については、表1－3、1－4をご覧いただきたい。感情的幸福感の計測には、「うれしい」と「悲しい」、「活発な」と「退屈な」というように、対になる概念を用いる。それぞれを「とても」と「少し」に分けて、そういった感情を日々の暮らしの中で、どれだけ頻繁に感じているかを尋ねている。一方、認知的幸福感については、自分の人生が理想に近いかどうか、素晴らしいと言えるかどうかについて、五段階の評価で回答する。

こうして計測された二つの主観的幸福感の平均値を、都市別に集計した結果が、図1－2のグラフである。いずれの主観的幸福感についても、日本人の幸福感は、東京においてもその他地域の政令指定都市においても、ニューヨーク・ロンドンに住む人々に比べて低い値となっている。先ほどみた国連の調査レポートと同様に、残念ながら、日本人はあまり「幸せ」であるとは言えないようだ。

さて、こうして文化的な娯楽活動への参加頻度と、主観的幸福感のデータを並べると、「娯楽活動を楽しめないことが、日本人の幸福感にどのぐらい影響を与えているのだろうか」という疑問が湧いてくるだろう。そこで次節以降では、この娯楽活動への参加頻度に、娯楽施設（コンサートホールや劇場など）への交通アクセスの利便性を加味して、それらが各都市の人々の主観的幸福感にどのような影響を与えていると言えるのか、少し詳しく分析してみよう。

2　娯楽への「アクセスのよさ」が人を幸せにする

1　娯楽活動と幸福感の関係

前節で見たように、東京に住む人たちはニューヨークやロンドンの人たちよりも、文化的な娯楽への参加頻度が低く、そして主観的幸福感が低い傾向にある。これだけを見ると、「なるほど、娯楽にたくさん参加できたほうが、幸せになれるんだな」という、当たり前と言えば当たり前の理解を得て終わってしまうところだが、そう簡単に判断できるわけでもない。

まず、日本とアメリカやイギリスの間には娯楽活動の頻度以外にも様々な文化的・社会的な違いがあるだろうから、その影響をうまく取り除いて比較する必要がある。それに、娯楽の捉え方が国によって違うという可能性もある。例えば、ひょっとすると、アメリカ人は「レストランで聴ける生演奏」も「コンサート」の一種だと捉えていて、日本人は「東京ドームで行われるジャニーズのライブ」のようなものだけを思い描いているかもしれない。その場合、アメリカ人のいう「一回」と日本人のいう「一回」は重みが違っていて、単純に回数と幸福が関係していると考えるわけにはいかなくなる。

要するに、文化的背景が異なる都市や国を相互に比較した場合、何の違いが何の違いと関係しているのかが捉えにくく、はっきりしたことはなかなか言えないのである。そこで我々は、東京とニューヨークとロンドンを比較するという手段はとらずに、東京は東京、ニューヨークはニューヨーク、ロンドンはロンドンで、同じ都市に住む人たち同士を比べて、「娯楽活動への参加が多い人ほど、幸福感も高い」のかどうかを分析することにした。こうすれば、文化的な違いなどはあまり大きな問題とはならない。

我々は次のような仮説を立てて、先ほどのアンケート調査に含まれているデータから、これらの仮説が正しいかどうかを確かめることにした。

［仮説1］ 娯楽活動が増えると、幸福度が増す
［仮説2］ 娯楽活動場所への交通手段が便利だと、幸福度が増す

［仮説2］については説明が必要かもしれない。「娯楽活動にたくさん参加することによって幸福度が向上する」と考えるのが普通ではあるが、例えばコンサートに参加する頻度が同じでも、そのコンサートホールへ行きやすい交通手段があるのとないのとでは、幸福度に差が生まれるかもしれない。また、実際にはそれほど頻繁にコンサートに参加するわけではない人も、「優れたコンサートを聴きたければ、すぐに聴きに行けるような場所に住んでいる」ということ自体が生活への満足感につながり、幸福感が上昇することもあるかもしれない。

そこで我々は、交通手段の便利さが、娯楽の頻度とは無関係に幸福度に与える影響も、分析することにした。

2 分析の方法と結果

［仮説1・2］を検証するために、先ほども紹介した二〇一九年実施のアンケート調査のデータを用いる。このアンケートでは、娯楽活動の頻度と主観的幸福感以外にも、様々なことを参加者に質問している。例えば収入

や年齢、結婚しているかどうかなど、幸福感に影響を与えることが過去の研究から知られている要因についても回答を得ているのだが、このデータをうまく使って分析すると、収入などの影響を取り除いて、「娯楽活動が独立して幸福感に与えている影響」を評価することができる。

またこのアンケートでは、娯楽活動の場所へのアクセスのしやすさを、「主観的アクセシビリティ」という指標を使って尋ねている。この「主観的アクセシビリティ」は、交通の研究者の間で最近になって使われ始めた概念で、人々がある場所に対して、どの程度「行きやすい」と主観的に感じているかを測るものである。

従来、交通の利便性は、「何分ぐらいで行けるか」「いくらぐらいの費用がかかるか」といった、客観的な指標で測られることが多かった。しかし、人が電車やタクシーに乗るときに「なぜそれに乗るのか」を考えてみると、所要時間の短さなども大きく関係はしているが、それらを考慮した上で結局のところ「行きやすい」と思えるかどうかが、直接的な決め手になっているとも考えられる。

例えば自宅から電車で三〇分の場所にフットサル場があったとして、そのフットサル場に頻繁に通えるかどうかは、三〇分という所要時間だけで決まるわけではない。電車が混んでいるかとか、駅が使いやすいところにあるかとか、そもそもその人は電車好きであるかどうかなど、様々な要因が絡みあっていて、それらが最終的に「行きやすい」という感覚につながれば、通うことができるだろう。そこで我々の調査でも、調査対象者に、娯楽活動場所への主観的な「行きやすさ」を尋ねており、これが活動の頻度や幸福感にどう影響しているかを分析する。

分析方法の詳細については技術的な内容が多くなるので、気になる人には注釈をご覧いただくとして、どのような結果が得られたかを簡単に説明しよう。

地方都市と東京では、娯楽環境へのアクセスのよさなど条件が大きく異なるので、ここでは東京・ニューヨーク・ロンドンという大都市に着目し、この三都市において娯楽活動や交通の利便性が幸福感に与える影響を評価

表1–5 娯楽活動の頻度と交通利便性が主観的幸福感に与える効果

説明変数		感情的幸福感			認知的幸福感		
		東京	ニューヨーク	ロンドン	東京	ニューヨーク	ロンドン
頻度	コンサート						
	演劇など						
	その他で最も好むもの						
主観的アクセシビリティ	コンサート	+	++				+
	演劇など						
	その他で最も好むもの		+			++	
頻度×主観的アクセシビリティ	コンサート					++	
	演劇など						
	その他で最も好むもの	+					
個人属性	学生	++					+
	主婦						
	子どもの数						++
	無職						
	世帯収入		+	++	++	+	++
	結婚	++			++		
	性別						
	年齢			++			
	N	161	105	110	161	105	110
	R2	0.11	0.20	0.16	0.12	0.19	0.19
	自由度調整済みR2	0.09	0.18	0.15	0.11	0.16	0.16

−−	++	p < .05
−	+	p < .10

回帰分析についての注釈

※2つの主観的幸福感、3つの都市の計6つの組み合わせについて、主観的幸福感を目的変数とする重回帰分析を行っている。説明変数はステップワイズ法で選択し、統計的に有意な変数のみを残す形で評価を行っている

※それぞれの回帰モデルに関して、自由度調整済み決定係数は0.1から0.2の間であり、決して高いとは言えないことに注意が必要である。本分析のように都市住民のほぼ全体を対象とした心理学的調査では一般に、説明変数として考慮できない残差が大きくなりがちである。統計的に有意な効果が見られない変数も多かったことの原因の一部は、この点にあると考えられる

した（表1－5）。

この表1－5は、三つの都市のそれぞれの回答者について、先ほど説明した二種類の主観的幸福感（感情的幸福と認知的幸福）が、どのような要因から影響を受けているかをまとめたものである。「＋」記号がプラスの影響を表し、「＋」よりも「＋＋」のほうがより明瞭な効果が見られたということになる。

「頻度×主観的アクセシビリティ」というのは、専門用語で「交互作用」と呼ばれるものなのだが、これが「＋」になっていると、「活動頻度が多く、かつ、主観的アクセシビリティも高い」ような場合に幸福感が上昇するという意味になる。

まず表を見て驚くのは、娯楽活動の「頻度」そのものは主観的幸福感に影響を与えていないということだ。そしてむしろ、いくつかのケースにおいて、「主観的アクセシビリティ」が重要な効果をもっていることがわかった。例えば、東京とニューヨークの住民の感情的幸福感と、ロンドンの住民の認知的幸福感は、コンサート会場への主観的アクセシビリティが高いときに、向上する傾向をもっている。

また、先ほどの「交互作用」に着目すると、例えばニューヨークの住民の認知的幸福感は、「コンサート会場への主観的アクセシビリティが高く、かつ、参加頻度も高いとき」に向上する。この関係から、頻度も全く効果をもっていないわけではないと言えるが、それでもやはり、主観的アクセシビリティが重要な役割を演じていることに変わりはない。

つまり、コンサートや演劇やスポーツなどへの参加頻度が多くても多くなくても、あまり幸福感に違いは出ないが、その場所へ行きやすいと感じられるかどうかは、幸福感に対して意味のある影響を及ぼしているのである。

なお、世帯収入が高かったり、結婚していたりすると幸福感が高まる場合があるのだが、この分析では、それらの要因がもたらす効果は、頻度や主観的アクセシビリティの効果とは区別されている。どういうことかというと、例えば豊かな地区に住んでいる人は、所得が高く、かつ便利な交通手段にも恵まれているかもしれない。そういう場合、所得が高いから幸せなのか、交通手段が便利だから幸せなのかは、一見して区別がつかないのだが、この分析は重回帰分析という方法をとっているので、「収入などとは関係なく、アクセシビリティの高さによってもたらされている効果」を独立して評価することが可能となっている。

先ほど設定した仮説の検証結果を整理すると、［仮説1］「娯楽活動が増えると、幸福度が増す」については、直接的にはそのような効果はなかったと言える。［仮説2］「娯楽活動場所への交通手段が便利だと、幸福度が増す」については、いくつかの都市・娯楽の組み合わせによっては、正しいと言える。

今回のアンケートは各都市五〇〇人程度のもので、しかもこの回帰分析には、三つの娯楽活動をすべて年に一回以上しているか、少なくともしたいと思っている人だけが含まれている。表の「N」の欄にある数字が実際に分析時に考慮された人数で、一〇〇人から一六〇人前後となっており、この程度の人数だと、本当は効果がある場合でもなかなか検出されないことがある。今後、もっと大規模な調査を行えば、より多くの組み合わせで「＋」や「＋＋」の効果が見られる可能性がある。逆に言えば、この程度の人数でも「＋」や「＋＋」が見られた組み合わせに関しては、かなり確かな効果があったのだと考えてよいだろう。

以上の分析結果から、次のような示唆を得ることができる。

娯楽活動の「頻度」が幸福感に影響を与えないとまでは言えないが、娯楽活動場所への交通手段が便利であると感じられることのほうが重要である。日本と英米の間にあった主観的幸福感の差を娯楽活動の実態だけで説明することはそもそも不可能で、様々な社会的・文化的・経済的差異が複合していると考えるべきだが、もし少しでも影響があったとすれば、娯楽の頻度の差というよりはアクセシビリティの差と考えておくべきかもしれない。実際、数表の掲載は省略したが、いずれの娯楽活動についても東京のアクセシビリティはニューヨーク・ロンドンよりも低かった。

また、「文化的な娯楽活動の充実によって活力のある都市をつくりたい」と考えるなら、単にコンサートホールや劇場や映画館の利用者数が多いということで満足してはいけないということがわかる。その利用者が、そこへのアクセス手段について満足しているのかどうかについても、きちんと調査を行って、不満があるのであれば改善していかなければならないのだ。

逆にいうと、コンサートや観劇の機会が仮に少なかった場合でも、それらを「手軽に鑑賞できる」と思えるような環境を用意しておくことで、人は幸せになり得るということだ。「このまちでは演劇を観る人なんて少ないから」という理由で劇場へのアクセス手段の改善を怠ると、予想外に住民の幸せを奪ってしまうことになるかもしれない。

また、今回計測しているのが「主観的アクセシビリティ」であることも重要な点だ。物理的なアクセシビリティと違って、主観的アクセシビリティは、インフラ自体を拡張したり高性能化したりしなくても、向上することがある。例えば、交通手段を利用するのに必要な情報（運行情報や乗り換え情報）を、わかりやすく住民に届けることができれば、そのことによってコンサート会場などへの「主観的な行きやすさ」が改善することもあり得るだろう。

「移動するときはいつも、スマートフォンの乗り換え検索アプリを使っている」というような人は、すでに十分な情報があるのだから改善のしようなどない、と考えるかもしれない。しかし、公共交通の研究において明らかにされてきたのは、あるまちに長年住んでいる住民であっても、交通手段に関する基本的な情報（「この場所へはこのバスを使えば行ける」といったこと）を、意外と知らないということである。もちろん交通インフラそのものを拡張するに越したことはないのだが、その有効活用を促すための情報提供も、怠ってはならないのである。

3「余韻」の意義

1「余韻」とは

前節の分析からは、コンサート、演劇、美術館、スポーツなどの娯楽活動へのアクセシビリティを高めることが、主観的幸福感の向上につながり得るということが明らかになった。この結果を受けて、娯楽活動と幸福感の関係について、もう少し深掘りをしてみたい。ここで着目するのは、コンサートを聴くにせよ演劇を観るにせよ、「その活動だけ」をしてすぐに帰宅するのか、それとも、食事をしたりお酒を飲んだりしながら、先ほど味わった娯楽の「余韻」を楽しんで帰るかの違いである。

日本でミュージシャンのライブに参加したり、スポーツの大きな試合を観戦したりした人たちが、電車の混雑を恐れて急いで会場から駅に向かうという光景を目にしたことはないだろうか。芸術の美しさやスポーツの熱狂を味わった後に、満員電車に揺られて帰るのでは興ざめしてしまうから、我先にと駅を目指す気持ちも理解できなくはない。しかし本来は、コンサートホールやスタジアムの周辺で友人と一杯やりながら、あるいは家族と食事をともにしながら、先ほど味わった作品や試合の見どころについて、ゆっくり語り合いたいと思う人が多いのではないだろうか。

このような楽しみを「余韻」と呼ぶとするなら、余韻を十分に味わってこそ本当に豊かな文化的娯楽の体験が完成するのではないか、と我々は考える。少なくとも、仮に日本でコンサートなどが行われた後に多くの人が「急いで帰らなければ」と急かされているなら、それはあまり良質な「文化的体験」とは言いがたいだろう。

もし、交通手段や店舗の配置などの都市環境が娯楽活動の「余韻」を味わうことを難しくしているのであれば、それを改善することも都市計画やまちづくりに携わる者の目標ということになる。しかし、そうした「余韻を楽しむ」ことに着目した都市計画は、これまで専門家の間でも、あまり熱心には研究されてこなかった。例えば、娯楽活動に参加する人が、どの程度の割合で食事などの「余韻」を楽しんでいるのかという実態についても、詳しいことはわかっていないのだ。

2 余韻の研究

ここで、娯楽活動の「余韻」というものについて、これまでに明らかにされている知見を、簡単に紹介しておこう。

遠山直子氏らの調査によると、日本の劇場での芸術鑑賞に関して、九割以上の鑑賞者は何らかの形で鑑賞後の「余韻」を楽しみたいと感じているらしい。だから、演劇の楽しみをより盛り上げるためにも、劇場そのものだけでなく、鑑賞前後の行動まで考慮した「鑑賞環境」をしっかりデザインする必要があるというのが遠山氏らの主張だ。[*1] 相田文氏らの研究も、劇場の利用者が劇場に行くことにどのような価値を見出すかは、観劇それ自体のみならず、その鑑賞前後の付加的な行為によって大きな影響を受けるので、劇場の建設を計画するときは、「観劇」という行為を断片的に捉えるのではなく、鑑賞前後の行動や日常生活との連続した行為として捉えなければならないと言う。[*2]「お店がたくさんあって選択肢が多い」とか、「道が狭く人も多くて歩きにくい」など、劇場の周りの環境が鑑賞自体の楽しみを高めたり低めたりするのである。

山本杏子氏らは、お笑い劇場と映画館の利用者の行動を実証的に比較する研究を行っているのだが、お笑いライブや映画というメインイベントの前後に飲食や買い物など何らかの付随行動をする人は、お笑い劇場の利用者の場合で八〇・六%、映画館の利用者の場合も七七・一%も存在することを明らかにしている。そうした付随行動の中でも、「食事」をする人が全体の過半数に上っているようで、かなり定着していることがわかる。また、お笑い劇場の周辺が食事や買物などをしやすい環境になっているほうが、お笑いライブそのものに対して観客が抱く「盛り上がり」や「余韻」によい影響があり、「また行きたい」という意識にもつながるらしい。さらに、劇場周辺の環境を整備することでそうした付随行動や余韻を楽しむ人は増えるので、劇場を建設したりその周辺の開発を行う際には、そうした効果を想定したデザインがなされるべきだと指摘している。[*3]

橋本純一氏が行ったスポーツ観戦者の行動についての研究でも、スポーツチームのサポーターは伝統的に、スタジアムの周辺空間を含めた行程全体の経験を大切にしているので、そのことを前提に観戦環境を設計しなければならないとしている。[*4]

ちなみに海外でも、人々が娯楽活動の後に食事をとったりお酒を飲んだりする行動についての研究が、少ないながら存在している。メインとなる活動と付随的活動を合わせて「多段階レジャー行動」と呼ぶ理論が一九六〇年代から存在し、また最近では「拡張されたレジャー体験」とも名づけられ、レジャー研究者の一部がその性質について考察してきた。しかしそうした「拡張された」体験の実態について、具体的に明らかになっていることは少ない。

我々が着目している文化的な娯楽とは少し異なるのだが、古い調査としては、一九七〇年にアメリカのポーカークラブに密着取材した研究がある。ホスト役になるメンバーが、自宅に仲間を招いてポーカーをプレイした後は食事を振る舞って、お互いを褒め合ったり批判し合ったりするのが慣例だったらしい。[*5]

このポーカーの例でもそうだが、欧米の研究では、娯楽活動の後の「食事そのもの」よりも、食事をしながら参加者同士で活動を「振り返る」「思い出す」「語り合う」ことが大事なのだと強調されることが多い。ゴルフの試合が終わった後、クラブハウスに戻って試合の内容を語り合う行為は「一九番ホール」と呼ばれているが、これなどはその典型だろう。レジャーというものは、主要な活動の後に皆で「思い出」として共有したくなるのが普通で、それを含めてレジャーと考えるべきだとされているわけだ。[*6] 最近では、旅行の後に「トリップアドバイザー」などオンラインのプラットフォームに写真やメッセージを投稿して他の旅行者と語り合う行為を、一種の

表1-6 付随的活動を「する」人の割合

	東京			ニューヨーク			ロンドン		
	コンサート	演劇など	その他で最も好むもの	コンサート	演劇など	その他で最も好むもの	コンサート	演劇など	その他で最も好むもの
食事	31.0%	43.5%	29.9%	35.0%	50.1%	31.0%	30.7%	44.9%	24.4%
ショッピング	9.9%	14.3%	13.6%	10.6%	18.8%	14.3%	9.8%	14.7%	15.7%
お酒を飲む	28.1%	25.1%	16.5%	29.1%	27.1%	14.5%	27.8%	25.9%	19.8%
カラオケ	2.2%	1.2%	1.6%	3.3%	2.6%	2.0%	2.2%	1.2%	1.4%
ゲームセンター	1.5%	1.0%	2.0%	2.1%	1.9%	2.4%	1.5%	1.0%	0.6%
その他	0.7%	0.7%	2.4%	0.7%	1.4%	1.6%	0.7%	0.7%	2.2%
少なくとも1つに「する」と回答	47.3%	56.8%	44.4%	50.8%	63.2%	42.8%	46.8%	50.1%	44.8%

「余韻」と理解して研究している人もいる。

3 「余韻」に関する実態調査

活動後に「語り合う」体験を含めて娯楽なのだという考え方は、言われてみれば当たり前のことで、多くの人がうなずくに違いない。しかしそうした楽しみ方の実態はあまりわかっておらず、特に定量的な情報は限られている。先ほど紹介した劇場利用者の付随行動に関する調査はとても貴重な例で、日本でも海外でも、「何割程度の人が食事をしている」といった具体的な数値などはほとんど知られていないと言っていいだろう。

そこで我々は、先ほどから分析しているアンケート調査に、付随活動に関する調査項目も含めておいた。コンサート、演劇、美術館、スポーツなどを楽しんだ後に、「食事」「ショッピング」「お酒を飲む」「カラオケ」「ゲームセンター」「その他」という付随活動をしているかどうかを尋ねており、複数回答も可とした。

その集計結果は表1-6のとおりである。全体として、日本、アメリカ、イギリスの間に、さほど大きな差はないと言える。少なくとも一つに「する」と回答した人の割合

表1–7「帰りの交通手段」に対する不満

質問と選択肢		人数			割合		
		コンサート	演劇など	その他で最も好むもの	コンサート	演劇など	その他で最も好むもの
帰りの移動に不便を感じるか	特に不便を感じない	221	157	159	64.6%	94.4%	73.2%
	少し不便を感じる	73	46	37	28.4%	4.4%	21.6%
	とても不便を感じる	21	15	17	7.0%	1.2%	5.3%
不便を感じる点は	終電・終バスが早い	19	12	10	23.8%	17.9%	21.6%
	終電・終バスが混んでいる	59	31	30	51.5%	46.3%	43.1%
	終電・終バスがいつかわからない	13	9	11	19.8%	14.9%	13.7%
	遅い電車・バスは、なんとなく身の危険を感じる	15	11	11	5.9%	9.0%	13.7%
	タクシーが拾えない	8	5	9	8.9%	7.5%	7.8%
	その他	9	5	10	11.9%	11.9%	21.6%

を求めると、だいたい五割から六割となる。どこの国でも、概ね半数前後の人が、余韻すなわち「拡張されたレジャー体験」を楽しんでいるというわけだ。

また、付随活動の種類としては、圧倒的に「食事」が多い。先ほど紹介した、日本の劇場を対象とする研究の例では、過半数の人が「食事」をしていたが、今回我々の取得したデータでも三割から五割程度となっており、ある程度近い結果が得られていると言える。二番目に多いのも、想像どおり「お酒を飲む」だ。やはり多くの人が、コンサートや演劇に参加した仲間や家族とともに「語り合う」ことを、おもな「余韻」の楽しみ方としているのだろう。

ちなみに、付随活動をする人としない人を分かつ要因が何であるかについても分析した。数値的結果の詳細は煩雑なので省略するが、総じて、主観的アクセシビリティが高いと答えた人ほど付随活動をしやすい傾向があった。また、一人で活動するのではなく同伴者がいる人のほうが、付随活動をしがちであるという傾向も見られたが、これは当然のことだと言えるだろう。

主観的アクセシビリティが付随活動を促すというのであれば、やはり交通手段を充実させたり、既存の交通手段を利用しやすくさせることは重要である。「余韻」の活性化を通じて、娯楽体験の楽しみをより深めることができるということになるからだ。

実は、今回我々が行ったアンケートでは、「帰りの交通手段」の不便さについても質問している。東京の回答者について集計した結果は表1－7のとおりで、「帰りの移動に不便を感じるか」の質問は、それぞれの娯楽活動を一度でも行っているか少なくとも興味をもっている人を対象に尋ねたものだ。

コンサートの場合は、合計三五・四％の人が「少し不便」（二八・四％）または「とても不便」（七・〇％）と感じており、演劇（五・六％）と比べると、遥かに高い。これはおそらく、コンサートが一般に演劇よりも大規模なイベントで、帰りの鉄道が混雑するからだと思われる。アイドルグループのライブ直後の最寄り駅などを想像するといいだろう。「不便を感じる点は」という質問は前の質問に「少し不便を感じる」「とても不便を感じる」と答えた人に対して複数回答可で尋ねたものだが、実際に、半数前後の人が「混んでいる」を挙げている。

大規模なイベントの直後に鉄道の駅が混雑しないようにするのは、現在の東京では簡単なことではないと思われる。インフラ拡張の余地や、増便の余地が大きいわけではないからだ。ただ、「終電・終バスが早い」という不満を述べている人も二割前後いるので、もしかすると運行の工夫によって終電を遅くすることができれば、帰りの移動の不便さが緩和されるとともに、食事やお酒などをとりながら「余韻」を楽しむ余裕も生まれ、一石二鳥かもしれない。

4 「交通アクセス」と「余韻」の価値

この章で紹介した我々のアンケート調査は、本書の土台となっているＩＡＴＳＳプロジェクト「都市の文化的創造的機能を支える公共交通の役割」の、初期の議論から生まれた問いに答えるために行われたものだ。

長い間我が国の都市政策、特に公共交通に関する政策は、生活の利便性や経済効率を向上するための問題解決に注力してきた。しかし日本のような先進国の都市に必要なのは、単に生きるために学校へ通ったり仕事をしたりするための空間ではなく、そこに暮らすことで心が躍るような、真の意味で「豊か」な生活を送ることのできる場ではないか。そして真に豊かな生活が備えているべき条件のひとつとして、文化的・創造的な娯楽の充実があるのではないか。もしそうなのであれば、公共交通の研究者にはどのような貢献ができるのか。そのような問いから議論が発展し、文化的な娯楽活動への交通アクセスのよさと、主観的幸福感の関係を分析すべく、先に見たようなアンケート調査を実施するに至ったわけである。

芸術文化がもつ創造的な力を生かして社会の潜在力を引き出すべきだとする、いわゆる「創造的都市」のコンセプトは過去三〇年にわたって議論されてきたし、近年の研究からは審美的追求傾向が高い人は主観的幸福感も高いという知見も得られており[*7]、都市の政策を組み立てる上で、文化的・創造的な活動のもつ役割が無視できるものでないことは明らかだろう。しかし「美」やら「幸福」やらは、とりわけ「工学的」思考に馴染んでいる交通分野の研究者にとっては、取り組むのにやや尻込みしてしまうようなテーマであることもまた間違いない。

「創造的都市」のコンセプトを抽象的な目標に留まらせず、具体的な政策へと落とし込んでいくためには、いくらかでも実証的・定量的な知見を蓄積しておくことが、是非とも必要なはずである。もちろん、芸術の価値を数字で語るなどというのはいかにも野暮な所業ではある。しかし現代の都市政策というのは、「粋」な心だけで進められるほど単純なものではなく、数値化や論理化を避けて通ることもまた難しいのだ。

そこで我々は、これまで公共交通の分野において、とりわけ心理学の知見を取り入れながら行ってきた実証研究のノウハウを活用しながら、「娯楽と交通と幸福」に関するアンケート調査を行うことにした。ちなみにその際、今後の知見の拡張を考えて、芸術や創造とはやや異なる「スポーツ」などの娯楽についても調査項目に含めておくこととなった。

改めてまとめておくと、そこで明らかになったのは次のようなことだ。

・日本人はアメリカ人やイギリス人に比べて、音楽や演劇などの娯楽を楽しむ回数が少ない
・日本人はアメリカ人やイギリス人に比べて、主観的幸福感が低い
・娯楽活動を楽しむ頻度よりもむしろ、娯楽活動場所への主観的な「行きやすさ」（アクセシビリティ）が、人の幸福感を向上させる効果をもつ
・娯楽活動体験は、食事などの付随活動を通じて「余韻」を味わうことでより充実すると考えられ、現状でも半数程度の人がそうした「余韻」を楽しんでいる
・交通アクセシビリティの改善が、「余韻」を味わいやすくする可能性がある

これらの分析はあくまで基礎的なもので、今後都市計画や公共交通、そして余暇・娯楽活動の研究者が、「娯楽と交通と幸福」の関係についてさらなる実証的知見を積み重ねていく必要がある。しかしこの基礎的な分析からも、「娯楽活動への交通アクセスの改善が人々を幸せにする」という仮説がある程度の妥当性をもつことや、「余韻の充実」を目指す都市政策の重要性は読み取れる。我が国に「美しく活力に満ちた都市」を築いていく上で、今回の分析が少しでも実用的価値を発揮できれば幸いである。

参考文献

1 遠山直子、添田昌志、大野隆造「劇場の周辺環境と鑑賞前後の行動との関係」『日本建築学会大会学術講演梗概集』E-1、一一二七-一一二八頁、二〇〇三年

2 相田文、坂口大洋、菅野實「劇場利用の鑑賞行動と志向性について——劇場利用圏のモデル構築に関する研究その2」『学術講演梗概集』E-1、八七-八八頁、一九九九年

3 山本杏子、小島隆矢「類似施設との比較によるお笑い劇場利用者行動の特徴——お笑い劇場の利用者行動と顧客満足に関する研究その1」『日本建築学会環境系論文集』七九-六九五、三七-四四頁、二〇一四年、同「同、その2」『日本建築学会環境系論文集』七九-七〇二、六四九-六五四頁、二〇一四年

4 橋本純一「スポーツ観戦環境の設計(三)——変容するスポーツ・ベニューとその未来」『信州大学環境科学年報』四一、二〇一九年

5 Zurcher Jr, Louis A. 1970. "The "friendly" poker game: A study of an ephemeral role." Social Forces,49 (2): 173–186.

6 Clawson, Marion., and Jack L. Knetsch. 1966. Economics of outdoor recreation. Baltimore, MD: Johns Hopkins University Press, Scott, David, and Justin Harmon. 2016. "Extended leisure experiences: A sociological conceptualization." Leisure Sciences,38 (5): 482–488, Stewart, William P. 1998. "Leisure as multiphase experiences: Challenging traditions." Journal of leisure Research,30 (4): 391–400.

7 大曽根悠子、前野隆司「美しさと幸福の関係解析——審美欲求に着目したアンケート調査に基づいて」『慶應義塾大学大学院システムデザイン・マネジメント研究科修士論文』二〇一二年

2章 ゆったりとした移動が都市の未来をひらく

本章は、都市とそこに住まう人々の生活を主対象としながらも、研究アプローチが異なる交通計画と社会学の知見をクロスすることで、新しい知見を導く狙いのため、対談形式をとった。双方の見方で、江戸、東京が歩んできた歴史を振り返ることから、これからの日本の都市のあり方、その中での交通計画の役割を見出すことを目的とした。本書のキーワードである「余韻」を慈しむ都市づくりの実現に向けて、東京の潜在力が提示された。

中村文彦

吉見俊哉

三浦詩乃（司会）

1 そもそもの都市

三浦詩乃　「歴史に学ぶ」というのが本章のテーマで、ここではおもに東京を舞台にしながら対談を進めていきます。東京を論じる前に、まず、「都市とは何か」という問いかけから始めたいと思います。はじめに、本書の母体となっている国際交通安全学会の研究プロジェクトの着想と絡めて、中村文彦先生のご意見をお願いします。

――都市の移動の主役は通勤ではない

中村文彦　交通の研究をしていると朝夕の通勤がメインテーマなのですが、それは都市の課題なのか、という問題意識があります。通勤の処理さえすれば都市交通計画ができ上がっている気分でいたのですが、実際には美術館や博物館に行ったり、スポーツを観戦したり、あるいは舞台を観たり、こういうことがむしろ都市のメインなんじゃないかと。これまで通勤の処理のために、電車、バスの駅・ターミナルといった様々な施設をつくってきたけれど、例えば、散歩とか買い物、演劇を観に行くとかいうことは、おまけにされている。

東京で言えば、新宿、渋谷、池袋などのターミナルに、確かにデパートなどが歴史的に集まっているけど、基本的には通勤の処理がメインに見える。コロナ禍以前から、公共交通を永らえさせていく上でも、ここを変えないといけないと考えていました。日本都市計画学会、日本交通政策研究会、交通工学研究会など自分が関わっている他学会でも扱うべき大事なテーマなんだけど、横断的に議論するには学際性の強い国際交通安全学会でやらなければならないということで研究プロジェクトを立ち上げました。そこで吉見俊哉先生の視点が絶対に必要であると思い、入っていただいた経緯があります。都市は、単純に土木屋さん的に道路や駅をつくって、ではダメだし。都市デザインのほうでももう一歩深めていかなければならない。
都市は市場が真ん中にある都だというところから始まり、そこに物を運ぶとか働きに行くとかもあるんだけど、そこばかりじゃないぞと。むしろそちらがおまけで、極論すると週末にゆっくり遊ぶために平日働くというぐらいでもよいくらいに捉えて、議論を始めようと思ったところです。

三浦　都市の中心のあり方、それを成り立たせる公共交通の持続可能性に関して、大きな転換期にあるということですね。今後のこれらの方向性を見据えていくためにも、これまでの都市の発展と成熟の過程に学ぶということで、吉見先生に語っていただきたいです。

──社会学からの視点──都市の時間軸

吉見俊哉　これまでの交通工学や交通計画は、半ば通勤システムを自明の前提とし、それを解決するという観点から問いを出発させたけれども、その前提から大きくこぼれ落ちていた問題があったということですね。それは、煎じ詰めれば、そもそも移動、モビリティって一体何なんだという問いになります。この問いを、私たちは社会学と工学という異なる分野を横断する形で問い直してみようとしているわけです。

私は長く、都市を人々がどのように意味をもった場として経験するのかということに関心をもってきました。その際、その意味をもった場として経験する、その経験の仕方そのものが、実は仕掛けられている。実は、様々な政策的な意図や戦略的な意図の中で、つねに舞台は設定されている。劇場はすでにセットされている。シナリオもすでに書かれている。一人ひとりは「自分が楽しい」と思って主体的に都市の中で振る舞っているんですけど、それは所詮、与えられた役を与えられたシナリオに従って与えられた舞台で演じているに過ぎないと、一方で私は思ってもきました。ですから、シナリオや舞台の構築のされ方、それが人々の主観的な経験とどうリンクしているかを分析する必要があります。

しかしながら、これだけだとややもすると抜け落ちてしまうものがある。それが、「余韻」と「わくわく」です。つまり、時間経験としての都市です。都市がスタティックにずっと同じように構造化されているわけではなくて、実は都市の中には時間性がある。一九六〇～七〇年代は建築学や都市デザインではケヴィン・リンチとかクリストファー・アレグザンダーとか、人々の経験という要素を都市デザインとか都市計画の中に入れていこうという動きが盛んになった時期だったと思います。その中で、環境についてのメンタルマップを描いていく。そして描かれた世界を、都市の建築物とか都市計画の中に反映していく試みが世界的になされていた時期でした。

でも、そこでの焦点はやはり空間ですよね。ですから、その先で「ここに時間軸はどう入るんだ」という問いになっていくわけです。人々は都市の中を歩いたり移動したり、都市自体が様々な人々の移動の中で変化していく。都市の中に時間軸を入れたら、私たちの都市経験はどう見えてくるのか。都市の捉え方としても、空間的に構造がそこにあるというより、様々な人が様々に異なる仕方で軌跡を描いていく、その束として都市を捉え直していくと、都市の見え方も違ってくる。ここで、モビリティの問題がすごく重要になってきます。どの速度で移動するかによって、都市の経験のあり方は違う。異なる速度が都市の中で混在しているわけですから、歩行からスローモビリティへの移行とか、モビリティの接続部分の問題がすごく重要になってきます。そこから都市をデザインし直してみることは、社会学、心理学、人類学、工学などが共同で都市を考え直していくときに、すごくチャレンジングなテーマだと思います。

中村　吉見先生には「時間軸」という観点を入れていただきました。「集中性」は、空間的・時間的にテクニカルに工夫すれば、いわゆる不経済的なものはかなり下げられる。だけど、そこが技術的に解くというだけになってしまっている点と、技術的にそれを解くがためにほかのことが後回しになっている点が、すごく気になっていました。

2　近世江戸から近代東京に学べること

三浦　両先生から、空間的・時間的経験の場としての都市のあり方の再考、それに伴い、交通計画の大前提から見直すべき、という切り口をいただきました。ここで、日本の独自性、東京の歴史に話を移し、そうした切り口で近世江戸から近代東京を振り返り、学べることとは何でしょうか。水運など、まさしく、移動の束のあり方も違っていたはずです。吉見先生から、いかがでしょうか。

――三回占領された東京

吉見　それにお答えするには、まず、東京とは何かということを確認しておかなくてはならないでしょうね。最も重要なのは、東京とは三回占領された都市であることです。一回目の占領は一五九〇年、徳川家康によってなされました。彼は、だいたい一万人弱の兵を連れて江戸に来て、ここを占領します。二回目は一八六八年です。薩摩長州連合軍が西から来て、この江戸を占領し、徳川を江戸城から追い出すわけです。そして三回目の占領は、言うまでもなく一九四五年に米軍がやって来て東京を占領する。この三つの占領とも、その前後で何が起こったかと言うと、占領前は戦争の時代です。徳川がここに来る前は一五〇年続いた戦国時代。二度目の占領前も、幕末は天変地異が続き、疫病が流行り、外国人が来て攘夷だとか皆が言って斬り合っていた時代。三度目は一五年戦争、アジア太平洋戦争ですから、とんでもない数の人々が亡くなった。それが終わる瞬間が占領で、占領の後は復興と建設の時代に変わっていくわけです。

東京は、三回の占領によって都市のあり方を大きく変えた。これは、首都にとっては当たり前のことで、首都は権力の中心ですから、新しい勢力が占領しようとして攻め上がってくるので、世界の大概の首都はこういうことを繰り返し経験している。例えば、メキシコシティなんて極端なもので、アステカ帝国の都が、スペイン人に滅ぼされている。それで、過去の都の痕跡は徹底的に抹消されるわけです。完全に破壊されて、そしてまったく新しい都市が、その残骸の上に建設されていく。ところが東京の場合、まだら模様にその前の痕跡も残るし、その後も全面的には新しくならないんですね。温泉旅館みたいなもので古いものが残り新しいものが建って、なんとなく新しい東京ができ上がっている。

この最大の要因は、僕は地形だと思います。東京は武蔵野台地の東端につくられた。この武蔵野台地の西から東に、北は墨田川、南は多摩川が流れ、その間に石神井川、神田川、古川、目黒川といった河川が流れて、ものすごく複雑な地形になっている。そうすると、新しいものが来ても、それ以前のものをよほどの技術力がない限り一挙になくすというふうにはならない。これまであったものを利用しながら、新しいものを付け加えていくというふうに、どうしてもなる。

もともと関東平野には利根川、多摩川などいろんな川があって、それが全部東京湾に流れ込んでいました。だから江戸は洪水だらけの都市で、それが最大の問題だった。これを徳川は、非常にうまく治水をやって水の都に変えていった。東京湾に流れ込んでいた利根川の主流を、銚子のほうに付け替えたわけです。神田川もよく氾濫して厄介でした。今の水道橋から神保町を通って大手町、そして日比谷の入江に流れ込んでいたのです。それで、陸続きだった駿河台と本郷の間、御茶ノ水のところにとんでもなく深い堀を掘るわけです。神田川を東に逃して、掘った土砂が大量に出ますから、それで日比谷入江を埋め立てちゃう。今の西新橋、霞が関の辺りとか丸の内の辺りは、昔は海ですよね。あれを全部陸地化し、外堀を掘って、それを埋め立てに使って陸地を伸ばしながら掘割をつくっていく。水浸しの地域でしたが、陸地と同時に水路をつくっていった。つまり、江戸は基本的に水上交通の都市でした。物資を水上で運ぶのに便利なように水路が張り巡らされていたので、百数十万人を抱え込むことができたわけです。一七～一八世紀、社会全体の生産力が今と比べればそんなに高くなかった時代に、すでに江戸には百数十万人が居住していた。それを可能にしたのが一回目の占領だったわけです。

そこを薩摩長州が占領して東京に再改造していくわけですけれども、それは水路の都市から鉄道の都市への転換だった。なぜそれが必要だったのか。もちろん産業的な理由もありましたけれども、最大の理由は軍事だと思います。つまり、日本の国土を鉄道網によって一元化し、その中心を東京にもってきた。大正三（一九一四）年に東京駅が完成した際は、丸の内側にしか出入口がなかった。ここから乗り降りする人は必ず宮城（皇居）を仰ぎ見て、自分の位置を確認していたのです。鉄道網の中心に皇居がある。そこから大日本帝国全域に鉄道が張り巡らされているという、帝国の仕組みを考えてきたわけですね。軍都かつ帝都である東京を鉄道中心につくる過程が完成するのが帝都復興の時代です。

しかし、この大日本帝国が一九四〇年代に瓦解して、その後に米軍の占領が来る。戦後、日本人はアメリカに近づこうと必死に働き、高度経済成長が実現されていくわけです。その最大のイベントが一九六四年のオリンピックでした。つまり、帝都からオリンピックシティへの転換です。これを可能にしたのは、米軍基地の返還だったのです。もともと東京の西南部には軍事施設が多かった。軍都としての東京の中心でした。下町は江戸時代からの歴史がすごくあるので、軍事施設はあまり多くない。そして戦後、日本軍の施設がアメリカ軍の施設に代わり、東京南部がアメリカンシティ化しました。

重要なのは、オリンピックによって、東京はもはや水路でも、路面電車や鉄道の都市でもなく、圧倒的に自動車中心の都市になったことです。この自動車都市のハイスピード化を実現していくのが首都高速道路で、水路の上に全部通しちゃう。水路の東京を潰し、その上に高速道路の東京をつくり上げていった。従って、三番目の占領の後につくり上げられていったのは、モータリゼーションの東京であったと思うわけです。

3 近代都市計画が示唆するもの

三浦　三回の占領を経て、移り変わってきた東京の市民生活の様子、そして三度目の占領後にはそれが車中心になっており、今後は空間計画と運用を組み替えていかなければならないという吉見先生のご指摘を受けて、どういうところから変えていけそうかなど、中村先生に交通の観点から解釈を加えていただきたいと思います。

――ゆったりとした街路を建設できなかった経緯

中村　近代以降の都市づくりの話では、どう近代的な街路をつくるか、苦労があったとされています。二〇〜三〇メートルぐらいのブールヴァールをつくりたいと絵を描いては財務畑に叩かれるという歴史がありました。なぜ叩かれるかという点は解釈はいくつかあるんですが、「何でそれだけの幅員が要るんだ」ということに関してディフェンスができない。不幸にして起きた関東大震災の後に、幅七〇メートルクラスの街路が防火にも役立つと主張しても、その数字を定量的に説明できず、路線の延長、幅員確保に十分な予算が獲得できない。戦災復興でも幅員を広げようとしたけれど、やはりできなかった。数字を出すことができるようになったのは、奇しくもオリンピックの少し前くらいです。そのころに、アメリカからトラフィックエンジニアリングという概念がようやく入ってきて、需要を予測して「幅員はこれだけ必要だ。だからつくれ」とようやく言えるようになってきました。首都高速はそういうことを示して、建設できたという価値はあるんですね。この時代はモータリゼーションが進むということが前提で、三〇メートル、五〇メートルの幅員が要るという計算では、どれだけ歩道や街路樹が要るか、どれだけそこに井戸端会議のスペースが要るかとか、入っていないわけです。幅員の広い道路が要るということとたくさん車線が要るということは、本来的にはイコールではありません。ところが、計算ができるからたくさん車線をつくることのみに関心がいってしまった。街路に必要なのは車の処理だけではない。ほかのものもあってこそ。だから幅員が要る。シャンゼリゼにしても車線は当然あるけどそれ以上に立派な歩道があるわけですよね。都市計画、都市工学では、計算できることがよくて、計算できないのはダメという感覚があります。でも本来は、計算できるところはすればよいけれど、できないことが劣っているということではまったくない。一九六四年のオリンピック前後からひも解いていくと、そこが歪んできているように見えるというのが、僕の東京に関する理解です。

吉見　非常に面白いと思いました。モータリゼーション以前から近代都市計画は街路の拡幅をずっと目指してきていますね。銀座煉瓦街計画にしても、とにかく西洋風の都市をつくるために銀座通りを拡幅します。その後のエンデ・ベックマンの官庁集中計画は実現しないけど、街路の拡幅は重要だった。でも、それらの街路都市構想は、「何でそんな幅員が必要なんだ」と潰されていく。後藤新平の帝都復興でも相当拡幅します。でも当時は、拡幅の目的で車っていうのはすべてではない。帝都復興のころはあったでしょうけど、こんなに皆が車に乗る社会は想定していない。ましてや銀座煉瓦街とかエンデ・ベックマンのころなんて、車なんて普通考えていない。モデルはオスマンのパリ改造ですね。シャンゼリゼのものすごい広い通りをつくったけど、別にそこに車がいっぱい通るなんて思っていないわけですよね。じゃあ何であんなに広い通りをつくったのか。もちろんひとつは防災。軍事もあったと思いますね。もうひとつは、帝都を立派にするために道路を広くする。

中村　シンボル性をもたせることと軸をつくっていくという発想がありますよね。

吉見　軸線の思想。この考え方は丹下健三さんまで連なります。都市の主軸をつくっていくことが、近代都市計画の理念で、これはイデオロギーとして非常に強かった。ヨーロッパも一九世紀以前の都市の通りは広くないし曲がりくねっていた。だから、もともと近代都市で街路を広くすることは、自動車を主体とした交通計画から出てきたことではない。

速い首都への問い直し

ところが第二次世界大戦後、アメリカのモータリゼーションというか、これもイデオロギーだと思いますけども、そういう価値観がウワーッと広まっていった。日本はその価値観に一挙に感染した。ヨーロッパは、モータリゼーションを進めつつも、過去の都市的価値を滅茶苦茶にはしていない。高速道路、道路の拡幅も必要に応じて入れるけど、古い都市の価値は守る。ところが日本は一九六〇年代、東京オリンピックに向けた都市改造の中で、「速い首都」への改造がすべてに優先された。これが、東京を相当破壊したのですね。

つまり、どこかで広い街路をつくることから速い車道をつくることに概念が転換したのではないか。近代都市計画の中での街路は、必ずしも車がたくさん通ればよいということではなかった。だから公共空地として、あるいは公共的な軸として街路が都市には必要で、それを中心に新しい都市をつくっていくという理念が理解されていた。車がすべての中心で、それを速く大量に通す仕組みとして都市を考え始めちゃったあたりから、都市概念の転倒が起こったというのかな。そもそも都市とは何であるかということが忘れられ、たくさんの車が機能的に速く流れればよいと考えた。そうすると都市がだんだん、がらんどうになっちゃうんです。

中村　あの首都高のネットワークは何がモデルだったのか、うまく説明できません。高架の自動車専用ネットワークをつくっていくというモデルは、アメリカのいくつかの都市にもあったと言えばあったけど。鉄道網もある日本の都市に、わざわざ、川や運河の空間も使ってああいう道路網を重ねるという発想の大本はどこだったか。

吉見　そうですね。アメリカでは、すでにある道路の上に高架の道路をつくるという発想は結構あった。しかし、川や運河の上に高架道路で蓋をしてしまうという発想はそんなにはないのでは。

中村　ないと思います。川の上もないし、路面電車を撤去して上につくるというのもなかなかない。

吉見　そのくらい乱暴なことをやったわけですよね。

環状道路を後回しにした歴史

中村　首都高自体の意義も述べておきます。あのころ、全国総合開発計画から新産業都市と進み、物流トラックが縦横無尽に行き交うようになる。例えば太平洋ベルト地帯もそうだけど、静岡、神奈川の物が埼玉から東北に行くという流通経路を、鉄道と道路で処理しなければならない。諸外国の、僕が素敵だなと思う都市を見ると、環状方向の道路、東京でいう圏央道を先につくるんですよね。次に外環道をつくって中をどうするかなんだけど、東京では、その圏央道と外環道よりもずっと前に首都高をつくりました。だから、首都高に乗っている車の半分はトラックで、その大半が東京とは無関係なんですね、現実は。そのために水路を潰してよいのかは難しい議論だけど、仮に首都高がなかったら日本の物流はもう少し酷かったなという議論は片方にあります。もちろんそれは、先に圏央道をつくっておけばよいだけの話です。

吉見　おっしゃるとおりですね。高速道整備は本来、大都市外縁部の話で、都心までそれを張り巡らし、都市の文化を潰していいということには、本当はならなかったはずです。

中村　都市のバイパス機能の道路の議論では、先に外側につくることが広域的な物流をよくする、そして、都市を守ることにもなる。東京は外側を先につくらなかったんですよね。今はようやくできましたけどね。その順序と都市の発展の、大きな時間軸上の順序のミスマッチが起きたとも言えそうです。

吉見　戦後の都市計画は、特に戦災復興計画、それから一九七〇年代の三全総なんかもそうですが、必ずしも東京集中を目指していない。国土全体に多核分散的な都市圏をつくって、つないでいく。東京都心部に人口が集中し過ぎるのを抑えていこうと、日本の国土計画はいろいろ努力してきたと思います。東京の人口を過剰に増やさないように、東京を巨大都市化させないように、国土全体に分散化していくんだという考え方が、戦後間もないころはありました。三全総も、集中から分散にシフトしようという意識をもっていましたよね。そのためには当然、東京をバイパスするネットワークをつくっていくことが重要です。しかし一九六〇年代、所得倍増、高度成長、東京オリンピックと向かったときに、とにかく東京を突っ走らせた。まず東京の整備をやったんです。当時はみんな、それしかないと思ってやったんだろうけど、そのマイナス面もあった。

4 交通計画の歴史が示すもの

――自動車のための都市ではない発想は五〇年前から

中村 交通計画にてつねに参照されてきた、イギリスの「ブキャナンレポート」(一九六三年)はTraffic in Towns、つまり「都市の自動車交通」という正式名称です。「自動車が都市を変えていく」ではなくて、都市の中に自動車というものを当てはめていく、自動車に遠慮してもらわなきゃいけない空間であるとかつくり込み方があると、実はイギリスは一九六三年に打ち出しているんですね。

吉見 偉い。

中村 偉いんですよ。しかも、私の恩師たちはそれを一九六四年に日本語で出版しています。我々はそれを片方にもっています。そして、もう片方に、交通工学的な計算方法をもっています。

欧米に引けを取らないというときの指標で、道路面積率という指標があります。都市の面積に対して道路の面積はどれくらいかということです。ヨーロッパの都市は、それなりに道があるので、道路面積率は若干高いわけです。東京は低かった。ちなみに、京都市の道路率も低いです。これはトリックがあって、道路率の分母は市域全体で、北山、東山も含むからです。市街地だけなら道路率は高いです。札幌も同様で周辺の山々を分母に含むので、市としての道路率は低いです。で、この道路率が上がることと車の処理能力が上がることは、本当は別の話です。

どこからか、道路を充実させて道路率を欧米並みにすることが、自動車交通の処理のための車線の確保へと短絡していったように思います。「総合交通計画」という言い方では「鉄道も、徒歩も、自転車も」指すんですけど、最終的にはどこに何車線の道路をつくるかという計画をつくることが重要課題になっています。これもオリンピックのころでしょうか、都市計画道路ネットワークを東京都区部全部につくり上げる計画を立てた。しかし、土地の収用ができないから未だに概成率が七〇％いかない。こうした多車線の道路のネットワークの計画は、首都高だけじゃなく、ほかの道路計画もいまだに生きていて、それをつくることが至上命題になっている。都市計画道路見直しの議論が二〇年前くらいから少し始まっていますが、都市計画決定されると三階建て以上のものを建ててはいけないという縛りがあって、土地所有者は我慢しています。もう我慢しなくてよいとなると、これまでの四〇年以上の我慢は何だったんだということになるから、そう簡単には外せないという状況です。

写真2–1「ブキャナンレポート」として知られる『都市の自動車交通』八十島義之助ら訳、鹿島出版会、1964年

吉見　外すと、乱開発が進むという面もあります。

中村　そうです。いずれにせよ、交通計画としては、幹線道路ネットワーク増強、その前提としての、自動車交通量のさらなる増加、これが残っています。

――道路充実のための都電の廃止

吉見　オリンピックを成功させるために東京を大改造しなくちゃいけな

いと皆が信じ込む。戦災復興の証拠としてオリンピックを成功させようと、それには役に立たない価値を捨て去っていく。それで、道路を広くするために、「とにかく都電を全部廃止しろ」という圧力がかかってくる。東京都が当時、世論調査をやっていますが、決して当時の都民は都電が一気に廃止されることを望んでいない。だいたいですが、「すぐに廃止してよい」と言ったのは二〇%ぐらい、三〇%弱が「都電は残すべきだ」、四〇%ぐらいが「ゆくゆくは廃止も仕方ないけれども、ゆっくりやればよい」という意見です。多数派は、「地下鉄網が整うまでは暫定的に残して、少しずつ減らしていけばよい」という意見なんです。でも、国の政策で「オリンピックがあるから」と一気に廃止した。僕はこれを「お祭りドクトリン」と呼んでいます。

一九六〇年ごろですが、交通経済の専門家・角本良平さんが本を書かれていて、都電を一挙に廃止するのは間違いだという立場なんですね。ゆくゆく地下鉄網が整ってからは、地下鉄網の周辺の都電を廃止することになる。しかし、その整備前から都バスで代替できるとして都電を廃止してしまうのは正しくなく、ヨーロッパの都市でもモータリゼーションが進んだって路面電車を維持しているじゃないかと。それを、何で東京だけ外すんだという批判を、角本さんはされています。これは正しいですね。何人かの交通工学の専門家は、都電の一挙廃止に賛成していない。それにもかかわらず、都電は一挙に廃止された。都民も専門家も賛成していなかったけど、いつのまにかみんな「それがよかったんだ」と思ってしまう。しかし、本当に東京のためにあるべきだった交通システムは違ったんじゃないでしょうか。

中村　専門家はどうも二通りいて、イギリス、フランス、あとアメリカもいくつもの都市で路面電車を廃止しています。ドイツは残しています。それからベルギーは両方あって面白いです。どこらへんの情報を日本が参照したか見ていくと。

吉見　角本さんの本にも「ドイツは残しているじゃないか」と書いてあった。

中村　ドイツを知っている専門家たちは「残す。絶対よい」とおっしゃっていた。だけど、道路をどんどんつくりたい人たち、そしてイギリス、アメリカだけを見て「別に路面電車がなくたってよいじゃないか」という人たちがいた。また、道路が混んできて路面電車の軌道上をどうするかとなったときに、そこに車も入れていいという都市が日本の大半だった。

広島、熊本などでは、現場の交通管理サイドが「それはダメだ」と言ったときいています。広島では「軌道上に車が入ったら切符を切るぞ」と言ったといいます。他方で東京、横浜は、「道路が混んでいるんだから、車を軌道上に入れてもよい」と言ったようです。そのように法律を変え、路面電車の軌道に自動車が入り込むようになった後、路面電車はどんどん遅くなっていく。その時点での都民の調査を見ると、「路面電車は遅い。不満だ」という意見になる。でもそれは、僕からするとそこに車を入れたから遅いだけの話であって、路面電車が古いわけではないんですよ。

こういう不幸がいくつかあったようです。バスの弁護を少しすると、専用道路や車線があるバスはちゃんと機能するけど、渋滞にいる路面電車とバスだったら、バスのほうが初期費用も運営費用も安いので、路面電車が消えていっちゃうわけです。でもドイツは、路面電車は守るものだから専用の空間を使うという考え方で、バスにしてもそれを補うところではちゃんと優先させるんだとか、わりとポリシーがはっきりしている。日本は全然です。とにかく全体として渋滞が消えることがよくて、路面電車、その代替のバスを守ることさえしないままです。

吉見 何か、今回のパンデミックのドイツと日本の対応の差とパラレルですね。

――東京の骨格的な財産は鉄道網

中村 パラレルですよね。それで話を戻すと、先々の東京の話をこの三か月、出口敦先生とよく議論したんですけど、鉄道のストックをまず生かすのが絶対で、それはネットワークと駅ですね。道路上のストックをどう変えていくのかというときには、トラムが絶対出てくる。

吉見　そう思います。さっき話したとおり、東京のよいところは、占領されても前の東京は消えていないということです。三度目のアメリカナイゼーションの中で、道路中心の東京になっちゃったけれども、鉄道の遺産って結構日本は残っている。なおかつ路面電車の復活ができれば、かつての明治大正期の東京の交通システムのよい部分、非常に稠密で市民生活と一体化して交通が成立していた状況を呼び戻すことができる基盤、土壌は結構あるんですよね。さらに、少しずつでも首都高速道路を外していくべきだと私は思っています。外すことによって、まだ生きている水路が結構ありますから、これら水路の交通や景観を蘇らせていくことができます。

加えて、一回目の占領以前から、東京には自然地形が襞をなすようにあって、この地域の非常に重要な要素だったわけです。二一世紀の東京の中で、自然との関係をもう一回結び直すことも本当は可能なはずです。前に向かって突き進み、後ろを切り捨ててしまう東京ではなく、残存する都市的資産を再活用していくように向かう芽がこの都市にあるのが面白いと僕は思っています。

5　トラムタウンが好まれることの意味

三浦　かなり掘り下げた議論を展開していただきました。東京にある過去の痕跡、その文脈を生かしたストックを蘇らせていく中で、「余韻」をコンセプトとすれば、すべてがつながっていくんだろうと予感しました。この話を最後にしていければなと思います。具体的に東京を組み替えていくプロセス、ターゲットの一例として、両先生が関わっている「東京文化資源区」、そこで提唱されている上野‐浅草間の「トーキョートラムタウン」構想に関して解説いただけますか。また、ポストコロナ社会における構想の意義や、交通がまちを変える力、力の発揮のために必要な仕組みや組織についてのご知見をお願いします。

異常な人口集中からの政策転換の必要性

吉見　コロナ禍について言えば、人口一〇〇万人あたりの感染率って、東京がべらぼうに高い。単位人口あたりの感染率が、東京は埼玉、千葉、神奈川の約二倍、群馬、栃木、茨城とかと比べると六、七倍とかです。そのくらい東京は危険な都市なのです。つまり人口が多いだけじゃなくて、ステイホームを真面目にやっても東京は接触率が非常に高い。東京圏は世界的に見ても異様なほどの巨大人口集中地域です。一都三県、つまり東京、埼玉、千葉、神奈川の東京圏の人口は三六〇〇万人以上です。そんな人口をもっている都市圏は、他にない。上海、北京、バンコク、マニラ、ニューデリーだって、こんなに大きくはない。ニューヨーク、パリやロンドンなど欧米の大都市は、東京よりずっと小さい。日本の国土内の集中度から言ったって、全国の人口の四分の一が集中しているし、資本でも六〇％くらい、まして情報の集中なんて、もっとかもしれないですね。こんな集中は、まったく持続可能ではありません。

一九七〇～八〇年代初頭くらいまでは、別に東京だけが集中点だったわけではなく、大阪も福岡も札幌も仙台も、大都市は農村から人口を吸収して拡大したわけです。ところが、二〇〇〇年代以降、様相が違ってきて、日本全体の人口が上限に達して少しずつ減り始める方向に向かい、他の大都市は人口減少に転ずるわけです。大阪ですら二〇〇〇年代半ばに人口が減り始めた。しかし、東京の人口はコロナ禍まで増え続けていたんですよ。ある種の末期症状というか、日本経済が衰退し、地方都市も人口減少に悩んでいるとき、東京だけが膨張し一極集中し続けることは、どこか根本的に問題があった。

そんな問題がある東京が、東北復興のためにオリンピックをやるなんて、そもそも滅茶苦茶です。東京をもっと立派にしたら東北はもっと苦しくなるんです。東京という都市は、そういう意味では日本社会全体の最大のリスクだと思います。これを変えていくことは、東京だけでなく日本全体のために必要なことなんじゃないか。集中点としての都市は大切なんですが、集中点の規模も様々で、三六〇〇万人規模が本当に二一世紀の社会に必要かと言ったら、僕は違うと思うんですね。グローバルなクリエイティブシティになっていくとしても、例えば、福岡は三〇〇万、仙台は一五〇〜二〇〇万ぐらいだと思うけど、数百万の人口圏でなれる。三六〇〇万人は要らない。人口の分布を多核分散化していくことが必要なので、そのためのインフラ整備や、大きな政策的転換が必要です。首都機能の移転も必要なことです。

速く、高く、強く、からの脱却

私たちが目指すべき二一世紀のビジョンは、やはり成長型の社会から成熟型の社会への転換です。成長型社会は、生産力を上げ、機能的にし、高速化していくこと、つまり資本の回転速度を上げて利潤拡大を目指したわけですよ。そうすると、一極集中のほうが効率が良く、企業も効率的に生産や意思決定をできる。しかし、それで失うものは非常に大きい。コロナ禍によってオンライン化が進み、過剰な集中なんかしなくたって、一定程度の機能は維持できることがわかってきました。そうだとすれば、オンラインを使いながら、それに合う形で交通システムを再編成し、単純に高速化を目指すのではなく、むしろ中速・低速を混在させていくシステムを整えることによって、成熟型社会をつくっていく。成熟型社会はより速く・高く・強くを目指すのではなくて、コンヴィヴィアリティ、つまり快活さを目指す社会です。より愉しく・しなやかに・末永く、がスローガンになります。クオリティ・オブ・ライフ、ダイバーシティ、レジリエンス、サステナビリティが新しい社会の価値で、決して開発や成長、高速化ではない。ここが、都市を考えていく上で根本的なことです。

「余韻」の大切さ

だから、まさしく「余韻」が大切なのです。これらを阻害する最大の要因は、速さの追求です。より速く、より機能的にしようとするから、わくわくなんかしていられない。「次をやらなくちゃ」と追われて、余韻なんか味わっていられない。そうすると、都市の仕組みも、点と点をどんどん機能的に結んでいくことになる。スピードが必要だから、高架高速道が必要だ。それを張り巡らせていくと、集中点が生まれてきて、いろんな機能がさらに集中していくことになってしまうんです。交通とは、都市の時間の線をどう組織していくかということだと思いますが、それは必ずしも点と点を機能的に結ぶことではない。その線をもっと意味のあるものにしていく、それがまさしく「余韻」であると思うんです。速さとは違う価値を入れなくちゃいけない。「余韻」、意味性をもった多様な線を都市の中に再実装していく、つまり都市の時間をデザインする思想が、この研究プロジェクトにおいて生まれようとしている。

それは、アベノミクス的な成長戦略にはつながらないでしょうけれども、それぞれのまちの活性化にはつながります。線でつながれることによって、その線沿いのまちは自動車がウワンッというスピードで通り過ぎていってしまった時代よりも活性化する。トラムがコトコト、コトコトそのまちを回遊してくれて、ちょっとお客さんが降りて、そのまちの飲食店とかいろんなところに寄っていってくれる可能性が膨らむ。市電が張り巡らされていたかつての東京は若干それに近いんだけど、そのほうが、まち全体が緩やかに賑わっていくわけです。

中村　新型コロナウイルス感染症については統計的に思うところはあるけれども、今、危機的状況なのは間違いない。先生が挙げてくださったキーワードとまったく同じことを僕は言ってきました。レジリエンスでなければいけないし、サステナブルでなければならないし、クリエイティブでなければならない。ダイバーシティは独立ではなく、それらと実はつながっていくことだろうと。

吉見　私もそう思います。

パーソナルではなく速くない公共交通の意義

中村　現在、コロナ禍でパーソナルな移動がよいと考えられ、携帯電話なんかもそうなんですけど、それ以前から様々なものがパーソナルになっていくというのに対して、ある程度のマスで人を動かすことがないと都市の中が回らないという機能的な部分と、人が集う場を支える意味でも公共交通が要るという言い方をしています。

例えば路面電車の話でも、アメリカもフランスもイギリスも再生させた。それは昔の路面電車ではなく、格好よくて、ときには、郊外では鉄道に入り込んで少し速く走ったり、地下に潜ったり、いろんなことができる。寸法としては路面電車なんだけど非常に近代的なもの、これをLight Rail Transit、すなわちＬＲＴと、アメリカから呼び始めました。ＬＲＴの優れた点は、多くの方は定時性と速達性と言います。地下鉄よりは安く、バスはダメだから、ＬＲＴがよいという論理の人がまだ結構いる。しかしヨーロッパの例を見ても、ＬＲＴと言われているものが都心に入ってくるとトラムとして、コトコト走っていきます。どの公共交通も車両がすごくアイコンとしてインパクトがあり、必ずその乗り場に行って乗降しないといけなくて、歩ける環境、そこで溜まれる環境と車両がセットになっている。公共交通とウォーカブルが実はつながる。

それから、路面電車があるまちは世界中にありますが、何らかの形で乗り合いの乗り物が生き永らえているところは、市民がその乗り物をすごく信頼している。信頼性工学という領域とは別の話で、「あのバスは時々遅れるのはわかっているけど、それも込みでこのバスは大丈夫だよ」というまちでバスが残るんです。その意味での主観的なリライアビリティがあって、またその移動がやっぱり楽しくなければならない。僕は都市の公共交通を見直す視点は、ウォーカブル、リライアブルとエンジョイアブルだという言い方をしています。これまでの工学的なことをやった上で、この三つが必須であると。この三つの視点で見直していくと、直すものがある。

いくつかの評価指標のひとつが速度で、「速いのがよい」とか「遅いのがよい」、「中くらいがよい」とか、使い分けてこの理屈を入れ込んでいけば、そうそう変なことにはならない。今、怖いのは、僕らの交通の世界では、データが取れればよいという声があり、その中でまた数値化され、結局「速いほうがよい」にいきそうになってくる。乗り継ぎ施設のことを業界では交通結節点と言いますが、シームレス、つまり継ぎ目がないのがよい、ポンポン乗り換えていくことこそがよいんだと。鉄道会社の駅ナカビジネスにもつながりますが、乗り換え時間があることは悪いだけでもなく、その時間をデザインする、演出するという発想にもっていく。駅などの連続する空間、都市の中の機能があるところで「余韻」がつながるというのが、研究会で三年間勉強していて、矛盾なくつながるようになってきました。それが未来像だと思っています。

吉見　賛成ですね。それに重ねて言えば、三点あります。第一に、確かにスマホは便利ですから、もっと活用の仕方はありますし、交通手段のパーソナライゼーションを否定しません。だけれども、パーソナライゼーションで、すべてをＡＩに任せることになっていくと失われるものが出てくる。公共的な価値規範が、都市から失われてしまう。これは都市にとって根本的なことだと思います。

私の知る数少ない例で言うと、トロントの路面電車が結構面白くて、曲がらない。道路の中央を真っすぐにしか走らないんですよ。縦と横でそれぞれ走り、縦から横に行くときに乗り換えるという不思議なシステム。右折とか左折とかがあると、車とのフリクションを起こすから、路面電車は道路の中央をまっすぐ走っているんです。僕が経験した限りでは、路面電車が止まって街路の中央に乗客が降りてくると、走っていた車は見事に全部停止しますね。乗客が両側に渡るのを待って、また動き始めることを徹底しています。これはかなり強い公共規範なんだと思いますね。道路交通規則としてもあるのかもしれないけれども、その都市の交通システムを成り立たせていく上で、車も乗客も歩行者も皆が共通して守るべきルールが成立しているし、それは公共交通だから成立している。これをまちの人々が、観光客も含めて共有するのは、都市の価値としてすごく大切なことです。それぞれの私的権利を優先すればよいのではなくて、公共交通であるがゆえに「ここはこうしましょう」と、皆が学んでいくというか、都市で生活をする中で学んでいくこと、これは意味のあることだと思います。

第二に、大規模商業拠点を整備して車の駐車場をボンとつくって、人を入れ込んで消費してもらって、それで都市開発していけばよいという発想は、二〇世紀的、高度経済成長的な発想でしかない。そうではなく、多様な商業形態が点と点としていっぱいあって、それを数珠のようにつないでいく仕組みが整備されることで、ルート沿いの地域が活性化していくことが、本来の都市の賑わいです。これは高速交通や地下鉄ではあり得ない。自転車でもいいのですが、ある程度以上スローなモビリティ、できればそれを公共交通として整備することが、非常に重要でしょう。

三番目に言いたいのは、中村先生がいう「つなぎ目」のこと。これからは都市を単に空間的施設の配置としてデザインするのではなく、時間としてデザインする、都市的時間というんでしょうかね。都市を時間の集合体としてデザインする重要性って、それこそモバイルとかオンラインの時代であればあるほど、ますます出てきます。異なる交通手段のつなぎ目をどうデザインするか、そこにどういう時間を設計していくかということはエッセンシャルに重要です。

中村　トロントのトラムは、ドアが外側に開くときの折り戸にストップ（停止）のマークがあって、あれが交通規制なんですよ（写真2-2）。私はこの話題に実はすごく詳しくて。その進化版がドイツのダルムシュタット、メルボルン、あとスイスのバーゼルにもあって。信号と連動していて、電車が止まるとその直前の信号が急に赤になって、車の流れを止める例があるんです。

日本にはないんですけどこれはすごいなと思って、二人くらいの学生に修士論文を書かせました。ご縁のあった広島で、路面電車を運行する広島電鉄、広島市と西警察署の協力の下、電車が止まったらガードマンが車を止めて渡るという実験をしたんです。日本で初めて。同時に、待合スペースが不十分で危ない電停をリスト化しました。高知なんて本当に多いです。

吉見先生がおっしゃった話題は、幅員が広くない道で路面電車をどう守るかというときに、普通、交通工学的には道路を拡幅する、次は路面電車をやめる、そんなことになっちゃう。だけど、トロントなどのように、同じ幅員の中で人々がルールを変えて時空間のある部分を譲ることで、むしろいろんなよいことがある。すごくわかりやすい例のひとつだと、昔から思っていました。

吉見　そうなんですね。あれね、僕はよいなと思ったんですよ。路面電車が止まってみんなが降り始めると、一斉に車がウワーッと止まる。停止マークがあったんですね。それは気がつかなかった。「すごい！　トロント市民の倫理観！」と思って、率直にトロントの人たちのことを尊敬しました。

写真2–2 カナダ・トロントのトラム

中村　守るんですよね、そのルールをみんな。そこがすごい。

三浦　先ほど新型コロナウイルス感染症のリスクの話もあって、まずは東京から変えていく必要性があること、そこをどう変えていくかという点では、成熟社会へと向かう中で時間のラインを束ねていき、そのつなぎ目も丁寧にデザインされていくようなまちの形が示されました。それによって地域経済も活性化していく。まちの形を支える、主観的な信頼が生まれるシステムのつくり方、そうしたヒントを多くいただきました。

今まで語られてきた理論的な先生方のご知見をふまえながら、まちへの提言を進める「トーキョートラムタウン」構想について、いかに地域社会を変えていこうとしているか、うかがいます。

──トーキョートラムタウンの提案

吉見　これまで話してきたとおり、東京は何層にも歴史的な層をなしている都市です。今は表面的には消えてしまっているところが多いんですけれども、その歴史的な層がポテンシャルとしてまだ残っている。条件次第で復活してくる可能性をたくさんもつ都市だと思います。江戸は水路・水辺の都市とも言いましたが、その中で賑わっていた場所って、結構いっぱいある。大きなところでは両国、浅草それから深川、芝もありますよね。上野不忍池、あとは飛鳥山辺りもあった。柳橋が料亭街として非常に賑わっていた時代もありました。明治から大正にかけて、東京の交通手段は路面電車になってきますけれども、浅草や上野と同時に、江戸時代からの日本橋、万世橋付近というのも大変な賑わいです、今の秋葉原の横ですね。それから新橋。今は汐留で再開発されちゃいましたけど。それから神楽坂があるわけです。これらではレストランとかお店が小さい点として残り、今でも割とよいところがチョコチョコある。神保町もそうですけど。そうすると、飲食の面だけ見ても点として残っているところがいろいろあり、昔の痕跡が未来への価値になっているわけじゃないですか。

ですから、路面電車の価値を再評価していくときに、単に海外で復活の動きがあるから日本でも導入しましょうとか、これはエコだからとか、自動運転を実験するのによいから新しいテクノロジーとして入れていきましょうということではないのですね。そういうキャッチアップ型だけではダメだと思っています。そうではなく、こういうスローモビリティを都市に入れていくことによって、東京がもっている歴史的なポテンシャルを復活させていく、それを未来の賑わいにつないでいくことが必要なんです。

若い人たちのリノベーションによって、一回すたれちゃってもう見向きもされなかったかつての都市の文化資源が復活し、若者に人気になっているまちが都心東北部にあります。谷中はもちろんですが、蔵前では新しいカフェやゲストハウスができて人気ですよね。清澄白河もそうです。東日本橋や茅場町辺りも新しい拠点ができつつあります。このようにかつての水辺の江戸の重要なポイントにあって、近代化の中で見向きもされなくなったけど、再び土地として力をもち始めている場所がいくつもある。

写真2–3 東京・さくらトラム（都電荒川線）

そういう流れをもっと先に進めていく上で、「トーキョートラムタウン」として構想している浅草から上野へ、さらに秋葉原までを路面電車でつなぐ構想は、その全体の流れを押し上げると思うわけです。コロナが襲ってくる前までは浅草には大量の外国人観光客が観光バスで来ていたわけですよ。かなりお土産品が売れていて、日本趣味的な物を相当売っていた。仲見世周辺だけがテーマパークみたいになっていたわけです。これではしかし、浅草は点としてしか賑わっていない。地下鉄に乗っちゃうと浅草の後、六本木まで行っちゃう。でも、トラムだったらゆったりと合羽橋の道具屋街とか稲荷町、あの辺の寺町に寄りながら上野のアメ横や不忍池まで行く。そこから秋葉原まで行く。浅草や上野は地価が高いんだけれども、その途中の田原町・合羽橋・稲荷町とかはちょっと安くなっているから、新しいベンチャーやお店を出したいと思う人は、その辺りだったら出店できる。新しい文化は、中心と中心に挟まれた境界的な場所から生まれてくる。蔵前もそうで、浅草や日本橋にはお店をもてなくても、中間の蔵前ならいろいろやれるから面白いことが起こってくる。

本当にイノベーティブなものは、中心からは出てこない。周辺からしか出てこないのです。逆に、そこに流れをつくってあげることが大切で、浅草と上野をつなぐことで、その中間部分で新しい若い人たちがいろんなことをできるような場所ができてくる。それは観光客も含めて人々がゆっくり移動することによって、点と点じゃなくて線全体が賑わっていくと、「トーキョートラムタウン」では考えています。トラムという交通手段とまちづくりが一体のものなんですね。交通工学と都市工学の領域が完全に一体化するわけです。そういう作業がすごく重要で、面白い実験だと思っています。

中村　先生のお話の中で、地下鉄は銀座線でさえも実際の使われ方は点、すなわち駅なんですよね。駅と駅の間は見えないし、非連続というかデジタルというか。それに対してトラムで連続的にというご指摘と、蔵前、清澄白河、東日本橋について土地の値段の部分でベンチャーのポテンシャルがあるというのは、確かにそうで。連続的につながることでいろんな人にチャンスがもたらされ、多様性につながると聞いていて思いました。

インバウンドの方々が多かった時代、彼らは貸し切りバスで移動しますが、貸し切りバスは公共交通ではないというのは、案外と日本では認識されていなくて。貸し切りバスは運輸事業なので、国交省マターになり、なんとなく公共交通っぽく見えるんですよ。だからいろんな交通計画の中で貸し切りバスをどうするかという議論になってくるんだけど、あれは乗り合いではないし、パブリックではないんですね、実は。

海外の方に東京を味わってもらいたいという素直な気持ちはあるんだけど、これまでのような味わい方はあまりされたくない。ちゃんと地元に混ざって普通に電車に乗って、トラムがもしできるならトラムに乗り、それでまちを連続的に多面的に味わってもらうことのほうが、本当に長続きする観光政策なんじゃないかと。線でつなぐ部分、これは場合によっては徒歩でもよいし、少し長いならトラムになるんだけど、そうやっていくことで、先生のお言葉にある「歴史的なポテンシャル」をうまく復活させて、未来につなげていく。

交通計画分野の人は普通、こんなことは言わない。処理能力、あるいは今の時代だから「二酸化炭素を減らす」という言い方で車を減らす。僕も含めて、言い方が足りないことが多く、「車さえ減ればよい」で終わっているんですよ。でも今日の先生のお話は、それがまちの中を変えていき、さらに未来につなげていくというところまで、トラムという乗り物を通しておっしゃっていて、これはすごいです、と補足します。

──乗車のハードルが低く、様々な関係性を紡ぐトラム

吉見　海外に出たとき、知らない都市、特に英語が通じない都市というのは、まず怖くてバスには乗れない。地下鉄はないことが多い。でも、どんな都市でもトラムは乗れるんですよ。そんなに滅茶苦茶なところには行かないとわかっているから。地図さえあれば、トラムに乗ってその都市を見ようって気になる。面白そうだったら次で降りて歩いてみようと。トラムはすごく乗車のハードルが低い乗り物だと思いますよ。

しかも、いくら窓を広くしたって大丈夫。中村先生に「鉄道の速度と窓の大きさは反比例するんです」とうかがって、目から鱗でしたね。高速で窓が広かったら恐怖心を煽る。だけど低速だったら窓はどんなに広くしても大丈夫。まったく同感。窓なんてなくたっていい。オープンカーみたいに動いたって、ゆっくりだったら全然問題ないわけです。コロナ感染予防にもいい。だから僕は、「路面電車は走る歩道だ」と言っていますけれども。大切なことはインタラクションです。つまり都市の中で移動しながら乗っている人相互の、それから歩行者との、街々との関係性を最大化する、そういう公共交通の仕組みを考えたときに、やっぱりトラムはすごく可能性をもっている。それにようやく気づいて、今は、都電など「撤去してしまえばよい」というのは間違っていたと思い始めている時期だと思います。路面電車にはいろんな未来的な価値がある。単にＡＩとか自動運転とかに都市交通の未来を任せればいいというのは大間違いなのです。

中村　どうしても、エンジニア側で、ドラえもんが出てくるような技術があれば未来だと思っている人が多いんだけど、それって違っていて。

吉見　まったくそうです。前しか見ないから、自分が見えてこないのですね。

中村　そこに気づかせていただいているところがすごくありました。

三浦　マクロとミクロ、過去から未来のあり方まで、様々なスケールでお話をうかがえたと思います。ありがとうございました。

3章

劇場と都市の変遷からみる歩行者と公共交通が連携した計画の重要性

本章は、文化的創造的機能を担う都市施設のひとつである劇場に焦点を当てる。今日の劇場には、アートマネジメントなどの文脈から、作品上演のみならず、日常的かつ継続的な創造活動[*1]や、地域の特色ある事業の展開、市民の文化活動のプロデューサーとしての役割[*2]など、多様な人々の多様な活動の場として開かれることも期待されている。

他方で、こうした劇場の機能が制度上で明示されたのはごく最近である。我が国の劇場は「劇場、音楽堂等の活性化に関する法律」（通称・劇場法）が制定される二〇一二年まで、図書館や博物館といった他の文化施設とは異なり、機能を規定する根拠法がなく、各時代の都市施設整備と文化振興の双方の政策を反映しながら整備方針が変化してきた。

そこで本章では、劇場の定義および関連制度をおさえた上で、歴史をレビューし、近代化以後、劇場開発を牽引してきた主体と劇場の整備方針の変遷を示す。さらに、現在に視点を移し、全国に見られる劇場集積の分布傾向や密度を明らかにする。

三浦詩乃

中野 卓

蒋 夢予

岡田 潤

出口 敦

1 日本における劇場施設の制度上位置付け

1 定義

二〇一二年まで劇場の機能の定義は制度上未整理であったが、地方自治法[*3]（一九四八年）において、各地の町村から市制へ移行する際の条件として公会堂などの文化施設や劇場が一定数あることが条件のひとつとされた。つまり、劇場が都市性を担うものとしての示唆はなされていたと言える。明確な機能の定義は劇場法に依り、劇場は「文化芸術に関する活動を行うための施設及びその施設の運営に係る人的体制により構成されるもの」で、そのうち「有する創意と知見をもって実演芸術の公演を企画し、又は行うこと等により、これを一般公衆に鑑賞させることを目的とするもの」、そして「文化芸術の継承・創造・発信の場、人々が共に生きる絆を形成する地域の文化拠点」として規定されている。

劇場で上演される演目には、江戸時代あるいはそれ以前からの興行や神事などで生活に根づいていた能、狂言、歌舞伎、文楽などの伝統芸能や各地の民俗芸能、見世物、寄席といった演芸のほか、明治時代に国内で初演された[*4]オペラ（歌劇）、バレエ、セリフ劇などがある。また、戦後復興期〜五〇年代に放送メディアと結びつき普及した、歌謡、オーケストラなどの音楽演奏も含まれる[*5・6]。

設置者に着目すると、文化会館など、地方公共団体によって設置条例を設けて整備される公設劇場と、企業による民設劇場とに区分される。文部科学省では、これらを「劇場・音楽堂」として総称するが、次項に示すとおり、両者で扱いが異なる制度もある。なお、公益性を求められる前者では年間を通じて多演目の公演、多目的利用がなされる一方、後者は単一演目（ロングラン）に特化するものもあり、こうした運営方針の違いに応じて設備内容も異なる。[*7]

2 関連制度および指針

文化芸術振興基本法（二〇〇一年）の理念に則り、前述の劇場法によって、文化行政の観点から高らかに、地域における劇場の役割が示され、事業内容や各ステークホルダーの役割、およびその根拠が規定された。また、都市再生特別措置法（二〇一一年）では、都市再生特別地区制度運用の際に、劇場が都市の魅力向上に資する公共貢献施設として認定されるケースも見られる。[*8]

しかし、その他の劇場関連法規[*9]は、劇場の「不特定多数の利用者を密閉性の高い施設に長時間収容」する運営形態に対して規制を加えるものが主である。興行場法（一九四八年）では、およそ月に五回以上反復継続の意思をもって行われる「映画、演劇、音楽、スポーツ、演芸又は観せ物を、公衆に見せ、又は聞かせる施設」を対象に、利用者の安全衛生を確保することを定めている。建築物衛生法（一九七〇年）においても、特定建築物として衛生管理を義務づける対象とされている。こうした衛生行政の観点のほか、各都道府県の建築安全条例および火災予防条例の観点から示された屋内外の客席の基準が、バリアフリー法（二〇〇六年）では建築物移動等円滑化基準への適合努力義務として示されている。

また、建築基準法第四八条の用途規制では、「劇場、映画館、演芸場、観覧場」が遊戯施設・風俗施設の分類に含まれ、商業地域、準工業地域において立地可能とされ、準住居地域、近隣商業地域においては客席二〇〇平方メートル以下であれば立地可能とされている。公設であれば「公共施設」とされて、これに依らず、設置者によって扱いが異なる。交通の観点からは、兵庫県（床面積一〇〇〇平方メートル以上）、鳥取県（床面積一五〇〇平方メートル以上）などの一部地域において、劇場が大規模集客施設にあたる規模の場合にのみ条例で交通負荷への配慮が定められている。[*10・11] 施設へのアクセス性向上に関する制度は見られない。

2　劇場の整備方針の変遷

前項より、建築、都市、交通各分野の法規や指針上では、基本的には劇場が地域に与える負の影響を抑制する方針がとられてきたが、二〇一〇年代以降、文化振興や都市再生を目的として、劇場を地域資源としての積極的な活用を促す動きが出てきていることがうかがえる。ここでは、近年に至るまで、劇場開発を牽引してきた主体と実現した空間、あるいは劇場を重要な都市施設として位置づけた構想や空間像の提案の変遷を整理し、現在において学ぶべき点を示す。

1　江戸期——町人が支えた仮設的劇場空間と芝居小屋

近世の芸能、演芸は、路上や境内、盛り場で小屋掛けするなどして発達した。[*12]また、山王祭、神田明神祭礼など巡行路の街並みでは、沿道店舗が桟敷席のように使われるなど、仮設的な劇場空間が創出されていた。[*13]

町人文化が根づいた江戸期には、芝居小屋や寄席が官許を得た上で常設されるようになる。芝居小屋周辺には来街手段の水運、観劇の前後の時間を過ごす茶屋、役者の住居などが揃い、芝居町を形成していた。[*14]江戸では三座（境町、葺屋町、木挽町、後に猿若町に移転）、大阪では道頓堀五座が、代表的芝居町であった。これらには、鬼門への立地や施設規模抑制など、幕府によって度々、規制がかけられてきた。

2　明治〜昭和初期——民間主導の劇場近代化と劇場集積

明治期には、興行参入が規制緩和され、民設の施設数が増加した。ただし、これまで大衆が利用してきた芝居小屋と、海外から導入した新たな演劇の場に対して、都市計画上の扱いは異なり、立地も棲み分けられた。
前者には、衛生問題や火災の危険性から廃止論が出て、[*15]『明治十年新富座守田勘弥劇場改正規則』のように規則を設けることを条件に認めたり、[*16]空閑地になりつつあった旧武家地の転用が検討された。[*17]後者は、おもに外国人居留地に立地した。山崎直胤による案（一八八五年）、ベックマンの官庁集中計画（図３－１）といったこの頃の近代的都市計画構想では、欧州の宮廷劇場を模した施設が描かれた。官庁集中計画では、宮城に向かう「ミカド通り」沿い、中央駅付近に劇場を配置した。
さらに一八八八年、市区改正に伴い、芝居小屋の集積する従来興行地の再編が提案されるようになる。松田東京府知事が提示した「東京中央市區劃定之問題」では中央市区確定、つまり、都心エリアの線引きに際し、立地を考慮すべきものとして官庁舎や工場のほか、「諸見世物、相撲場、演劇貸座敷」を挙げた。[*18]また、大阪市区改正の構想段階では、処刑地の再生を果たした千日前を筆頭に、市街地に散在する興行物を移転し、新たに公園と大劇場とを併設する「娯楽地区」案が示されたとされるが、興行主と移転先双方からの嘆願で頓挫した。[*19]
こうした時勢のもと、運営継続を模索する興行主らは、舞台設備の変更、飲食空間

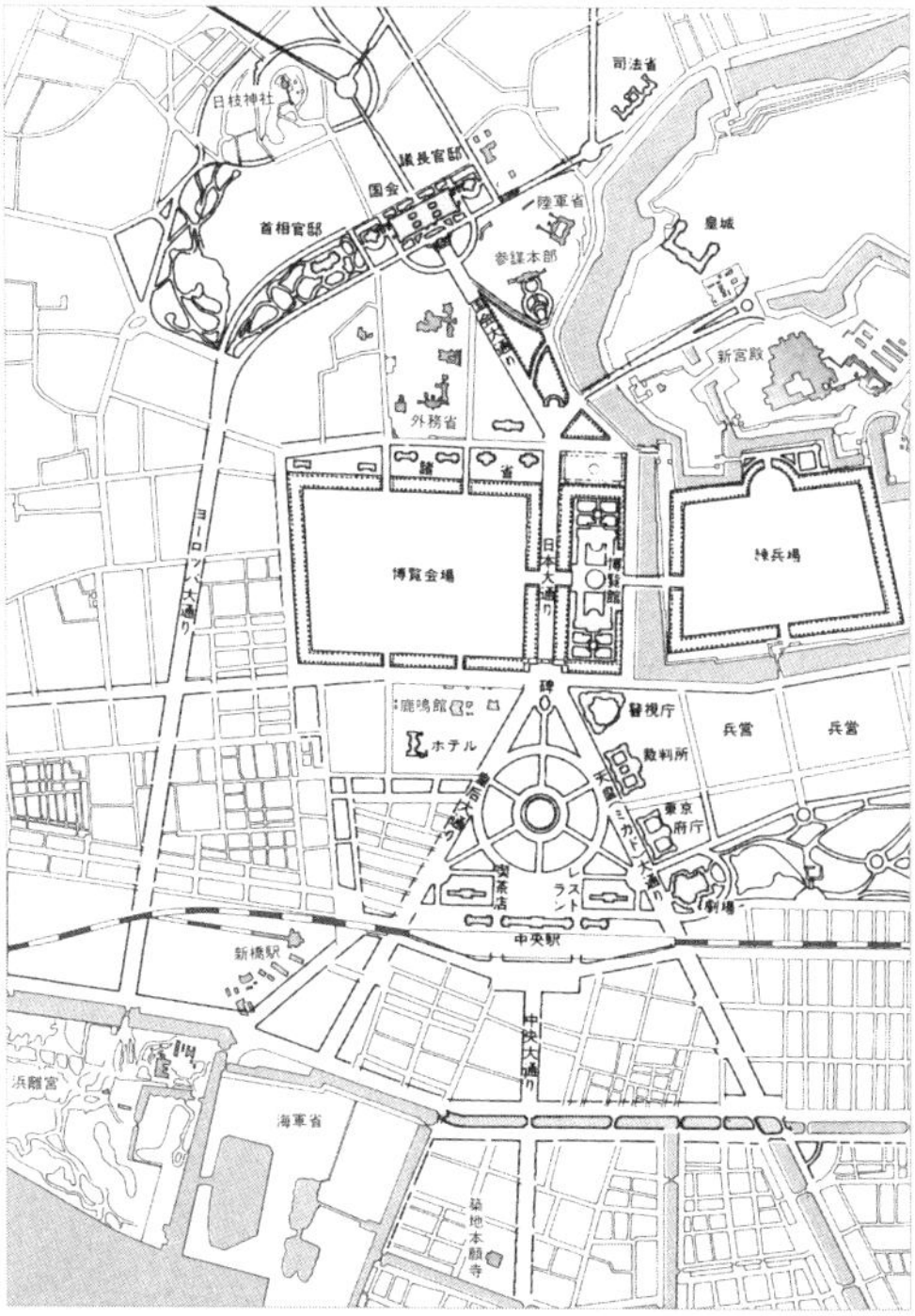

図3–1 ベックマン案の官庁集中計画
（出典：藤森照信『明治の東京計画』（文庫版）、岩波書店、2004年）

図3–2 大正期の大阪市内興行地の様子　左：道頓堀、右：新世界
（大阪府編『大阪府写真帖（再版）』1914年、国会図書館デジタルコレクション）

と客席の完全分割など、歌舞伎等施設の近代化を進める「改良運動」を展開した。民間主体が主導したものとして、東京では、木挽町歌舞伎座（一八八九年）、日本初の西洋式劇場の有楽座（一九〇八年）、渋沢栄一らが国際的な文化交流機能を期待して設立した帝国劇場（一九一一年）、小林一三による有楽町アミューズメント・センター（一九三二年）形成などがある。大阪では、第五回内国勧業博覧会（一九〇三年）跡地を天王寺公園として再整備し、その残余地を民間に貸与して新世界が形成され、飲食店や劇場が立地し、賑わいを形成した。また、一九一二年ミナミの大火後に開通した路面電車通り沿いに、難波駅を開業した南海系列企業が複合娯楽施設・千日前楽天地を計画した[*20]（図3－2）。

以上より、江戸期から徐々に施設、演目ともに見直しつつあった劇場を、都市計画行政において、いかに計画的に再配置していくかの議論がなされており、必ずしも劇場の存在を肯定的に捉えていたわけでなかったことを示している。そうした中、江戸期からの芝居小屋の系譜をもつ興行を行う民設劇場の近代化やその集積は、経済的に衰退した武家地、あるいは処刑地、大火跡地などを再生してきた。都市計画で描かれた空間像が的外れであったわけではなく、ベックマンの計画にあった公共交通との隣接、大阪市区改正の構想にあった興行の場の複合化といった考え方は、関西を基盤とした事業者の劇場整備で実践されており、地域に賑わいをもたらした。

3 戦前〜終戦直後
――石川栄耀の「休養娯楽計画」、劇場を拠点とした地区空間像

2よりこの当時の主流は民設劇場であったと言えるが、大正時代から昭和初期にかけて、大阪市中央公会堂（一九一三年中之島内）、日比谷公会堂（一九二九年日比谷公園内）など、現在の公設劇場の原形となる「公会堂」が、各地に現れ始めた。公会堂は、一般市民が集会、社交、市民自治に用いることが主目的で、そうした利用者の社会教育・教化の一環として演劇、音楽、舞踊などが実施された。[*21] 関東大震災（一九二三年）以前は、市有の公会堂はなく、その後一九六〇年代を迎えるまで顕著な増加は見られない。

こうした中、当時の既存施設、つまり民設劇場をまちの中心と捉えた空間論である「休養娯楽計画」を説いた都市計画家・石川栄耀の先進性が際立つ。石川は、都市計画愛知地方委員会を中心に設立された「都市創作会」の機関誌『都市創作』（一九二五〜一九三〇年）への寄稿「郷土都市の話になる迄」において、業務でなく余暇を中心とした都市計画を提唱し、週末だけ余暇時間を楽しむような街ではなく、日常的に「夜」の時間をそれに充てられる街の姿を描いている。また、休養娯楽計画に加えて「街路照明」「建築物照明」「夜間学校による通俗教化計画」「クラブ室、小舞台、保育所等を備える隣交館を中心とした社交計画」の全五要素を提案している。

劇場を中心とした街の適正規模や原則的に備えるべき空間要素を、既存の劇場集積で賑わう代表的地区に学ぶ手法、交通や景観など多角的な切り口による分析といった、空間像を導く手順そのものも有用な知見である。

以下では「休養娯楽計画」と石川が関わった劇場地区の概要をまとめる。

（1）休養娯楽計画の構成要素

石川は、都市の中に静的設備と動的設備があるとし、

①静的設備…音楽堂、劇場等の室内で座席を固定して享受する施設。都市美をあらわす空間

②動的設備…歩きながら楽しむ小売店や公園（街路または遊園逍遥）。広告機能が顕著にあらわれる空間

と定義した。その上で、

・都市が大きくなるほど、これら二つの機能が分化する。逆に小さい都市ほど一つの巷（ちまた）に収まる

・巷の構成は名古屋の大須や浅草のような集団形式、銀座のような街路形式、その他一時的な縁日・お祭りの三種がある

・静的設備と動的設備とが絶縁すると（都市にとって）不利である。交通専用道とは絶縁すべきである

・人道と車道を区分し、人道には露店を配置する

表3-1 国内事例の分析結果
（出典：石川栄耀「郷土都市の話になる迄（4）」『都市創作』2巻1号、1926年、を元に筆者作成）

都市	地区	巷構成形式	主街幅員	主街延長	主街舗装	設備種類	設備内容
京都	新京極	街路	3-3間半	5丁	コンクリート、タイル	静的設備主体	劇場6、活動館6、寄席5
	四条大通	街路	12間（人道1間半ずつ）	10丁（烏丸まで）	人道のみ所々コンクリート、タイル	動的（高級小売店）	―
大阪	道頓堀	街路	6間	5丁	コンクリート	静的（劇場を主として）	―
	千日前	街路	6間	未詳	道頓堀に同じ	静的（活動館を主として）	観物場1、活動館7、寄席7
	心斎橋筋	街路	3間半	約6丁	コンクリート、タイル	動的（高級小売店）	―
	新世界	集団	未詳	未詳	未詳	静的	劇場3、活動館2、寄席3、観物場2
神戸	元町	街路	5間	約9丁	アスファルト、コンクリート	動的（高級小売店）	
	湊川通	街路	4-7間	8丁	タービア	静的	劇場5、活動館8、寄席2
名古屋	大須	集団	3間	1丁半	ターマカダム？	静的、動的混合	劇場3、活動館5、寄席4、観物場4、バザー4
	栄町	街路	13間（人道3間）	4丁（本町－市役所）	―	動的	―

・街路区間の両端には、心理的に重要な施設を配置する
・幅員五・四〜一〇・八メートル（三〜六間）、徒歩距離は七七〇メートル（七丁）を目安とする

といった考察を行った。

これらの考察に用いたデータとして次が示されている。

・ドイツの代表的都市の公園、劇場、浴場施設などの整備予算集計
・国内事例の形式分類、設備種類と数、街路幅員と延長、舗装の状況（表3－1）
・電車軌道の停留所と盛り場には関係があるとする名古屋市内の盛り場配置に関するケーススタディ。盛り場の平均規模が七七〇〜八八〇メートル（七〜八丁）程度であると示す

本検討から図3－3に示す「休養娯楽中心」として施設、配置、街路形状などをまとめ、次のような空間像を示している。

・観劇の後の快い逍遥空間を探るべきである
・夜閉店する店は取り除く、あるいは前庭をつくり露店を設置する
・路面は舗装し、街路にゆるいカーブをつける
・公園の中や水辺に面した劇場に味

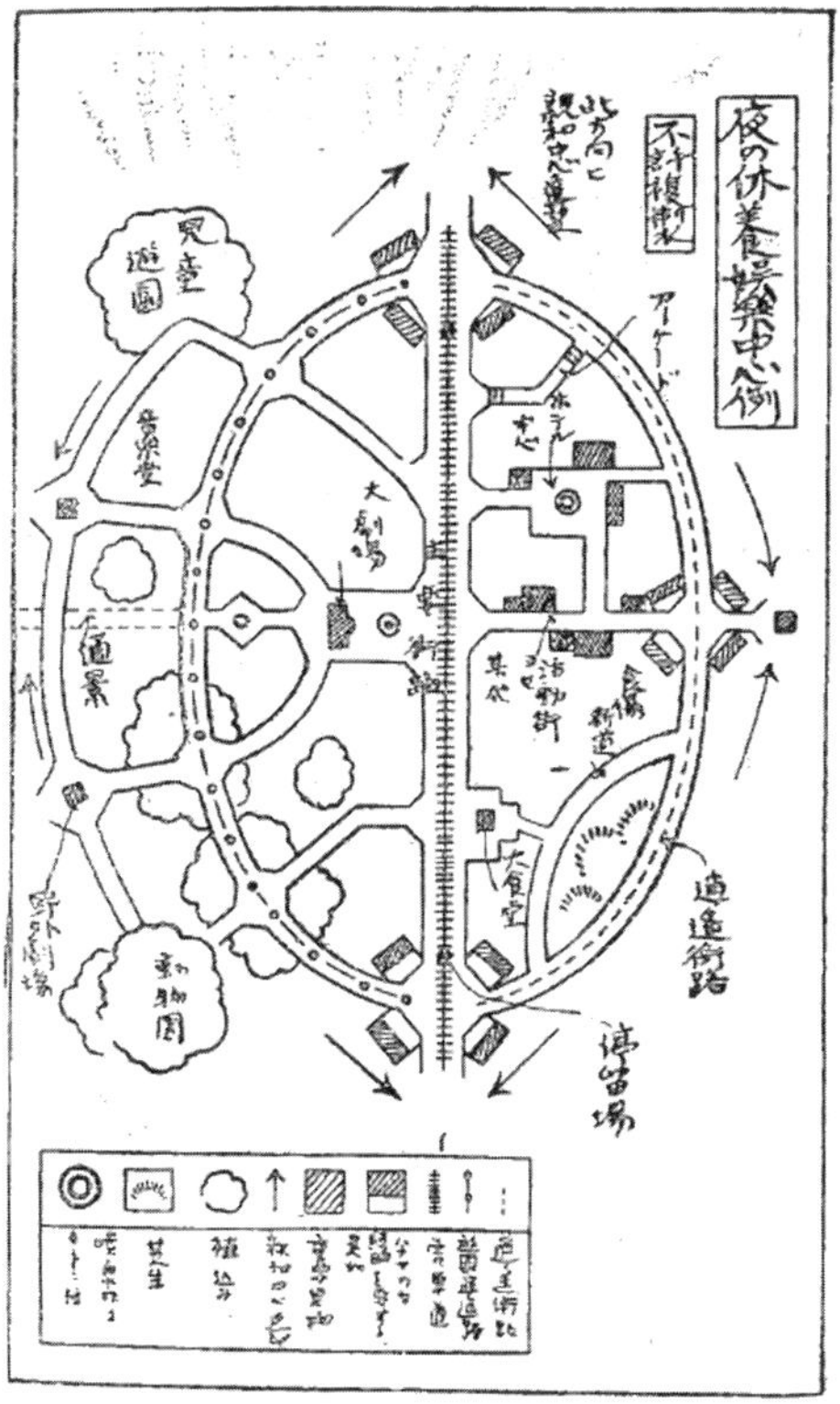

図3–3 休養娯楽計画の空間構成
（石川栄耀「郷土都市の話になる迄（4）」『都市創作』2巻1号、1926年）

わいがある。国内のものは「赤裸々」すぎるため、施設に前庭を設置、広場を中心として劇場を集合させる
・群衆を呑吐することから交通への配慮が必要である
・重心に（公共）交通機関があり、かつ、それが美観を損なわない位置にあること
・道路の突き当たりに建築物照明を配置する
・公共建築の遠望があること

（2）石川が関わった計画

石川は、戦前の名古屋市において、実際に劇場に縁のある事業に携わった。名古屋市区画整理耕地整理連合会と都市創作会が主催し、「土地区画整理事業」を市民に紹介する「大名古屋土地博覧会」を、当時建設中だった名古屋市公会堂、開催中の御大典博に近接した立地を活かして成功させたほか、劇場・映画館街として発展していた大須商店街の計画指導を行った。戦後は、歌舞伎座を誘致するビジョンがあった新宿歌舞伎町の戦災復興区画整理方針に賛同し、地元と協働した。重心への公共交通機関の配置や街路のカーブなど休養娯楽中心で提案していた空間をすべて実現することはなかったが、地元の復興協力会の原案に基づき、広場を中心とした空間構成、T字路配置、自動車交通抑制を立案するとともに、地区のネーミングも行った。[*22]歌舞伎町は地元と石川らの尽力により基盤が整ったが、当時、住宅難解決を最優先課題として料理店・映画館・劇場新設や増改築を規制していた「臨時建築等制限令」のため、施設整備にストップがかかった。そこで一九五〇年、東京産業文化平和博覧会を誘致することで、この制限令を取り払い、さらに博覧会の施設を転用し、長年親しまれるコマ劇場（一九五六年）の誕生へとつなげた。

4　一九六〇～一九七〇年代――劇場施設の多様化

その後、演劇界の変化が、劇場施設にも新たな潮流をつくった。学生運動の体験を経た役者側の意識変化や、劇作家の活躍が見られるようになり、既成の劇場にとらわれず、自前で芝居小屋をつくり、主宰者が座付き作者として戯曲を書き、演出もし、自ら舞台に立つ、いわゆる小劇場運動が盛んになった[*4]。東京では、早稲田を拠点として、あるいは有楽座など既存劇場を活用して、上演がなされた。下北沢・本多劇場グループによる実験劇場の集積も、こうした流れに位置づけられる。その後の一九八〇年代に、若者を中心に小劇場の人気が高まっていくなか、企業のメセナ活動の一環としての小劇場整備初期事例（一九六四年…紀伊國屋ホール、一九七三年…PARCO劇場など）が、ブームを支えた。

一九七〇年代後半には、神奈川県長洲一二知事による「地方の時代」提言や、大平正芳首相による「文化の時代」の施政方針演説など、地方公共団体が地域の文化振興を主導していくものとの認識が広がり、その後の公設劇場の急増につながる。

5　一九八〇〜一九九〇年代――地域の核としての劇場整備

それまでなかった音楽や演劇に特化した公設専門ホールが多く生まれ、一九九〇年代前半に建築数ピークを迎えた。公設劇場が全国の施設の九割を占めるまでになる。例えば「文化会館」に着目すると、最も建設数が集中したのは一九九一〜一九九五年の計四一二件、つまり五年間で一年間平均八二・四件も整備された。市、区、町による建設件数が大幅に伸び[*23]、基礎自治体に劇場施設が行き渡った。例えば、富山市は「劇場都市とやま」とうたい、旧公会堂を本格的な三面半舞台空間を有する「富山市芸術文化ホール」として再整備した（一九九六年）。これは駅前に立地し、施設のすべてが劇場であるというコンセプトで進められ、館内には八〇点を超えるアート作品が展示されている[*24]。

こうした公設劇場の空間整備方針を先取りしていくような、民設劇場を伴う著名開発事例が現れ、日本では見る機会の少なかった海外の劇団、舞踊団やオーケストラなどが招聘される。代表事例の赤坂アークヒルズ（森ビル、一九八六年、図3－4）では、経済活動と文化活動を両立した「文化都心を創る」とし、サントリーのメセナ事業であるサントリーホールをとり込んだ再開発を行った。海外オーケストラを多数招聘した同ホールは「サントリーホール現象」という言葉も生まれたほどに話題を呼び、クラシック音楽分野の新たなファンを開拓した。[*25] アークヒルズの空間構成は、五・六ヘクタールをひとつの街区としてまとめ、放射一号線沿いの商業・業務系のゾーンは容積を高く積み、文化・住宅ゾーンは容積を抑えたものである。丘陵地の高低差を生かした立体的広場やペデストリアンデッキによる歩行者路の構成によって五五％の公開空地率を確保し、住宅棟の北側に低層のホールを広場に面するかたちで配置した。[*26] 他の再開発事例として福岡市のキャナルシティ（福岡地所、一九九六年、図3－5）を例にあげると、駅至近の富山市の事例とは対照的に、商業・業務の集積が進む鉄道駅から多少距離のある、住吉地区の工場跡地周辺の経済停滞を解決し、都心部全体の均衡ある発展を目指すものとして計画された。運河を模した池を中心にホテル、商業施設、映画館、常設劇場、ショールーム、業務施設を配置している。この劇場はミュージカル上演で知られる劇団四季の初の専用劇場であ

図3–4 アークヒルズ
（Open Street Mapを元に筆者作成）

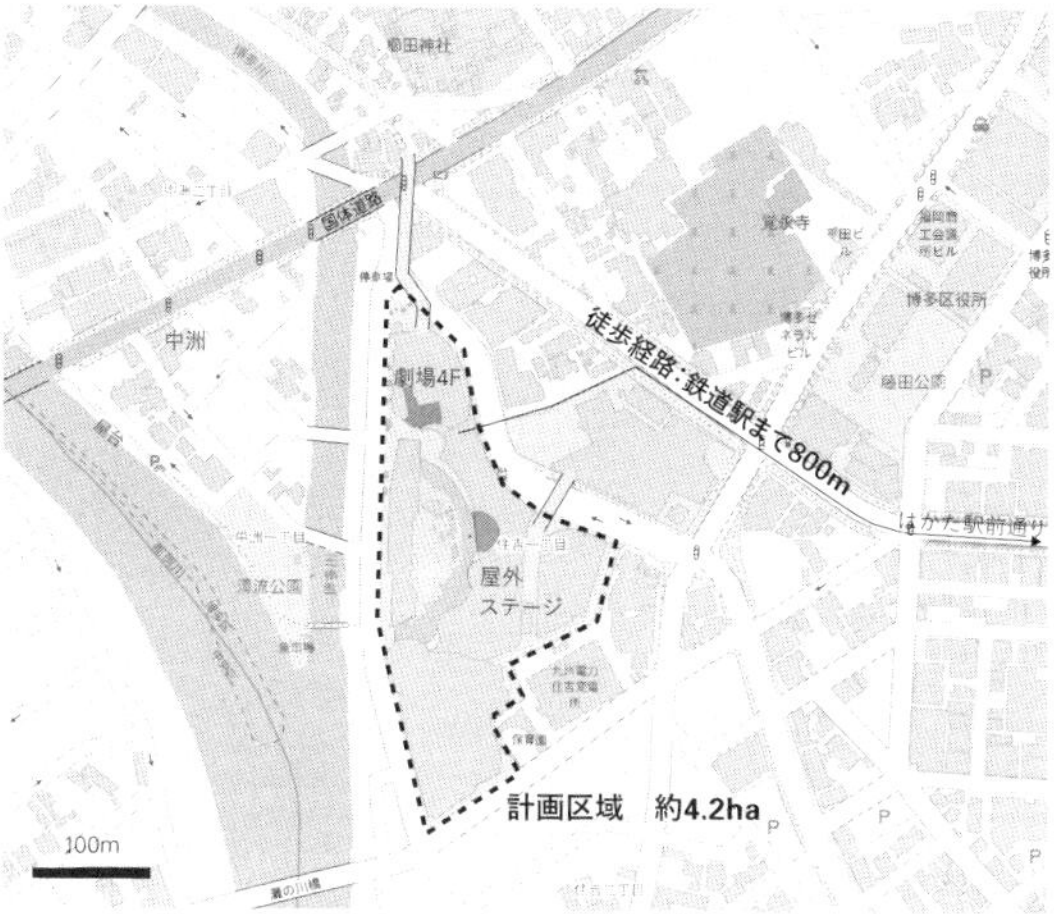

図3-5 キャナルシティ博多
（外観：福岡市ウェブサイト、地図：Open Street Mapより筆者作成）

った。その他、噴水の仕掛けと融合したショーを無料で楽しめるステージも備えた。

以上、一九八〇～一九九〇年代は劇場数が充足する中で、官民ともに観劇中および観劇前後の体験の質向上を目指して、施設や街区計画を行う兆しが見られた時期であった。高質な施設による集客に乗じた地域経済活性化効果も期待され始めた。

6 二〇〇〇年代以降——劇場周辺の公共空間活用、劇場集積を活かした環境整備

劇場の供給量と質は充足し、[*27]中にはバブル崩壊を経て、経営難を抱えるものも出てきた二〇〇〇年代では、これまで整備したハードウェアをいかに芸術活動振興に活かせるか、各地の持続可能な劇場運営方針が問われることとなった。一九八五年から二〇一〇年間で、芸術家人口はおよそ二五％増加[*28]しており、演劇人材の有効活用も課題であった。特に、1でふれたように公設劇場は主催よりも多目的な貸館業務を行ってきたため、創作団体や芸術専門人材が配置されず、文化政策上において果たすべき役割が明確にされないままだった。にもかかわらず、指定管理者導入による短期的視野の運営効率化のみが進んでいた。[*29,30]劇場法検討に伴い、地域において舞台芸術に親しむ環境を醸成するアウトリーチ活動（教育機関、福祉施設、医療機関

図3–6 豊島区・再整備された4公園
（Open Street Mapを元に筆者作成）

などとの連携）やワークショップなど、舞台芸術を地域社会に提供し、根づかせていくための取り組み、そのために地域社会と人材をつなぐアートマネジメントが重視されはじめた。[31]

劇場運営が転換点に立つ中、文化政策と、都市再生や観光活性化策を融合する基礎自治体が現れた。静岡市観光交流文化局「まちは劇場推進課」、さいたま市「芸術のまち中央区」、兵庫県豊岡市「演劇のまち」、東京都豊島区「まち全体が舞台の誰もが主役になれる劇場都市」など、劇場を拠点に文化活動をまちなかに展開する、あるいは、街を劇場にみたてて既存公共空間などを活用していく方針が見られる。豊島区の事例では、池袋駅周辺の四公園の整備に力が入れられた。南池袋公園（二〇一六年）を皮切りに、劇場を備える新規開発Hareza《ハレザ》池袋に面した中池袋公園、野外劇場を備える池袋西口公園が再整備された。例えば中池袋公園では、劇場周辺公共空間の一体性を高めるように、管理区分にとらわれず、四つの街区を一単位とした面的整備が行われている。舗装の色の統一、公園と隣接する道路や公開空地とフラットに接続するデザインがなされた。[32] さらに、二〇二〇年に「としまみどりの防災公園」がオープンし、公園ごとに個性のある利用傾向が見られる（図3−6）。これら各公園とそれらの周辺にある施設への立ち寄りやすさを、池袋駅東口の歩行者天国増設やＩＫＥＢＵＳ《イケバス》と呼ばれる周遊バス路線を含む交通計画が支えている。

その他、都市計画行政上の対応を柔軟化させる基礎自治体も出てきた。調布市仙川駅周辺地区（二〇〇一年〜、図３－７）では、住民発意の「音楽・芝居小屋のあるまちづくり」が行政の基本計画に位置づけられた。保育園等を併設した芸術・文化・コミュニティ施設の誘導のため、原則、劇場施設の建築が規制されている用途地域（第二種中高層住居専用地域）の建築用途制限を、地区計画をかけて緩和した。[*33] また、文化庁の将来の移転を見据え、文化を中心としたまちづくりにさらに力を入れる京都市では、「文化芸術」と「若者」を基軸としたまちづくりの推進対象エリア（河原町通以東、図３－８）の都市計画内容変更（用途地域等の変更、特別用途地区指定等）を行い、文化活動推進と住環境の共存を目指すことを、二〇二一年現在検討中である。

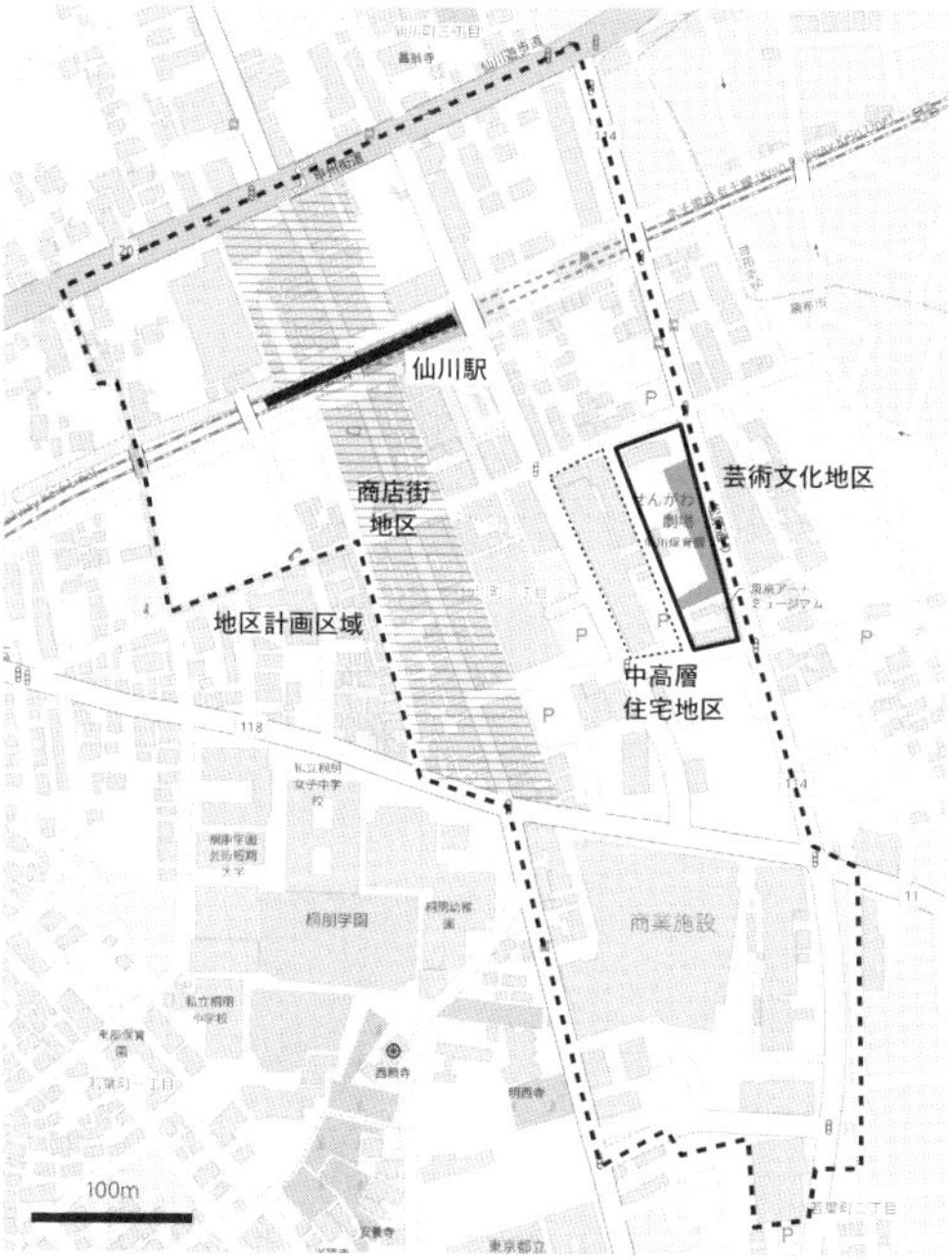

図3–7 調布市仙川駅周辺地区地区計画区域
（Open Street Mapを元に筆者作成）

もう一つの二〇〇〇年代以降の傾向として、**1**に触れた、都市再生特別地区事業に伴う劇場新設事例が現れたことが挙げられる。札幌市第一種市街地再開発「さっぽろ創世スクエア」（図３－９）、[*34] 広域渋谷再開発の一つ「渋谷ヒカリエ」などがある。

さっぽろ創世スクエアは、地権者で構成する研究会（一九九〇年〜）による、隣接する札幌

文化芸術用途	文化芸術の創造環境の整備およびまちづくりの担い手育成のために必要な用途 【文化芸術の創造発信のために必要な用途】 1 劇場、映画館、演芸場または観覧場 2 博物館、美術館または図書館 3 展示場 4 映画スタジオまたはテレビスタジオ 5 音楽練習スタジオ 6 美術品または工芸品を製作するためのアトリエまたは工房 【若者や芸術家の移住・定住促進のために必要な用途】 7 大学、専修学校または各種学校 8 1~7までおよび9の用途を含んだ共同住宅[A地区のみ] （容積率が200%を超える部分の3/4以上を1-7までおよび9の用途に供するものに限る 【その他、文化芸術に係る土地利用の促進に寄与するもの】 9 1~7までに掲げるものに準じるものとして市町が認めるもの	最大容積率 ［A地区］　［B地区］ いずれも400% （敷地面積1000㎡未満の場合は300%）	
賑わい創出用途	・物販店舗 ・飲食店、カフェ ・オフィス、事務所	250%	300% （現行どおり）
その他用途	・共同住宅 ・ホテル ・倉庫 ・工場 等	200% （現行どおり）	300% （現行どおり）
制限対象	・3階以上または床面積が300㎡を超える自動車車庫 ・日刊新聞の印刷所 ・ナイトクラブ ［A地区のみ禁止］ ・床面積が3000㎡を超える自動車教習所、畜舎 ［A地区のみ禁止、B地区は10000㎡まで建築可能］ ・マージャン屋、ぱちんこ屋、射的場、勝馬投票券発売所、場外車券売場等 ・カラオケボックス		

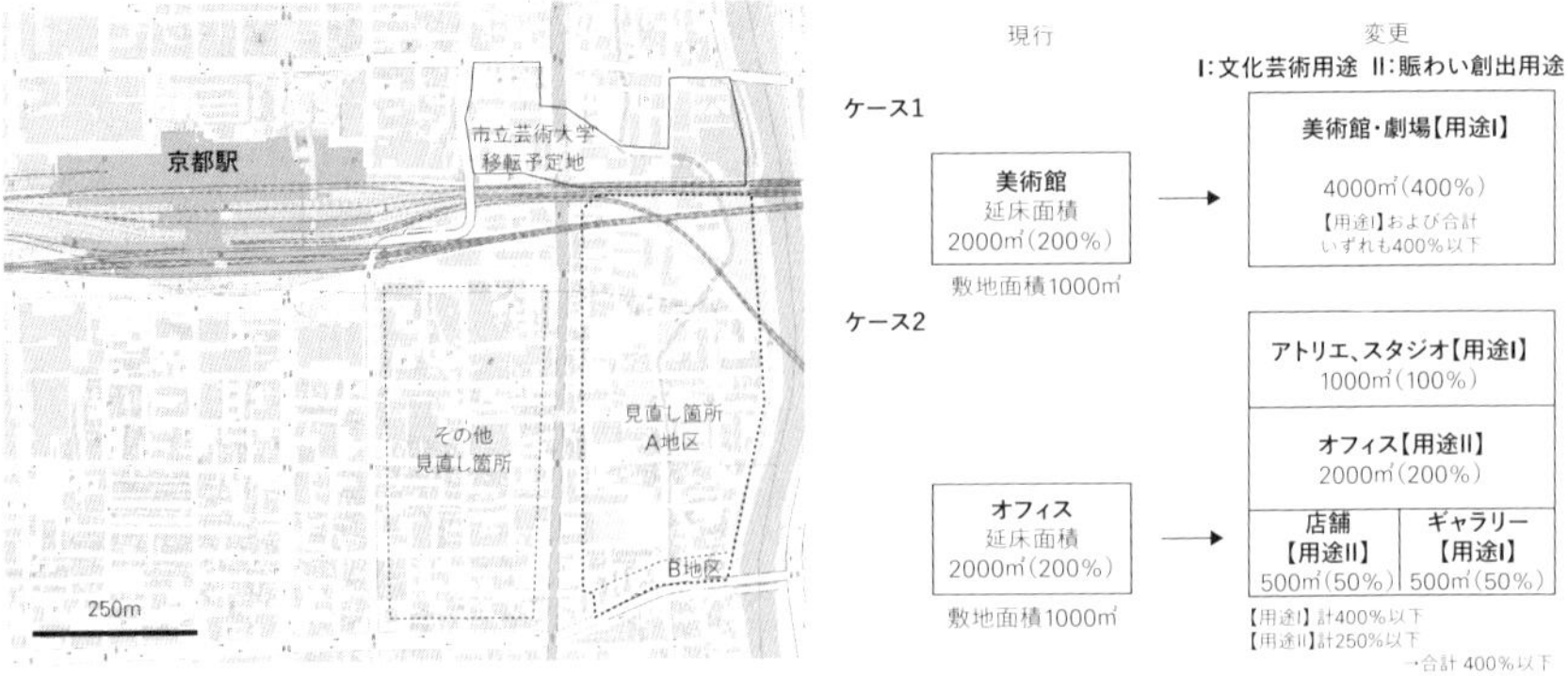

図3–8 京都市特別用途地区への変更予定地区（A・B地区）と内容、活用ケース
（図：京都市資料を元に筆者作成、地図：Open Street Mapを元に筆者作成）

市民会館（一九五八年）の閉館決定後に同会館に代わるホール機能を含めた計画である。親水整備（二〇一一年）された創成川公園に接する建築部分ではスカイラインを抑えた空間構成がとられた。公共地下歩道チ・カ・ホへの接続、地下冷暖房施設導入などが公共貢献施設として認められ、基準容積率が八〇〇％から九〇〇％に緩和された。

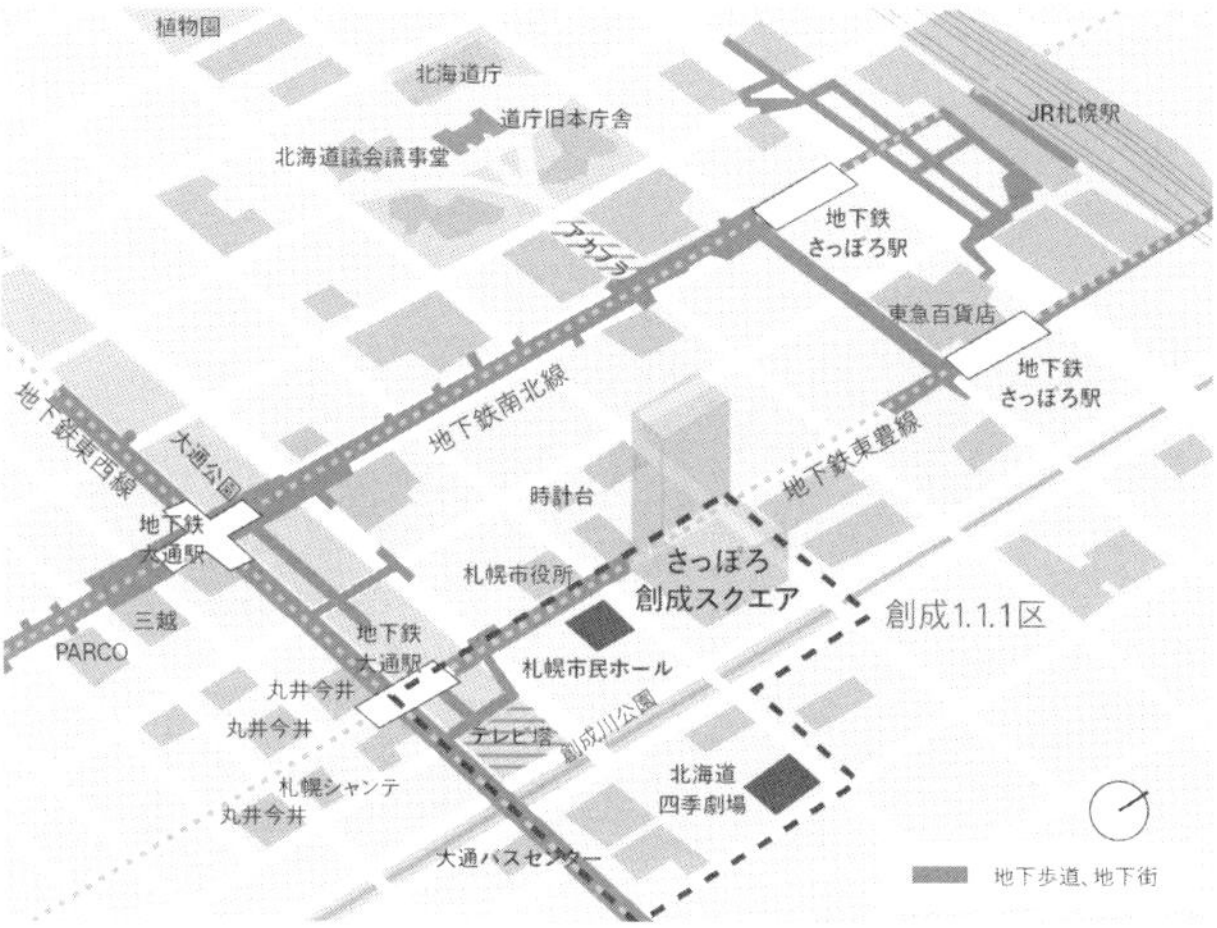

図3–9 さっぽろ創世スクエア
（出典：さっぽろ創成スクエアホームページ http://www.sapporo-sosei-square.jp/を元に筆者作成）

渋谷ヒカリエ（東急、東京地下鉄、東宝、田中ビル、嘉栄ビル）の場合は、劇場整備そのものが公共貢献として位置づけられた。東急文化会館（一九五六年）跡地の開発という、劇場施設の更新と重なった事業である点、そして隣接した川辺の再生（一連の再開発に含まれる渋谷川開架事業「渋谷ストリーム」、図3－10）など、札幌の事例と類似点が見出せる。また、札幌は冬期の歩行環境、渋谷は谷地形、と理由は異なるが、両者とも、地下歩道やデッキという立体的動線により、鉄道駅とのアクセス性を高めている。

劇場の新設がないタイプの特区該当事例には東京ミッドタウン日比谷（図3－11）[*35]がある。これは、公会堂のある日比谷公園に隣接した複数の劇場が立ち並ぶ街区の再開発である。既存施設が惹きつける観劇行動に資するような、街区を貫く歩行者専用道路や広場、映画・演劇関係のイベントにも活用できる三層の屋内アトリウム空間を整備し、特区の公共貢献に位置づけている。

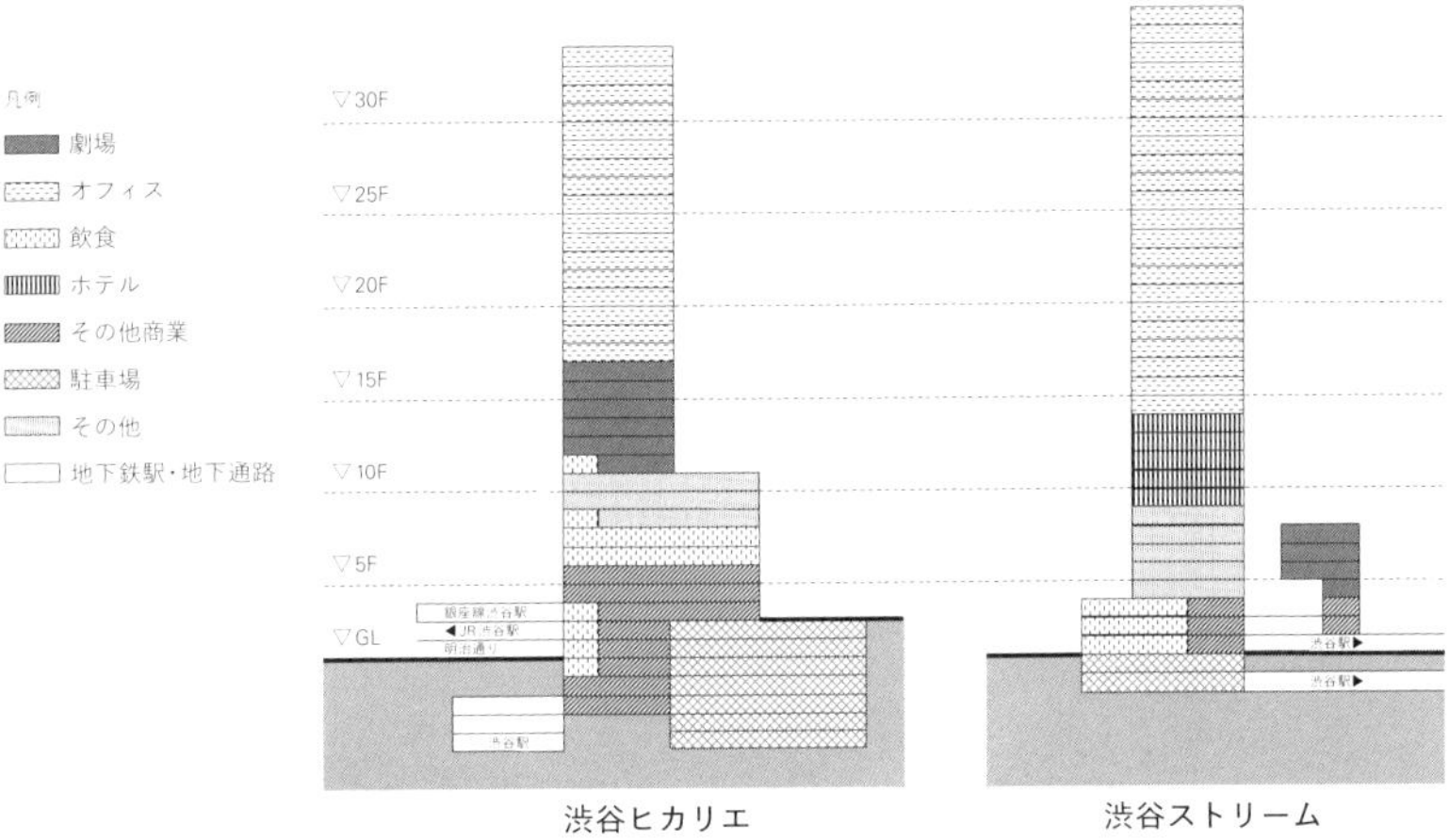

図3–10 ヒカリエストリーム断面図

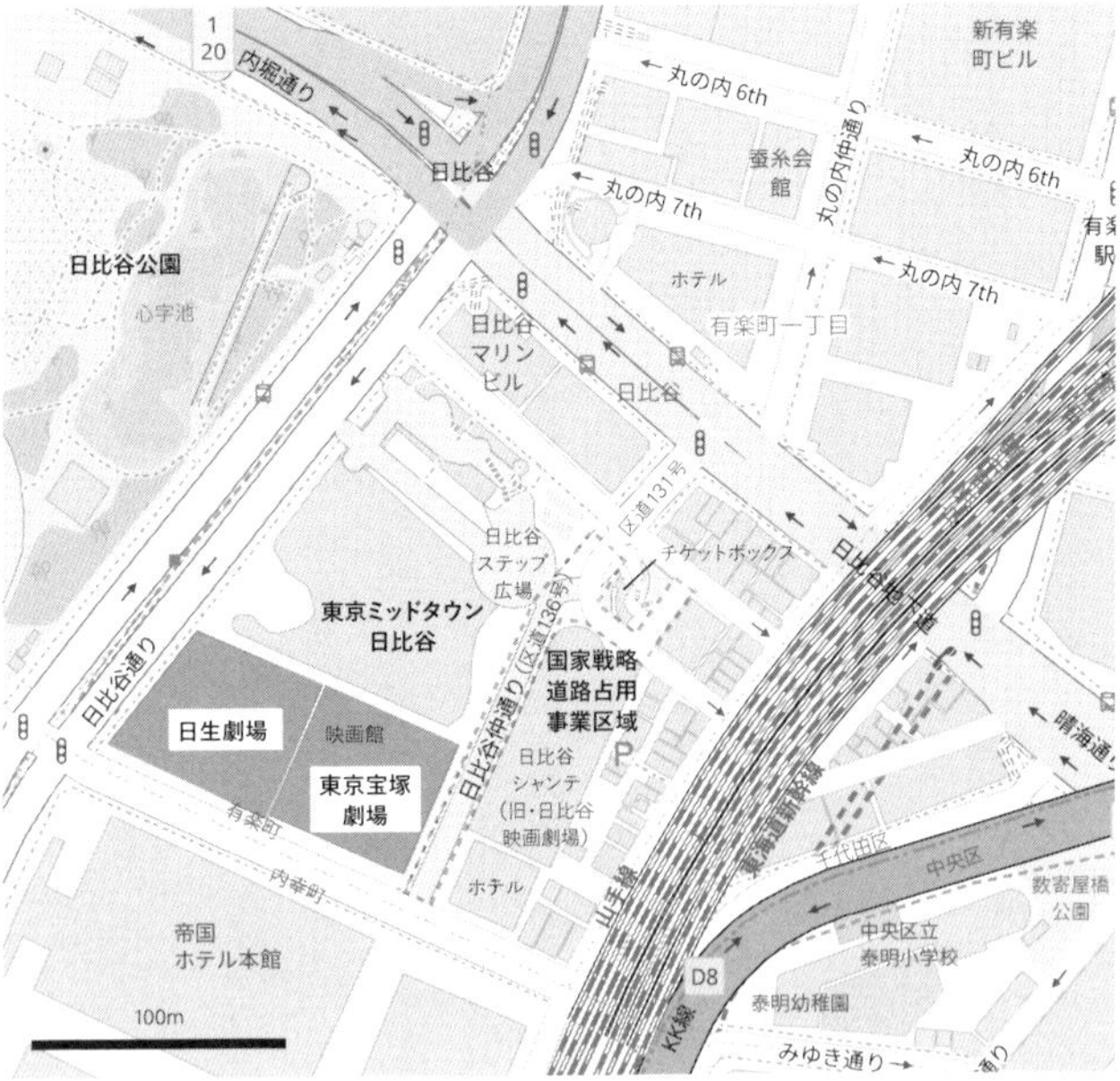

図3–11 東京ミッドタウン日比谷
（Open Street Mapを元に筆者作成）

二〇〇〇年代は、劇場と地域の関係について、劇場がもたらす地域への波及効果だけではなく、地域との連携による、利用者（演劇人材および観劇者）にとっての劇場の価値向上も求められるようになった。方法のひとつとして、施設に隣接する公共空間に目が向けられ、イベント活用、周辺街区とのアクセス向上、観劇者の滞在性向上などに力点がおかれている。

3 劇場集積地区の実態

2の変遷より、近代化以後、劇場が地域経済の再生を担ってきたこと、また、近年は、既存劇場の更新期にあって、劇場の集積効果を高める施策や劇場と周辺地区の一体的空間整備に注力されてきたことが確認できた。しかし、これまで全国において、劇場集積地区がどの程度形成され、それぞれどういった空間特性をもつのか実態が明らかではなかった。本項では全国の劇場集積が見られる地区を抽出し、立地と密度を明らかにし、地区に共通してみられる特徴と課題を示す。

そこで、次のデータをGISでプロットし、閾値（X）を変えたドロネー三角網を描写し、各閾値で三件以上の劇場近接がある地区を抽出した（表3－2）。ドロネー三角網は、既存研究において、施設の近接度把握に用いられているものである。[*36]

・座標付き電話帳DBテレポイントデータ（二〇一九年）
・劇場施設や公演のデータベースWebサイトCoRich

2で事例に挙げた富山市が含まれるのがX＝六〇〇である。この閾値で抽出された地区が属する各都道府県について、国勢調査社会経済分類（文筆家・芸術家・芸能家）、社会生活基本調査（娯楽等の活動）といった文化活動量を表す指標を集計すると、いずれかの指標で全国の上位一五位以内に入る。つまり、全国の中でも相対的に文化的活動が活発な地域に分布していると言える。

次出の1、2は、劇場相互の近接性がより高いX＝四〇〇メートルの地区にしぼった上で、分析を行う。X＝四〇〇メートルは海外の著名なTheater District（ロンドン・ウエストエンド、ニューヨーク・ブロードウェイ）に適用しても実際の地区範囲に則した抽出（ウエストエンド一・九キロメートル×一キロメートル、ブロードウエイ一・三キロメートル×五二〇メートル）ができる閾値である（図3-12）。

1　全国の劇場集積地区（東京都区部除く）

民設劇場は経営的観点から集積する動機が大きいため、既存劇場施設のうち民設劇場が占める割合が高い東京都区部では、抽出された地区数も多い。これらに

表3-2 劇場の集積が見られる地区（閾値（m）別）

エリア名		200m	300m	400m	500m	600m	800m
東京	池袋駅東口				●	●	●
	池袋駅西口			●	●	●	
	新宿	●	●	●	●		
	四谷		●	●	●	●	●
	初台				●		
	中野				●	●	●
	下北沢	●	●	●	●	●	●
	渋谷駅周辺			●	●	●	●
	渋谷公園通り	●	●	●			
	赤坂			●	●	●	●
	神楽坂					●	●
	東銀座	●	●	●			
	銀座	●	●		●	●	●
	有楽町	●	●	●			
	日比谷	●					
	日本橋	●	●	●	●	●	●
	浅草	●	●	●	●	●	●
	表参道					●	●
	目黒					●	●
	上野						●
	阿佐ヶ谷						●
	品川・天王洲						●
札幌	大通周辺		●	●	●	●	●
	すすきの周辺					●	●
八戸							●
仙台					●	●	●
山形							●
川崎	新百合ヶ丘		●	●	●	●	●
横浜	横浜駅周辺						●
	紅葉ヶ丘	●	●	●	●	●	●
	みなとみらい	●	●				
	関内				●	●	●
長野						●	●
富山						●	●
名古屋	栄					●	●
	中村						●
岐阜				●	●	●	●
大阪	梅田				●	●	●
	大阪城周辺		●	●	●	●	●
	天満						●
	道頓堀				●	●	●
	天王寺			●	●	●	●
	西成						●
京都	祇園・先斗町				●	●	●
	岡崎						●
	烏丸		●	●	●	●	●
伊丹					●	●	●
和歌山							●
広島				●	●	●	●
福岡	大濠						●
	天神		●	●	●	●	●

ついては次項に別途まとめる。X＝四〇〇で抽出された東京都区部以外の各地の地区と海外のTheater District（前出図3－11）と比較すると、国内においては集積数が小さいことが明らかである（図3－13）。

集積地区の立地状況は、様々だ。商業エリアに集積が見られるのは岐阜市（柳ヶ瀬）、福岡市（天神）である。札幌市では川沿い、横浜市は野毛山～みなとみらいと、水辺や緑地に近接しているものもある。広島市は県庁エリア周辺、京都は御所や神宮周辺、大阪は、大阪城、天王寺周辺（新世界よりも北部）であった。川崎市は音楽大学が隣接する新百合ヶ丘駅前周辺に集積が見られる。

2 東京都区部の劇場集積地区

東京都区部の劇場集積地区においても、海外のTheater Districtよりは個々の地区

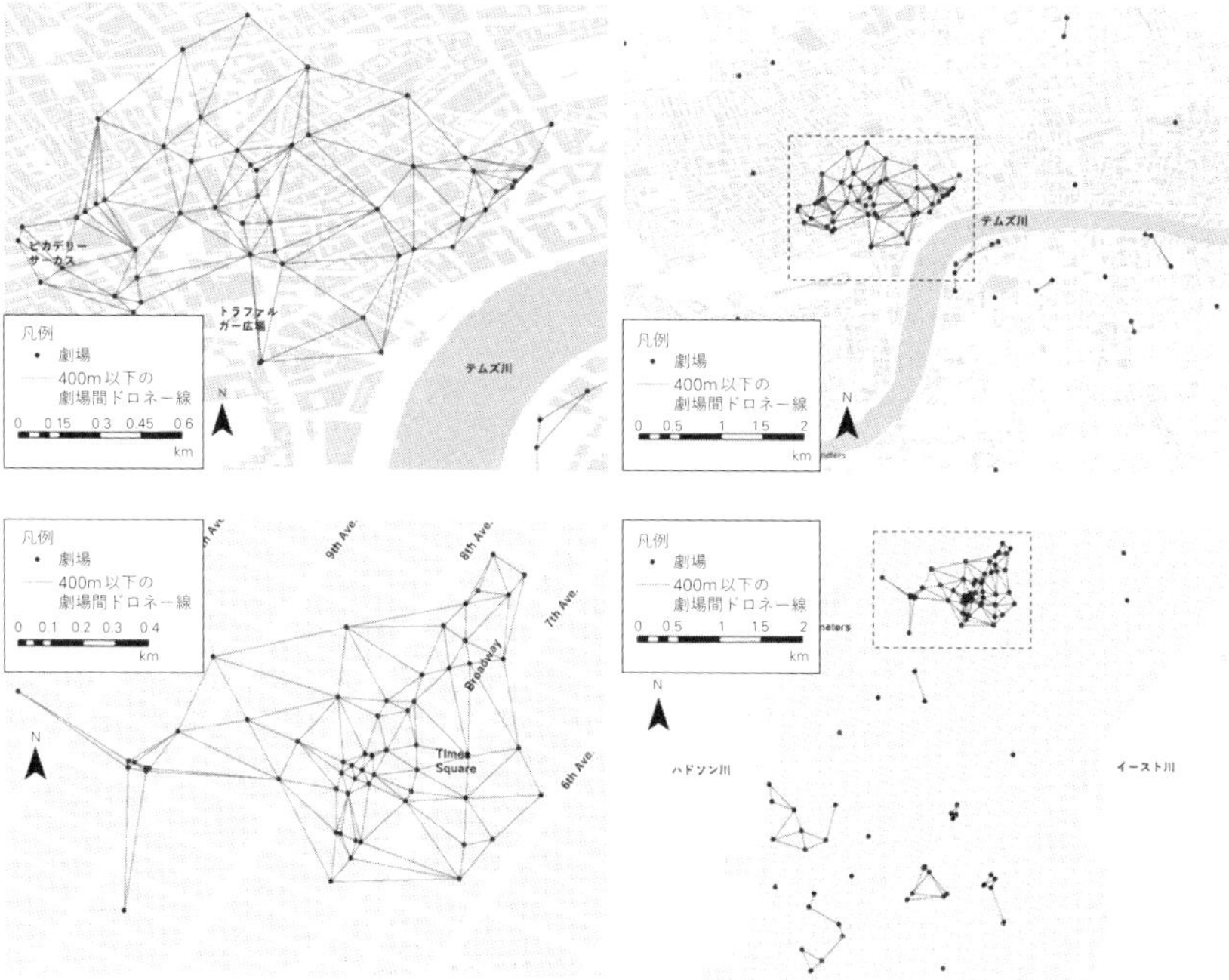

図3–12 海外の代表的劇場地区（左：ロンドン・ウエストエンド、右：ニューヨーク・ブロードウェイ）

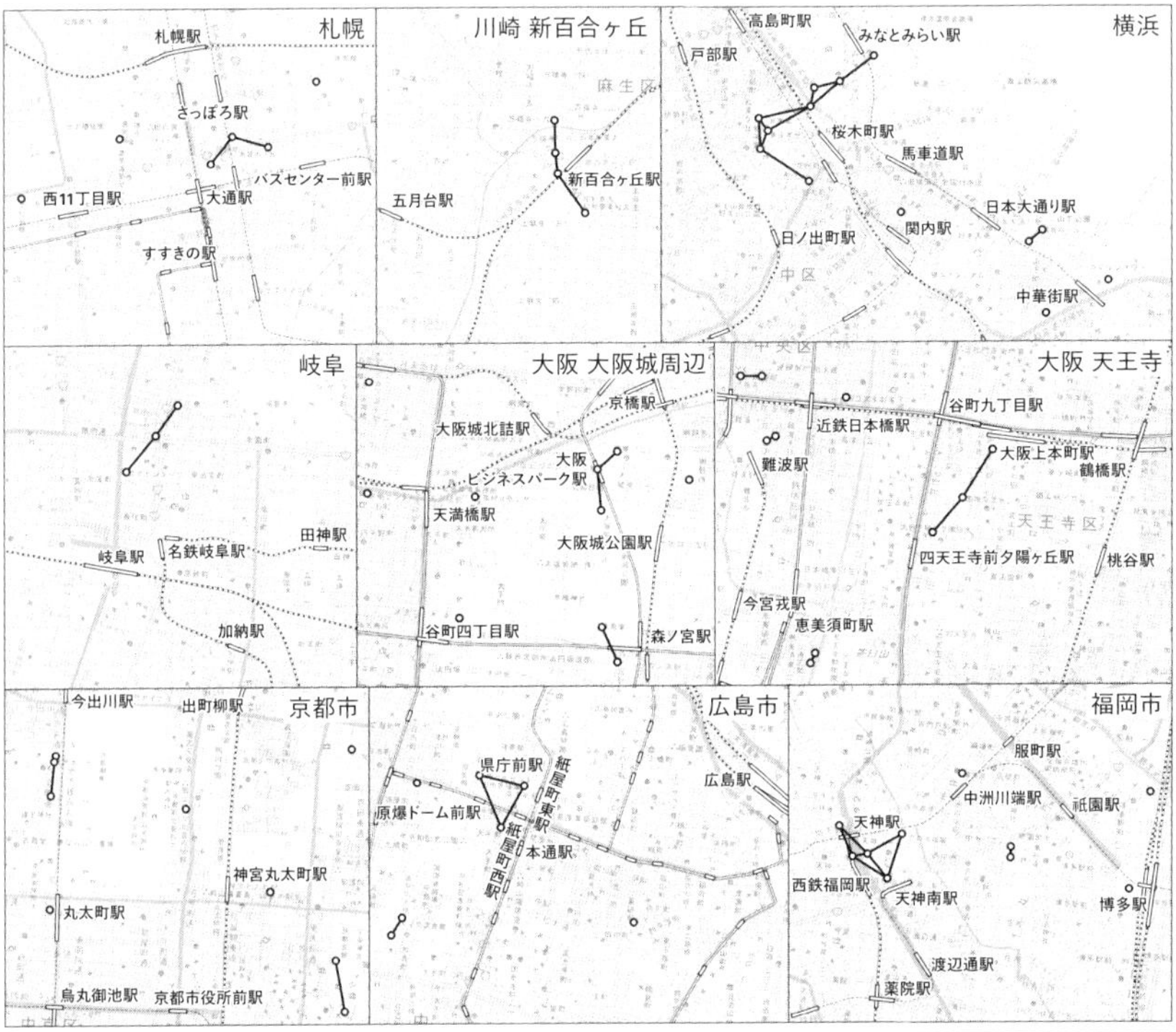

図3-13 各地の集積分布
(国土地理院地図を元に筆者作成)

の集積数が小さい。これら、複数地区が分散して立地し、地区ごとに上演演目と劇場規模の差異が見られる（図３－14）。集積地区中心と鉄道駅間距離をとると、平均四二五メートルとなる（表３－３）。地区ごとに個性的な観劇体験ができ、相互アクセスしやすい公共交通網があることが、東京の特徴である。

他方で、海外の二地区よりも、石川栄耀の休養娯楽計画の考え方にあった「静的空間（観劇のための屋内空間、美観をつくる要素）」の密度が小さいため、地区としての景観イメージ形成には至りにくいと考えられる。そのため、観劇者が豊かな空間体験ができる場づくりには「動的空間」、つまり、街路空間の計画と運用や商業系建物

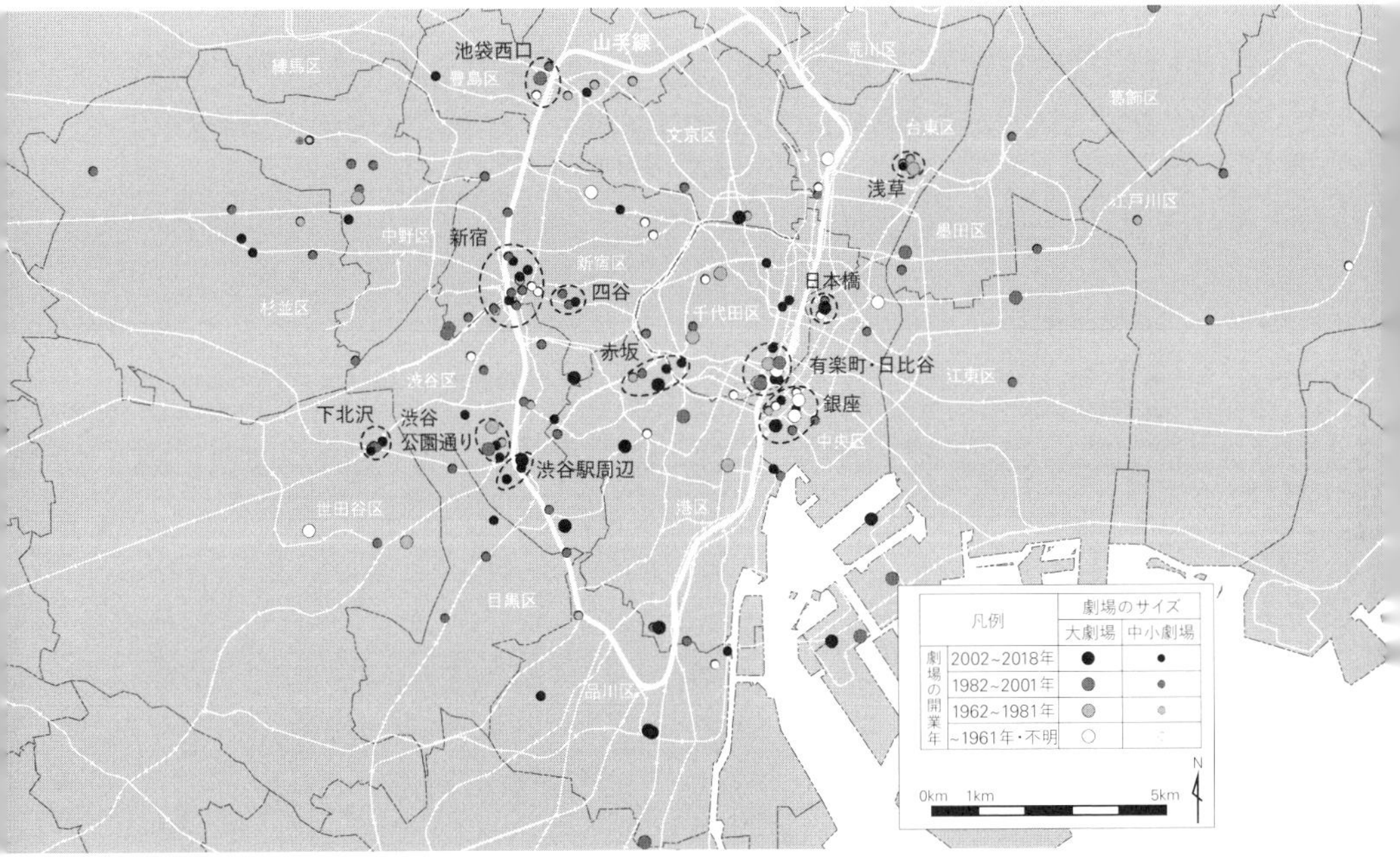

	劇場数		座席数合計	各ジャンルの劇場数					
	全体	大劇場の数		伝統芸能	クラシック	演劇	現代音楽	お笑い	その他
新宿	13	0	3767	0	0	6	1	4	2
有楽町・日比谷	10	5	14026	0	0	5	3	1	2
銀座	9	3	6910	2	2	3	1	0	0
渋谷公園通り	5	2	6994	0	2	2	0	1	0
赤坂	5	1	2806	0	0	4	1	0	0
浅草	5	1	2003	1	1	2	0	2	1
下北沢	5	0	1006	0	0	5	0	0	0
渋谷駅周辺	3	1	3407	0	1	1	2	1	0
池袋西口	3	1	2392	0	1	1	1	1	0
日本橋	3	1	1663	0	0	0	1	2	0
四谷	3	0	746	0	0	1	1	0	0

図3–14 東京都区部（ドロネー三角網の閾値X＝400）で抽出された集積地区と規模に着目した類型

表3–3 劇場集積地区中心点から最寄り駅までの距離

都市	劇場集積	最寄り鉄道駅	中心点と駅間の直線距離（m）
東京	四ツ谷	千駄ケ谷駅（JR）	859
	池袋駅西口	池袋駅（JR）	228
	日本橋	新日本橋駅（JR）	229
	渋谷駅周辺	渋谷駅（JR）	98
	浅草	浅草駅（東武鉄道）	420
	赤坂	四ツ谷駅（JR）	1320
	渋谷公園通り	渋谷駅（JR）	441
	下北沢	下北沢駅（小田急電鉄）	147
	銀座	新橋駅（JR）	568
	有楽町日比谷	有楽町駅（JR）	189
	新宿	新宿駅（JR）	171
	平均		**424.5**
ニューヨーク	Tehater District: ブロードウェイ	ペンシルベニア駅	1080
	リンカン・スクエア	ペンシルベニア駅	3630
	グリニチ・ビレッジ	クリストファー通り駅	176
	ロウアー・マンハッタン	9 St駅	1410
	ノーホー	9 St駅	941
	ウクレイニアン・ビレッジ	9 St駅	1470
	平均		**1451.2**
ロンドン	Theater District: ウエスト・エンド	チャリング・クロス	413
	ウォータールー	ウォータールー駅	359
	サウスワーク・ブリッジ	ロンドン・キャノン・ストリート駅	666
	シティホール周辺	ロンドン・ブリッジ	388
	ウエストミンスター	ビクトリア駅	300
	平均		**425.2**

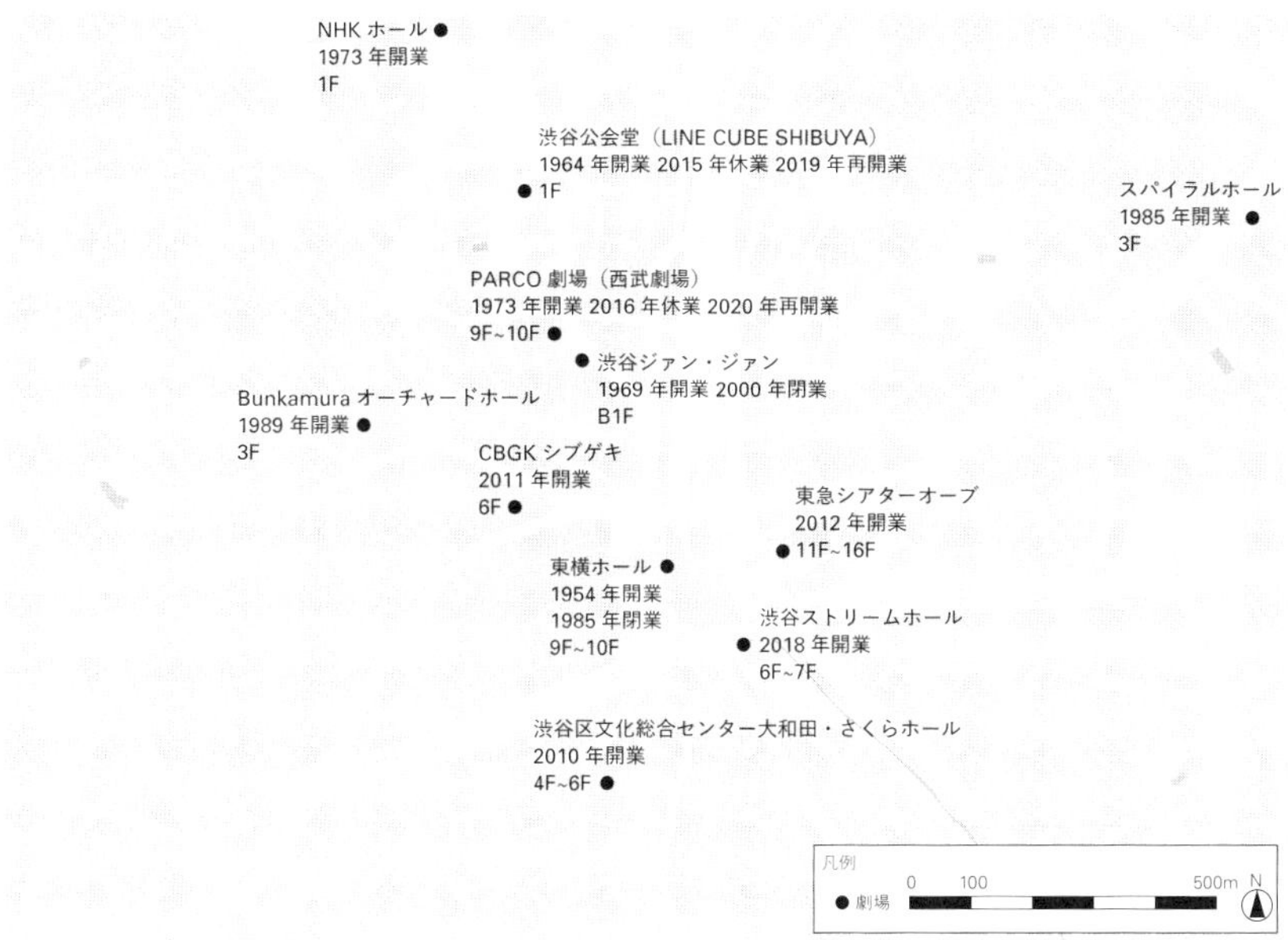

図3–15 渋谷の劇場集積変遷

用途の立地が鍵である。

この点に関する実態把握のため、様々な規模の劇場が分布し、鉄道駅周辺の再開発（3参照）による劇場整備が進む渋谷に着目し（図3－15、16）、周辺建物用途（一〇〇メートルごとバッファ比較）の集計結果*37を示す。渋谷においては鉄道駅をとりまく商業集積が発生し、そこに近接した劇場では、観劇前後の過ごし方の選択肢が確保されている。他方で、日常的な利用が望ましい公設劇場について、鉄道駅から離れて分布している。また、二〇〇メートル圏内で事務所用途の延床面積が増加しており、これが高い交通アクセスを誘引し、集積地区内の街路空間において交通機能への空間配分の優先順位が高くなっていると見られる。渋谷では立体的動線の確保でこれをクリアしようとしているが、例えば、業務機能が休止する週末、そして夜の時間帯のグラウンドレベルの運用を、交通計画および街路のマネジメントの観点から見直すことも考えられよう。その内容としては、コロナ禍以前から劇場運営組織が抱えている一般的課題、例えば、

・演目による財源規模の偏り（企業・団体が寄付した文

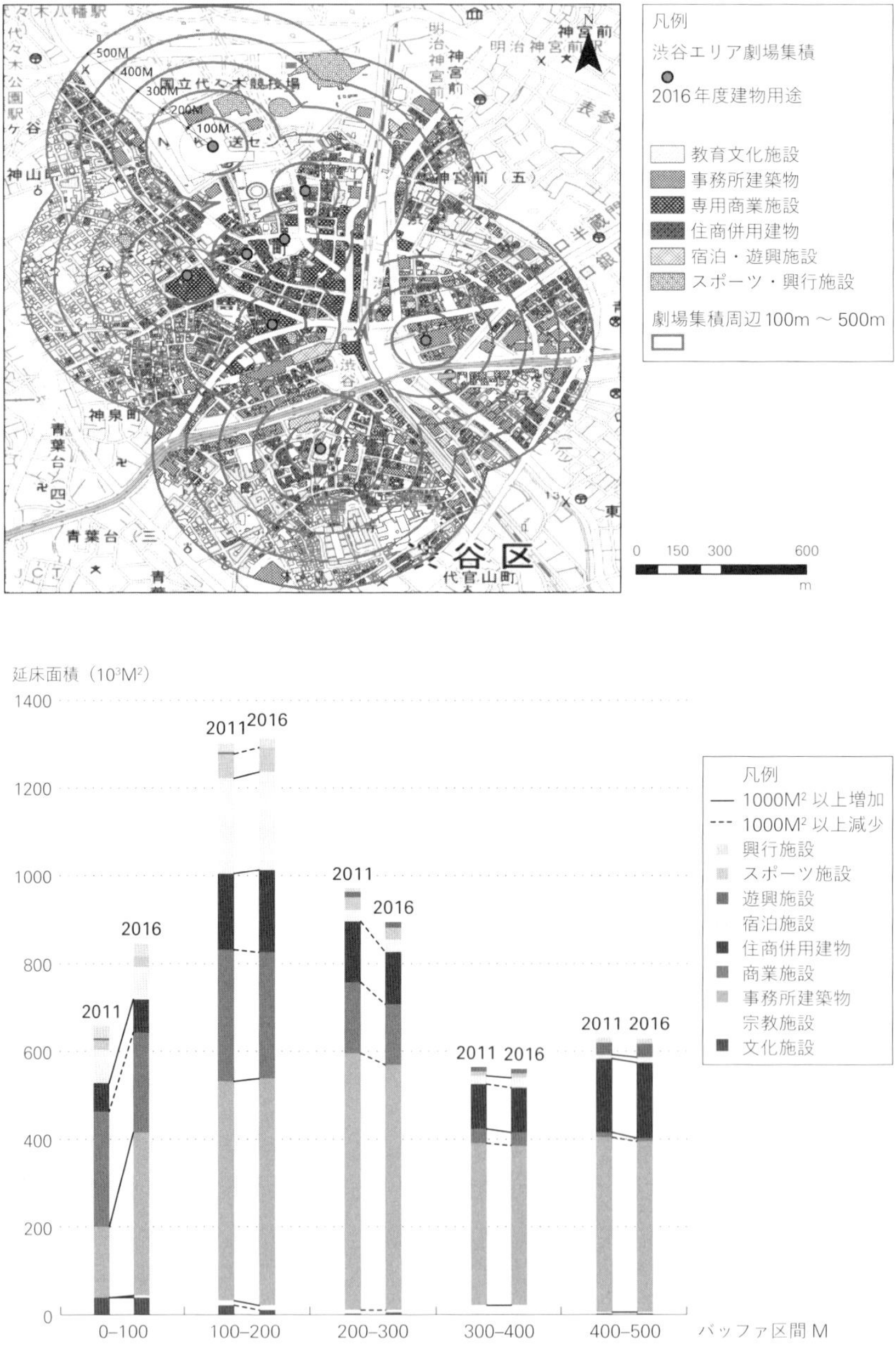
凡例
渋谷エリア劇場集積
2016年度建物用途
教育文化施設
事務所建築物
専用商業施設
住商併用建物
宿泊・遊興施設
スポーツ・興行施設
劇場集積周辺100m ～ 500m
100M
200M
300M
400M
500M
渋谷区
0 150 300 600
m
延床面積（10^3M^2）
1400
1200
1000
800
600
400
200
0
2011
2016
0–100
100–200
200–300
300–400
400–500
バッファ区間M
凡例
1000M^2 以上増加
1000M^2 以上減少
興行施設
スポーツ施設
遊興施設
宿泊施設
住商併用建物
商業施設
事務所建築物
宗教施設
文化施設

図3–16 渋谷の劇場周辺建物用途（延床面積）の特性

化芸術活動分野は、音楽が約半数を占め、演劇は一・三％のみ）[*38]・利用者属性の偏り（一〇代の鑑賞者層が薄い、観劇行動のきっかけは主に女性が担う）[*39]などに対応する、観劇層、運営支援層の開拓につながる利活用も踏まえて広く議論すべきである。

特に、東京では民間主導の劇場供給が、鉄道駅に近接したエリアへの集積傾向をつくり出しており、石川栄耀が自らの休養娯楽計画の空間構成が新しい都市再生の時代のモデルとなることを予感させる。石川栄耀の考えの先見性と先進性への理解を深めるとともに、観劇体験後の余韻を楽しむ時間と空間の創出に向けた歩行者と公共交通が連携した計画の重要性を指摘して本章の結びとしたい。

参考文献

1 伊東正示「最新の劇場・音楽堂等の特徴と機能について」『電気設備学会誌』三三、一二、八八一〜八八四頁、二〇一三年
2 全国公立文化施設協会「アートマネジメントハンドブック―アートマネジメントの基礎と実践研究」二〇一一年
3 地方自治法第八条第一項第四号の規定による都市的施設その他の都市としての要件に関する条例
4 新国立劇場 情報センター「〈要点〉日本演劇史――明治から現代へ」二〇二〇年
5 新井賢治「日本のオーケストラの課題と社会的役割――東京におけるプロ・オーケストラの状況を中心に」『立法と調査』二八二、七三〜八八頁、二〇一六年
6 市川孝一「戦後復興期大衆歌謡の再検証」『文芸研究』一〇七、五五〜七三頁、二〇〇九年
7 吉井澄雄「劇場の変遷」『電気設備学会誌』二七、一、三〜六頁、二〇〇七年
8 山崎正樹、櫻井 澄、根上彰生「都市再生特別地区におけるソフト分野の公共貢献の実態に関する研究――東京都を事例として」『都市計画論文集』四八、三、二九七〜三〇二頁、二〇一三年

9 https://www.zenkoubun.jp/system/etc.html

10 なお、国土交通省「大規模開発地区関連交通計画マニュアル」の主対象は延床面積≧一万平方メートルの商業系、延床面積≧一万五〇〇〇平方メートルの業務系開発

11 https://www.mlit.go.jp/road/ir/ir-council/traffic/pdf02/4.pdf

12 https://www2.ntj.jac.go.jp/dglib/contents/learn/edc20/rekishi/map/index.html

13 https://www.city.chiyoda.lg.jp/documents/4204/guideline-4.pdf

14 服部幸雄「江戸の盛り場と芝居町――中央区・人の集う街」『中央区文化・国際交流振興協会だより』七、一九九三年

15 徳永高志「劇場と演劇の文化経済学――文化経済学ライブラリー八」芙蓉書房出版、二〇〇〇年

16 神山 彰「日本演劇の近代化における異文化受容」『明治大学人文科学研究所紀要』五〇、九七～一二七頁、二〇〇二年

17 双木俊介「近代移行期東京における旧武家地の商工業地利用」『歴史地理学』五五、三、二六五、二三～三八頁、二〇一三年

18 岡本祐輝「旧都市計画法体制における風紀問題に対する規制施策に関する研究――「風紀地区」に関する規定の空文化過程を中心に」東京大学大学院都市工学専攻二〇〇四年度修士論文

19 橋爪紳也「明治二〇年大阪における市区改正構想について――建野郷三による都市施設移転計画」『都市計画論文集』二二、〇、一〇三～一〇八頁、一九八七年

20 http://www.mus-his.city.osaka.jp/news/2011/tenjigae/120116.html

21 新藤浩伸「都市部における公会堂の設立経緯および事業内容に関する考察―大正～昭和初期を中心に」『日本社会教育学会紀要』四三、三一～四〇頁、二〇〇七年

22 西成典久「都市広場をめぐる石川栄耀の活動に関する研究」東京工業大学博士論文、二〇〇七年

23 「社会教育調査」『アフィニス文化財団レポート』

24 http://www.aubade.or.jp/information/

25 吉本光宏「再考、文化政策――拡大する役割と求められるパラダイムシフト――支援・保護される芸術文化からアートを起点としたイノベーションへ」『ニッセイ基礎研所報』五一、三七～一一六頁、二〇〇八年

26 https://www.arkhills.com/

27 民設と合わせると施設数は安定傾向（文化庁資料より）

28 文化庁資料より

29 https://www.bunka.go.jp/seisaku/bunkashingikai/kondankaito/engeki/

30 社団法人日本芸能実演家団体協議会「実演芸術の将来ビジョン二〇一〇」

31 「文化審議会文化政策部会報告書」

32 https://www.chisou.go.jp/tiiki/toshisaisei/jireisyu/pdf/ikebukuroekisyuuhen_jirei.pdf

33 http://www.nilim.go.jp/lab/bcg/siryou/tnn/tnn1123pdf/ks1123_09.pdf

34 https://www.chisou.go.jp/tiiki/toshisaisei/jireisyu/pdf/sapporotoshin_jirei.pdf

35 https://www.mitsuifudosan.co.jp/corporate/news/2013/1206/download/20131206.pdf

36 ここでは劇場間の直線距離を基に、一定の距離以内に連続して立地する劇場による集積地区を抽出するため、施設間の最近隣距離を指標として都市における休憩施設の密度を分析した薄井らの知見を参考にし、劇場間の最近隣距離Xを劇場集積の抽出指標とした（薄井宏行、樋野公宏「高齢者の歩行特性を考慮した休憩施設の密度と最長継続歩行距離——東京駅および大手町駅周辺地区を対象に」『日本建築学会計画系論文集』八四－七六二、一七七九～一七八七、二〇一九年）。

37 二〇一六年時点での渋谷エリアにおける各劇場を出発点として、徒歩圏内で半径1一〇〇～五〇〇メートルの円形バッファをGIS上で描き、同半径のバッファを融合した。東京都の土地利用現況調査レイヤーから二〇一六年度と二〇一一年度の建物現況データをGISに導入し、上記の融合したバッファごとに建物情報を抽出し、主な建物用途の延床面積を算出した。

38 アフィニス文化財団レポート

39 「日本芸術文化振興会調査」（二〇一七年）

4章

海外都市から学ぶ余韻と公共交通

本章では、海外から学ぶというタイトルのもと、ニューヨーク、ロンドン、ウィーンの三都市をとりあげた。いずれも、研究プロジェクトの中で、プロジェクトメンバーで分担して現地調査を実施できた都市である。いずれの都市も、ミュージカル、舞台、オペラ、音楽といった芸術活動が集積している地区を有する都市であり、それらに集う人たちの活動、そこで生まれてくる余韻、それらと人々の移動とのつながり具合を紐解き、我々が学ぶべき課題を考察した。

中村文彦

土井健司

松村みち子

白石真澄

1　学ぶ意義のある三都市について

本章では、研究プロジェクトのメンバーが実際に訪問した三都市をとりあげ、そこからの学びをまとめる。研究プロジェクトの着想のきっかけは、編著者中村が最近になってミュージカル鑑賞に目覚めたことに起因している。ミュージカルなどの音楽舞台を鑑賞しても、その後の余韻をしっかり味わう余裕がない。それは個人に帰する理由だけではないのではないか、そういうニーズをもっと受け止める都市でないといけないのではないか、そもそも都市の真ん中は劇場やスタジアムなのではないか、人生は、そういう楽しみを求めることこそが本源的な課題なのではないか、などという議論からスタートしたプロジェクトでは、海外調査の候補地も、きわめてあっさりと、ブロードウェイのあるニューヨーク、ウエストエンドのあるロンドン、そして音楽都市のウィーンの三都市に絞られた経緯がある。

それぞれの都市が、どのような都市なのかを淡々と語るのは、本章の、そして本書の目的ではないし、そもそも必要性もない。すでに出版されている多くの書籍で語りつくされているものと確信する。

ニューヨークについては、ブロードウェイ地区でのエンターテインメント活動とともに、二〇〇七年から二〇一三年までニューヨーク市長ブルームバーグ氏のガバナンスのもとで辣腕を奮った交通局長ジャネット・サディク=カーン氏が、ブロードウェイを含む地区において、大胆な道路空間再配分を実施し、大規模で連続している歩行者空間を創出している。ちなみに、交通局長というと、日本では、東京都交通局や仙台市交通局を想起し、地下鉄やバスの運輸事業の総責任者のように見えるが、ニューヨークでは異なる。交通局は交通計画の策定と道路交通施設の建設、維持管理、運用の責任をもつ。日本では、歩行者天国のような規制の実施は交通管理者すなわち警察サイドであり、道路の歩道を大幅に広げるような改築は、交通管理者の理解のもとで、道路管理者、すなわち直轄国道であれば国土交通省、都道府県道であれば都道府県庁、市町村道であれば市役所あるいは町村役場が責任をもつ。一方で、ニューヨーク市内のバスサービスや地下鉄は、近隣の市を含む複数自治体によって支えられている運輸公社が責任を担う。複数自治体による運営なので、ニューヨーク市の意向だけでは意思決定ができないことになっている。このニューヨーク市交通局による大規模な道路空間再配分実施は、ブロードウェイ地区のエンターテインメント活動とも深く連携する。このあたりを含めての紹介になる。

ロンドンのウエストエンドも負けず劣らず有名な地区である。またロンドンの交通政策については、ロンドンのアイコンともいえる赤い色の二階建ての路線バスの運営改革、三〇年以上にもわたって議論した上で導入決定したいわゆるロードプライシング政策（都心区域内に流入する車両に課金する施策）、そしてサイクルスーパーハイウェイといった大胆な自転車走行路確保政策などについて、多くの調査研究が実施されている。ロンドン市交通局は、ニューヨークとも東京などとも異なり、交通政策全般、道路交通管理とともに、地下鉄やバスの運営も担っている。ロンドン市交通局の中にロンドンバスという組織があり、ここがバスの運営を行っている。実際の運行は、ロンドンバスという運営組織が行う入札によって決定される民間のバス事業者が行っており、路線によって事業者が異なっている。市民をはじめとする利用者からは、その事業者の違いは認識されず、また認識する必要もない。利用者から見ればロンドンバスである。そしてこのロンドン市交通局が、ウエストエンドでのエンターテインメント活動と連動して、地区の道路空間の管理や深夜の交通サービスの工夫も担っている。ロンドンについては、これらの動きをもとに、都市をどう捉えていくべきかまでを論じる。

ウィーンは、モーツァルト、ミュージカル「エリザベート」を引き合いに出すまでもなく、音楽活動がきわめて盛んな都市である。ウィーンの音楽の歴史、現在のウィーンでの音楽の楽しみ方は、多くの書籍で紹介されている。オペラ座をはじめ多くの劇場がリングシュトラーセ（Ringstraße）と呼ばれる全長約五キロメートルの広幅員環状道路で囲まれた地区およびその周辺にある。交通に関していえば、従前は、必ずしも欧州大陸の中で先進的な都市交通のシステムを導入してきた場所ではないが、近年では、様々な交通機関のサービスを統合してつなげていく動きが活発になり、特にコロナ禍を受けて都市封鎖を実施して以降、さらに顕著になっている。このあたりについてもすでに多くの文献があるようなので、本書では詳細には紹介しない。むしろ、決して大きくはないウィーンという都市で、音楽舞台を都市の中心に据えて、どのように都市交通とつながっているのか、それを、我々は、日本の文脈でどのように理解すればよいのかを論じることにする。

2 ロンドン——ウエストエンドのナイトモビリティ

1 ロンドン市の概要

ロンドンを訪れる外国人観光客の多くはまずウエストエンドを訪れると言われる。その主要な観光目的のひとつは観劇であり、大規模な劇場地区は「ウエストエンド・シアター」とも呼ばれている。劇場を訪れる人々のメインストリートはシャフツベリー・アベニューであるが、他にもドルリー・レーンやストランドなどの有名な劇場通りがあり、通り沿いに多くの劇場が建ち並ぶ。ウエストエンドの劇場の多くは、後期ヴィクトリア様式やエドワーディアン様式の建築物である。これらは私有の建築物であるが、豪華かつ細部まで趣向を凝らしたデザインと装飾とが今日に至るまで、良好な状態で保存されている。その舞台で上演されているのは、ミュージカル、古典および近代の戯曲、コメディなどのパフォーマンスである。

ニューヨークのブロードウェイと対比するならば、二〇一八年時点で劇場数はブロードウェイの四一に対してウエストエンドのそれは四〇とほぼ同数である。一方、年間の興行収入は、ブロードウェイの一四億五〇〇〇万

写真4–1 シャフツベリー・アベニューの昼と夜の風景

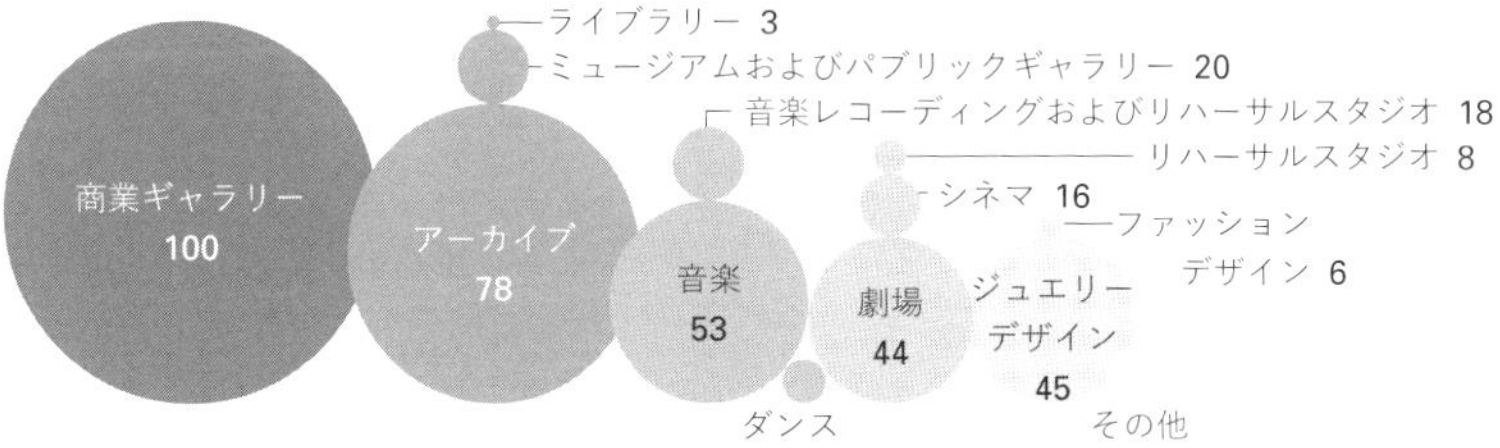

図4–1 ウエストエンドおよびその周辺エリアの芸術文化施設数

ドルに対して、ウエストエンドは八億二七〇〇万ドルとなっている。なお、観客数で見るとむしろウエストエンドのほうが多いが、興行収入ではブロードウェイのほうが倍近くも多い。その背景にはチケットの単価設定の違いがあり、ブロードウェイのチケット単価は一〇〇ドルを超えるのに対して、ウエストエンドのそれはドル換算で約四五ドル、すなわち半分以下の水準である。ウエストエンドでの観劇は、世界的な知名度を誇りながらも、地域に根差した市民の娯楽としての側面も有している。また、ウエストエンドの芸術文化資源は劇場や音楽だけでない。そのジャンルは多岐に富んでいる（図4－1）。

2 ウエストエンドを支える交通体系、余韻を生み出すナイトモビリティ

ウエストエンドへのアクセスには地下鉄（チューブ）やバスが便利である。チューブについては、八つの路線が利用可能であり、エリアの中にピカデリー・サーカス駅、オックスフォード・サーカ

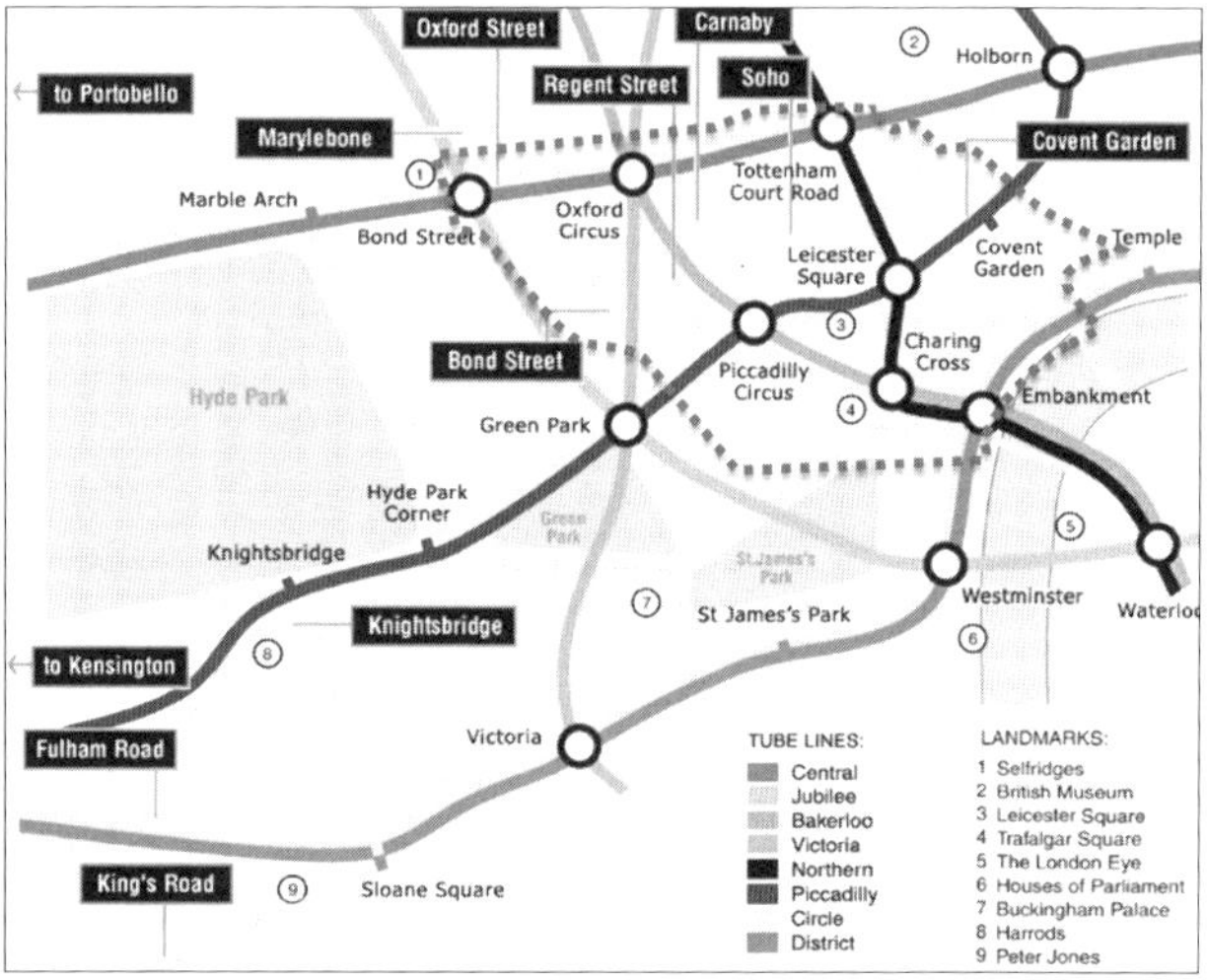

図4–2 ウエストエンドを支えるチューブのネットワーク

ス駅、コベントガーデン駅、レスタースクエア駅などが密度高く配置されている（図4－2）。

新型コロナウイルスのパンデミック以前には、ナイトライフを楽しむために二四時間交通に対する需要は年々増加し、二〇一三年にはウエストエンド委員会からロンドン交通局（TfL）にナイトチューブ導入の要請が行われた。ナイトチューブの導入は、その目的は増加する深夜の交通需要に対して信頼性が高くアフォーダブルな移動のオプションを提供することであった。TfLの要請を受けて、二〇一六年からセントラルライン、ヴィクトリアライン、ジュビリーライン、ピカデリーライン、ノーザンラインと、順次ナイトチューブが導入された。また、深夜の運賃にはオフピーク運賃が適用され、デイトラベルカードも利用可能とされた。その結果、視察時の二〇一八年時点では金土曜の二二時以降のナイトチューブの利用者は五〇万人を超える水準に達した。余談ではあるが、ナイトチューブを強力に推し進めたのは、ボリス・ジョンソン元市長（現イギリス首相）であり、二〇〇八年に地下鉄の深夜運行を公約に掲げていた。実現に向けた好機となったのは、二〇一五年のラグビーW杯イングランド大会であり、具体的な導入計画が示された。しかし、深夜帯の業務に関する雇用条件を巡る乗務員組合との対立などによりW杯大会までには導入を果たすことができず、ようやく二〇一六年八月にサディク・カーン市長の下でセントラルおよびヴィクトリアラインの二路線でナイトチューブが導入された。

　サディク・カーン市長は、「地理不案内な観光客はかつて、チューブの終電後にホテルに戻る際にはタクシーという選択肢しかもたなかった。しかし、ナイトチューブで安全かつ安価にホテルへ帰れることになり、ロンドンのナイトライフをじっくり楽しもうという人々が増加した。時間を気にしながら楽しむ心理的ストレスから解放されるメリットは大きい」と語り、ナイトチューブが生み出した余韻時間の価値を強調している。また、図４－３に示すように、ナイトチューブの導入はロンドン／ウエストエンドにおける約四〇〇〇人の新たな雇用を生み出した。

　ナイトライフを支えるモビリティの確保のために、地下鉄だけでなくバスの深夜運行も進められた。ウエストエンドを起終点とする多くのバス路線では二四時間運行が実施され、ナイトチューブ駅にナイトバスが接続するという階層的なネットワークサービスが形成された。ナイトバスの利用者数は、二〇一八年には二〇〇〇年比で一七三％の増加を示している。

　なお、ナイトバスの運行頻度は一時間に二回の運行（W７のみ三回）と限られていたため、地下鉄駅から自宅に向かう端末交通手段としてウーバー（Uber）が大いに活用されることになった。「ナイトチューブ＋ウーバー」という深夜交通のオプションは、当時のロンドン市民に大いに歓迎され、ナイトチューブ運行時間帯のウーバーの利用者数は二二％の増加を示した。特にセントラルロンドン（ゾーン一）外でのナイトチューブ駅からのウー

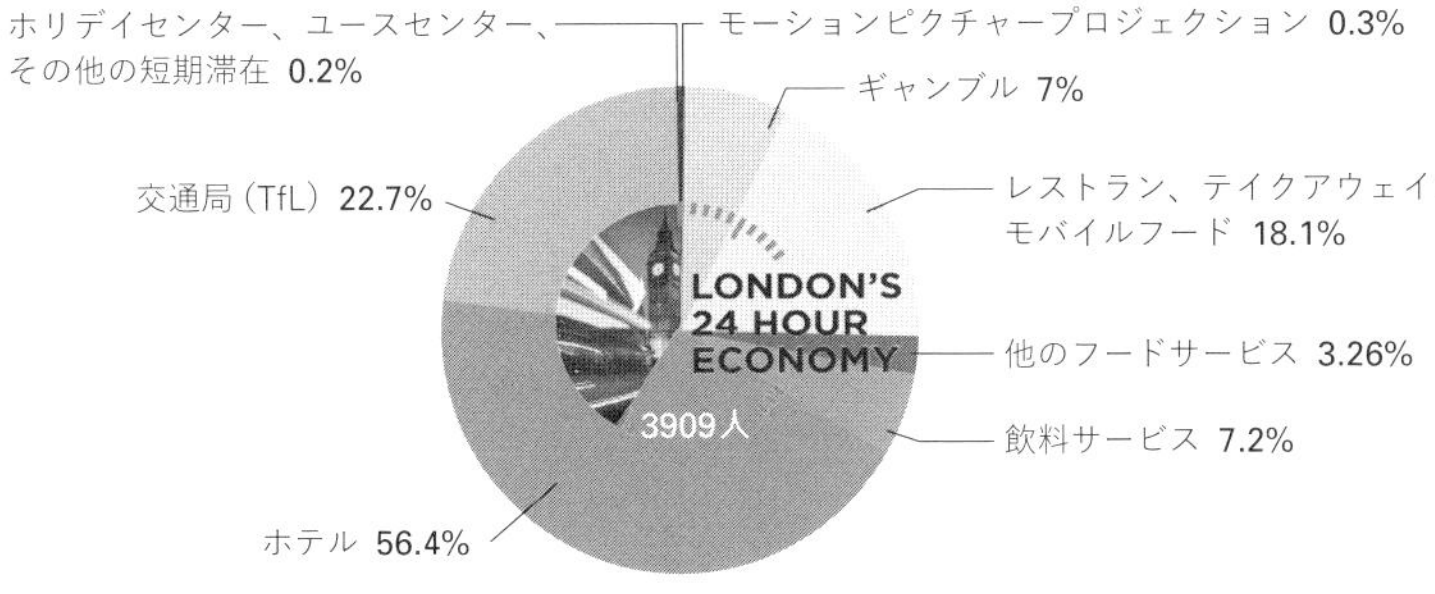

図4–3 ナイトチューブの導入が生み出した新たな雇用（2017年）

バー利用者数は六三％の増加を見せた。

しかし、その後、ウーバーへの安全上の懸念が表面化し、ロンドン交通局は二〇一七年九月以降のウーバーの営業免許更新を拒否するに至る。ウーバーのドライバーによる性的暴力が多発するなかで、ウーバー社側がドライバーの身元調査や犯罪報告を怠ったことが直接の理由とされるが、ウーバーの企業文化に関する悪評も少なからず影響したと言われる。他方、イギリス政府（メイ前首相）は、「ロンドン市長は、サインひとつでロンドン市民四万人の仕事をリスクにさらし、ウーバーユーザー三五〇万人の生活に被害を与えようとしている」、「首相として望むものは公平な競争であり、全面的な禁止は不公平である」と発言し、ウーバーの継続営業に前向きな姿勢を見せた。

その後、イギリスの司法は二〇一八年六月二六日、ウーバーに対してロンドン市内での営業免許の交付を一五か月に限って認めるという判断を下した。しかし、再び二〇一九年一一月に、ＴｆＬ当局は新たな安全問題を指摘し、免許の更新を却下した。その後の司法プロセスを経て最終的には二〇二〇年九月二八日の判決で、ウーバーはロンドンでのハイヤー事業免許を有するにふさわしいと判断された。ただし、ＴｆＬが指摘した問題への対応のために二一個の付帯条件がついた一八か月限定の事業免許となった。

3 ニューローカルを演出するエリアマネジメントと公共空間整備

一般にいうウエストエンドは、その大半がウエストミンスター区（バラ）にあるが、一部は隣接するカムデン区内にある。ウエストエンドは、ロンドンの中心として国内外から多くの観光客を集める重要な位置づけにありながら、その全域を管轄する行政組織は存在しない。

両区に跨るウエストエンドのユニークな文化的特徴および開放的感覚を一体的に維持・強化すべく、「ウエストエンド・パートナーシップ」（West End Partnership、ＷＥＰ）が二〇一三年に設置された。このエリアマネジメント組織ＷＥＰは、ウエストミンスター評議会の議長をリーダーとし、カムデン評議会議長やロンドン市長（大ロンドン庁とＴｆＬの代表を兼ねる）をメンバーとして構成された。なお、ＷＥＰ設置に先立ち、ウエストミンスター区側では二〇一二年に住民、企業および訪問客の長期的なニーズに応えるための「ウエストエンド委員会」（West End Commission、ＷＥＣ）が発足している。上記のＷＥＰの設置はＷＥＣの提言に基づくものである。ＷＥＣは前述のナイトチューブ／バスの導入や主要なショッピング街の歩行者空間化についても提言を行っており、ＷＥＰは、これらの提言を盛り込みながら両区に跨るマーケティング、交通、治安などの分野でのプロジェクトの推進を担っている。

設置から二年後の二〇一五年、ＷＥＰは①人々（People）、②場所（Place）、③繁栄（Prosperity）の三つのテーマについて総額一〇億ポンドのコアプログラムを設定し、プロジェクトを本格化させた。同時に、包摂的で多様な“evening and night time”のための五つの原則を示した。ＷＥＰの掲げた三つのＰは、いわば今日のニューローカルを象徴する言葉と言えよう。そして、その具現化のためには公共空間、特にストリートの整備と活用が求められた。五原則の柱のひとつにも、「ストリートベースの統合的サービス」が挙げられた。

ＷＥＰが進める三六の基幹プロジェクトには、①欧州で最も人通りの多いオックスフォードSt.、②オックスフォードSt.とピカデリーを結ぶ高級ファッション街であるボンドSt.、③劇場通りのひとつストランドなどの名立たるストリート、交差点、スクエアが含まれている。なお、オックスフォードSt.は、一九世紀後半からショッピングとファッションの代名詞ともなった、知る人ぞ知る世界的なショッピング街である。歴史を辿れば、一八六四年にジョンルイスがオープンした後、一八七九年にフレーザー&サンズ、一九〇九年には現在世界で最も人気のあるデパートのひとつであるセルフリッジがオープンしている。

ロンドン市およびＴｆＬを代表する立場としてサディク・カーン市長は、このオックスフォードSt.の歩行者空間化をフラグシップ政策として掲げた。間近に迫ったクロスレール・エリザベスラインの開業を視野に、二〇一八年末までのオックスフォードSt.（オーチャードSt.～オックスフォード・サーカスの区間）の歩行者空間化「オックスフォードSt.トランスフォーメーション」を計画した。残念ながら、二〇一八年時点で、道路交通の混乱を危惧するウエストミンスター評議会によってこの計画は破棄され、それに代わる改良案が検討された。他の基幹プロジェクトについても、多くのストリートで計画調整は難航し、実現への道のりは遠いものに見えた。しかし、後述の新型コロナウイルスのパンデミックを機に、この状況は大きく様変わりする。

4 ウィズコロナ、そしてコロナを超えて

新型コロナウイルスパンデミックによるロックダウン、外出禁止令および旅行制限による観光客の激減により、ウエストエンドはロンドンの中で最も深刻な打撃を受けた。これを契機に、ウエストエンドをエコシステムの場と捉え、ポストコロナの世界にいち早く適応し再生を促す取り組みが始まった。ここで言うエコシステムとは、公共交通機関のハブ、ストリートなどの公共空間、芸術文化施設、多様な地域コミュニティおよび企業のつながりである。

（1）人々への公共空間の開放

ロンドン市のシンクタンクであるCenter for Londonは二〇二〇年九月に「ウエストエンド・リカバリー計画」を発表した。パンデミック後のウエストエンドの再生のためには、このエリアをよりグリーンに、リバブルにし、ローカル・ビジネスを支援すべきとの提言がまとめられ、公共交通や公共空間に関わる以下の項目が盛り込まれた。

・感染拡大を抑えながら公共交通をハイキャパシティで運行すること（TfLへの要請）
・セントラルロンドン（ゾーン一）の外側での自転車、eバイク、eスクーターなどのシェアサービスを利用可

能とすること
・ウエストエンド内の街路上での'London fringe' eventの毎週開催――アウトドアパフォーマンスの場としてのストリートを活用すること
さらに、二〇二〇年一一月、総計二六〇のデベロッパーおよび投資家からなるウエストミンスター・プロパティアソーシエーション(WPA)は、ウエストミンスターおよび英国都市の都心再生のための一〇項目の計画(ten-point plan)を発表した。その中には、公共空間に関わる以下の内容が含まれている。
・先進のポップアップリテールやレジャー利用を引きつけるとともに、歩行者のためのより多くの公共空間の創出、道路交通量の削減を通じた活性化
・都心でのアクティブな移動に対する専用インフラやeバイク、自転車へのインセンティブを含む包括的な支援
これらの計画に基づき、約六〇のストリートは車両通行のない歩行者専用空間となり、屋外席での飲食も楽しめる場所へと変貌した。パンデミックの打撃を受けたホスピタリティー産業のビジネスを回復するため、地元のバーやレストランが屋外席を車道にも拡大することを認めるための対応であった。この取り組みは二〇二一年九月末までの暫定措置ではあるものの、今後の恒久化、少なくとも季節的なものとして再開されることが期待されている。

二〇二一年六月には、オックスフォードSt.とリージェントSt.の交差点であるオックスフォード・サーカスの両側を数年以内に歩行者用の広場に変え、周辺を再整備する計画が発表された。地元議会と王室所有の土地を管理するクラウン・エステートによれば、オックスフォードSt.上のグレート・ポートランドSt.とジョン・プリンスSt.の間、一五〇メートルの区間を歩行者専用空間に変更し、バスとタクシーの通行も禁止にし、クルマをメリルボーン、フィッツロビアを経由して、オックスフォードSt.と並行して走るマーガレットSt.へ迂回させることになる。

(2) 屋外での観劇体験による裾野の拡大

パンデミックによる劇場閉鎖を余儀なくされたイングリッシュ・ナショナル・オペラ(ENO)は、ドライブイン・オペラという世界初の試みを模索した。駐車場でクルマに乗ってのオペラ鑑賞である。公演は九月一九日から二七日までの九日間、ロンドン北部の高台にあるイベント会場「アレクサンドラ・パレス」にて《ラ・ボエーム》が上演された。駐車場に屋根付きのステージを組み立て、その横に巨大スクリーンを置き、音楽は車内で楽しめる工夫がなされた。来場者は車一台(四人まで乗車可能)についてチケットを一枚購入することになるが、マイカーで来場しない人向けの「UberBox」と名づけられた車が用意され、自転車での来場も歓迎されステージにより近い場所に席が設けられた。九日間の公演中は屋外ならではの奇抜な趣向が凝らされ、大いに人気を博したという。ドライブイン・オペラは移動可能であり、値段も手頃であることから新しい観客の開拓に適しており、観劇の裾野を広げる上でも有効に思える。今後、イギリス国内を巡るドライブイン・オペラへの期待も高いという(写真4−2)。

写真4–2 ドライブイン・オペラの会場風景

こうした屋外空間での観劇の楽しみ方は、芸術・文化・交流の機会が失われたパンデミックの中でこそ実現したものである。ロックダウンを経験した世界の多くの都市では、水・食料・エネルギーという人々の生存に不可欠なNexus(人間の生命・活動に必須のつながり)の確保が求められたが、それと同じ次元で、芸術・文化・交流という第二のNexusの確保が要請される時代が来ている。

3 ニューヨーク・タイムズ・スクエア――道路空間再配分

1 ニューヨーク市の概要

ニューヨーク市（New York City：NYC。以下、市）は、米国北東部、ニューヨーク州の東南端、ハドソン川の河口に位置する。大西洋に面するニューヨーク港内、リバティ島には米国独立一〇〇周年を記念してフランスから贈られた自由の女神像（正式名称：Liberty Enlightening the World、一八八六年完成）が建っている。市には先住民のレナペ族が長くおり、現在の地名のいくつかは彼らの言語に由来する。マンハッタンの地名もそのひとつである。一七世紀以降にイギリスが入植し始め、一六六四年にイギリス国王ジェームズ二世によりこの地がニューヨークと名づけられた。一八一一年にはマンハッタンの将来の都市計画の原案（一八一一年委員会計画）がまとめられ、街路をアヴェニューとストリートが直交する格子状にすることが決定された。一八九八年に市の境界線を拡張することによって、大ニューヨーク（マンハッタン区、ブルックリン区、クイーンズ区、ブロンクス区、リッチモンド区）として統合されて以来、大幅に人口が増え、経済力においてもヨーロッパの大都市と肩を並べ追い越すほどになった[*1]。

現在の市は五つの行政区（マンハッタン区、ブルックリン区、クイーンズ区、ブロンクス区、スタテンアイランド区）から構成される。市の大部分は、マンハッタン、スタテンアイランド、ロングアイランドという三つの島の上にあり、陸地面積は七八三・八三平方キロメートルである[*2]。東京都特別区部（東京二三区）の面積六二七・五三平方キロメートルに川崎市の面積一四三・〇一平方キロメートルを加えた面積とほぼ同じ面積である[*3]。

市人口は約八三四万人で、その四二・七％が白人（非ヒスパニックは三五・一％）である。アフリカ系アメリカ人は二四・三％、ネイティブ・アメリカンは〇・四％、アジア系一四・一％、太平洋諸島系〇・一％である。二つ以上の人種の混血は三・六％、ヒスパニック、ラテン系が市人口の二九・一％となっている。[*2]

アメリカ国勢調査局のデータによれば、ニューヨーク州（以下、州）の人口はすでに二〇一六年から減少し、さらに二〇一八年から二〇一九年にかけては、八万人以上の大幅な減少があった。新型コロナの影響もあり、二〇二〇年一二月二二日に発表された暫定データによると、二〇一九年七月からの一年間で一二万六〇〇〇人以上の人が州外へ移り住み、全米五〇州の中でいちばん大きな人口減少となった。[*4]

市には、基本的に二四時間営業で世界最大規模の路線網を有する地下鉄、市内を網羅するバス路線、タクシー（イエローキャブ他）など、多様な交通機関がある。

2 ニューヨーク市の文化的施設の立地

文化の概念や定義は国によって多様である。ここでは文化の領域を芸術文化（文学、音楽、絵画などの創造的活動）と生活文化（日常の暮らし、生活様式などの人間的活動）を包括するものとしてとらえた。想定される主な活動としては、芸術文化ではコンサート、ミュージカル、オペラ、演劇公演、ライブ・ストリートライブ、美術鑑賞、生活文化では祭り・イベント、スポーツなどがある。

ニューヨーク市の芸術文化施設の立地を見ると、以下のような特徴がある。

オープンデータからカウントした芸術文化施設は一一五で、中でも美術館、博物館は市内各所に点在しており、特にセントラルパーク以南に集中している。マンハッタン区のアッパー・イースト・サイド九三丁目から七〇丁目までの五番街周辺には、グッゲンハイム美術館、ユダヤ博物館、クーパーヒューイット国立デザイン美術館、メット・ブロイヤー（メトロポリタン美術館の分館）などが、五番街に面するセントラル・パークの東端には世界最大級のメトロポリタン美術館（The MET）が、ミッドタウン五三丁目にはニューヨーク近代美術館（ＭｏＭＡ）が、ミートパッキング・ディストリクトにはホイットニー美術館がある。

次に劇場はタイムズ・スクエアの周辺に集積し、その数は約四〇である。なおタイムズ・スクエアはマンハッタン区のブロードウェイと七番街が交差している広場一帯をさす。「ブロードウェイ」はマンハッタンの中央部を南北に縦断する大通りのことで、その語源は、オランダ植民地時代以前のニューアムステルダムで使用されていた「広い道」を意味するBreede wegである。アメリカ先住民の襲撃を防ぐ壁が現在のウォール街に立ちはだかり、マンハッタン島で初期に整備された道路のひとつである。[*5] 狭義には四一丁目から五三丁目までにある劇場街（Theater District）という意味で使われており、劇場街のほぼ中心がタイムズ・スクエアに当たる。

クラシック音楽ホールはマンハッタン区にリンカーン・センター（Lincoln Center for the Performing Arts）とカーネギー・ホール（Carnegie Hall）がある。

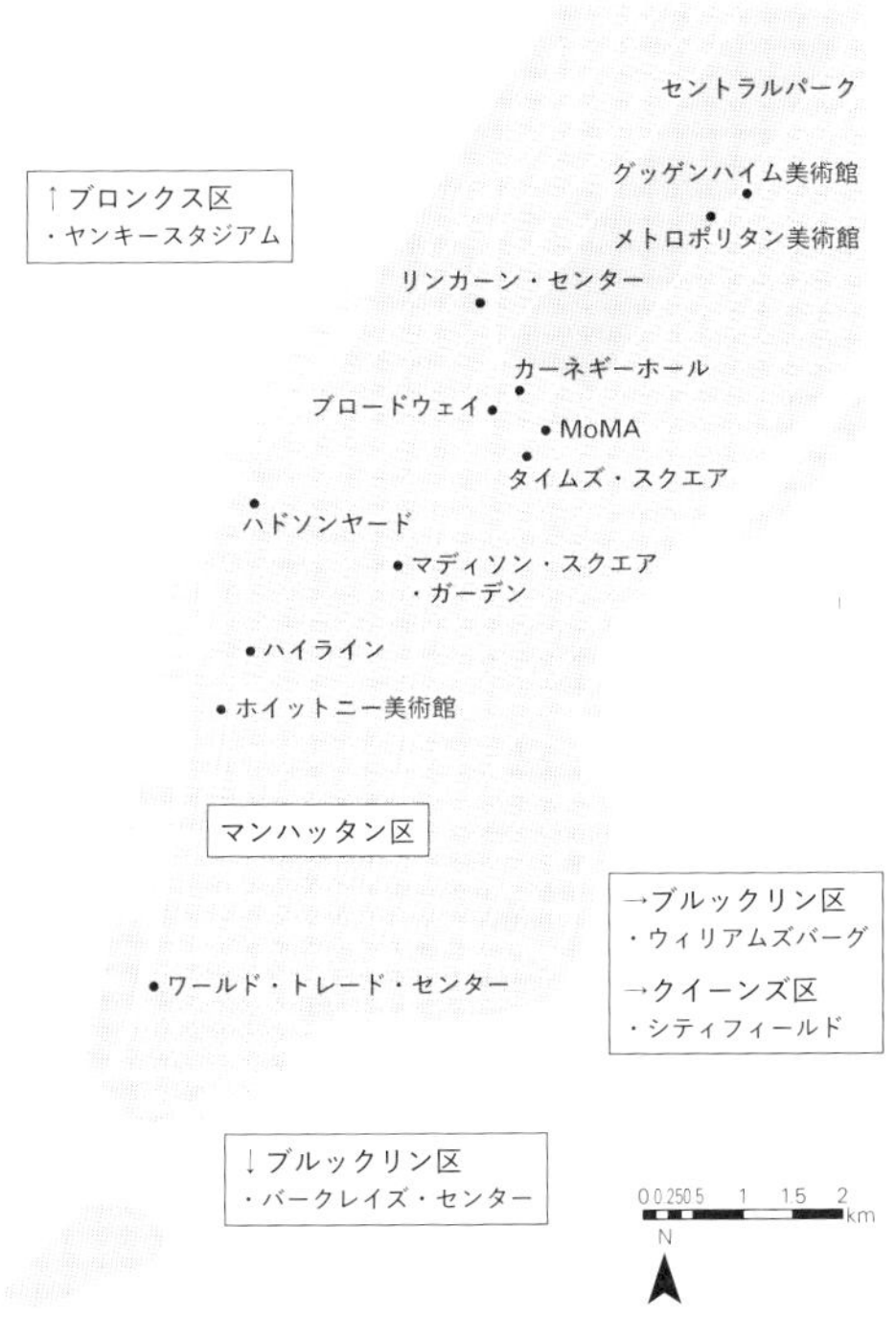

図4–4 ニューヨーク、マンハッタン区の主要施設

リンカーン・センターにはアリス・タリー・ホール、ディヴィッド・ゲフィン・ホール、メトロポリタン・オペラ・ハウスなどの施設があり、芸術学校や図書館も有している。カーネギー・ホールはミッドタウン七番街の五六丁目と五七丁目の間に立地している。

リンカーン・センターに面する交差点では交通事故が多発しており、歩行環境改善事業が行われた。

生活文化施設の代表的なものが、スポーツ施設である。市内にはブロンクス区にヤンキー・スタジアム（Yankee Stadium）、クイーンズ区にシティ・フィールド（Citi Field）、ブルックリン区にバークレイズ・センター（Barclays Center）、マンハッタン区にマディソン・スクエア・ガーデン（Madison Square Garden）が立地している。これらの施設はスポーツだけでなく、コンサート会場など多目的活動の場としても使われている。

ヤンキー・スタジアムはメジャーリーグベースボール（MLB）ニューヨーク・ヤンキースとメジャーリーグサッカー（MLS）ニューヨーク・シティFCの本拠地であり、野球だけでなくサッカーやアメリカンフットボールにも使用される。シティ・フィールドはMLBニューヨーク・メッツのホーム球場である。バークレイズ・センターは屋内競技場でプロバスケットボールチームのブルックリン・ネッツの本拠地である。多目的ホールではコンサートも開催されている。マディソン・スクエア・ガーデンはスポーツアリーナで、バスケットボールのニューヨーク・ニックス、アイスホッケーのニューヨーク・レンジャース、ラクロスのニューヨーク・タイタンズのホームでもある。バスケットボール、ボクシング、プロレスなどの試合はもちろんのこと、数多くのイベントに使用されている。コンサート会場としても活用されており、二〇一四年にX JAPANがライブをしたことでも話題になった。

3 ブロードウェイへの観客数、交通手段、経済波及効果などの実態

ブロードウェイを訪問する観客に関する統計は、ブロードウェイ連盟（The Broadway League）が毎年レポート（The Demographics of the Broadway Audience）に報告している。観客数については劇場のオーナーから毎週入場者データを収集して集計する。ブロードウェイのシーズンは五二週間であり、おおよそ六月の初めから翌年五月の終わりまでほぼ興行されている。三六五日の暦年ではなく三六四日であるため、カレンダーとの整合性を保つために、七年ごとにブロードウェイシーズンに一週間追加する形でのまとめとなる。内容は、ブロードウェイへの観客数の推移、観客の居住地、交通手段、経済波及効果など多岐にわたっている。

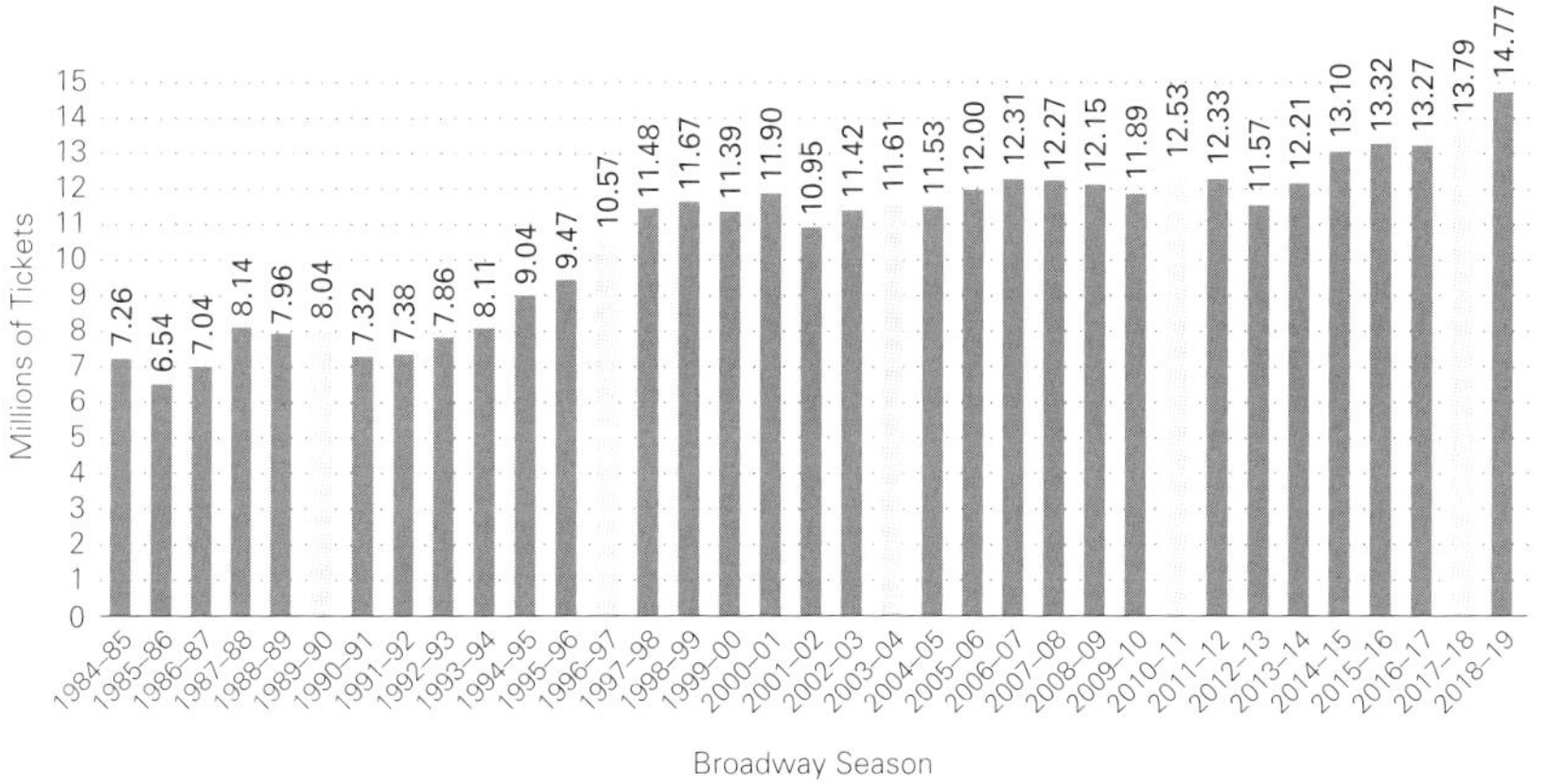

図4–5 ブロードウェイへの観客数の推移（グレーが53週間、黒色が52週間のシーズン）
（The Demographics of the Broadway Audience 2017-2018 の図を元に、2018-19シーズンのデータを追加して筆者作成）

（1）ブロードウェイへの観客数の推移とその内訳

ブロードウェイへの観客数の推移を同レポートに二〇一八～一九シーズンのデータ[*6]を追加してまとめてみた（図4－5）。

ブロードウェイへの観客は年々増加傾向で、二〇一八年六月から二〇一九年五月までの観客数は一四七七万人と、前シーズンより九八万人の増加となった。

観客の内訳は、三五%がニューヨーク都市圏から、六五%が観光客で、近年はほぼ似た傾向にある。なおニューヨーク都市圏三五%の内訳は、市在住が一九・五%、市周辺の郊外在住が一五・五%である。またチケットが販売された場所の郵便番号からの分析では、トップ二〇のうちの七つはニューヨーク都市圏以外の地域からの観客であることが明らかになった。

ただし劇場での調査に答えた人の居住地と、電話やインターネットからのチケットサービスによって集められた郵便番号データとの間には、若干の違いがあった。これはチケットサービスが購入者の地理的なデータを記録し、海外からの訪問客のオンラインビジネス分を含んでいないのに対し、ブロードウェイ連盟のデータは実際の来場者を記録しているためではないかとレポートでは記述している。

観光客六五%の内訳は、米国内からが四六%、他国からが一九%で、他国からの観光客数二八〇万人は過去最高の多さだった。

ブロードウェイの観客は数十年もの間女性が男性を上回っており、二〇一八～一九シーズンも例外ではなく六八%が女性であった。ただし二〇一八～一九シーズンの調査では男性でも女性でもないとする性別の「その他」の選択肢が含まれ、回答者の〇・五%が「その他」を選択した。

ブロードウェイの演劇は高学歴層に親しまれ、二五歳以上の観客の八一%が大学卒、四一%が大学院を修了し、聴衆の平均年収は二六万一〇〇〇ドルである。

ブロードウェイの劇場に足を運ぶ平均回数は二〇一八～一九シーズンの一年間で四・四回であった。一五回以上観劇する熱心なファンは五%に過ぎないが、チケット全体の二八%を占め、四一五万回の入場を記録した。

観客の平均年齢は過去二〇年間、四〇歳から四五歳の間で推移している。二〇一七～一八シーズンでは四〇・六歳と、二〇〇〇年以降で最も低かったが、二〇一八～一九シーズンでは四二・三歳に上がった。

子どもと一〇代の若者の観客数も増えており、二〇一八～一九シーズンでは一八～二四歳の観客数は史上二番目の多さだった。

ブロードウェイ連盟の調査では、回答者の五九%がチケットをオンラインで購入した。購入は平均して公演の四七日前で、前シーズンの四三日前より四日早くなっている。チケット一枚当たりの購入額は平均一四五・六ドルであった。

ブロードウェイの公演情報を探す場合、最も一般的な方法はGoogleでの検索であるが、二二%の人がおもに知っている人からの口コミに頼っていると回答した。ほとんどの観客は家族や友人の小グループで観劇した。

調査した観客の大多数が、現在の観劇は子どものころの観劇体験と何らかの関係があると回答した。子どものころの観劇体験を将来の舞台芸術にもつなげるよう、ブロードウェイではKids' Night on Broadway（KNOB）などの各種のサポートを実施している。子どもが無料で観劇できる制度や駐車場などの割引、子ども向けの様々なアクティビティの提供などがある。

(2)ブロードウェイへの交通手段

ブロードウェイへの交通手段は、二〇一二〜一三シーズンのレポートによれば、回答者の四二・四%(近くに住む人や、ホテルの滞在者を含む)が徒歩、一九・四%が地下鉄、一三・六%が自家用車となっている(図4-6)。

交通手段を居住地別に見ると、以下のような特徴がある(表4-1)。

・市の住民は四六・六%が地下鉄を利用している。以下、徒歩(二四・二%)、自家用車(一二・一%)、タクシー(九・〇%)、市内路線バス(六・四%)の順である。
・郊外居住者は自家用車が四一・一%で最も多く、以下、通勤電車(一六・五%)、徒歩(一二・五%)、地下鉄(九・三%)の順である。
・国内の観光客は徒歩(近くのホテルに滞在を含む)が最も多く四八・七%、以下、地下鉄(一二・五%)、自家用車(一〇・一%)、タクシー(八・八%)の順である。
・海外からの観光客は約三分の二(近くのホテルに滞在を含む)の六五・六%が徒歩、以下、地下鉄(一〇・一%)、タクシー(九・三%)の順である。

(3)ブロードウェイの経済波及効果

二〇一八〜一九シーズンにおけるブロードウェイの市に及ぼした経済的な効果は一四七億ドルで、九万六九〇〇人の雇用を支えた。この金額にはブロードウェイが目的で来る旅行客がタクシーやホテルや食事に消費した金額、チケットの売上げ一八億三〇〇〇万ドル、劇場の所有者が興行のために支出した金額が含まれる。

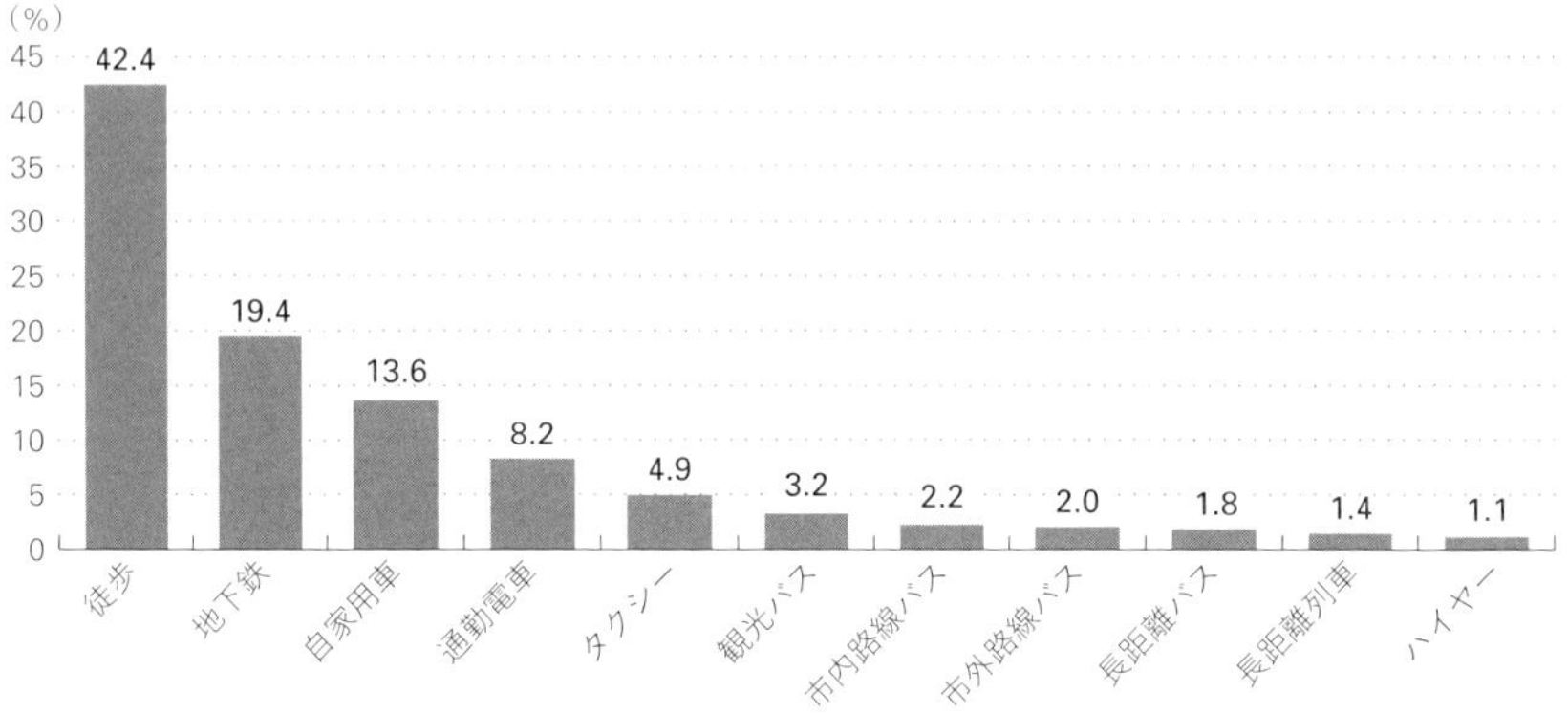

図4–6 劇場までの交通手段
("Method of Transportation to the Theatre", The Demographics of the Broadway Audience 2012-2013, The Broadway League)

表4–1 居住地別の交通手段
(The Demographics of the Broadway Audience 2012-2013, The Broadway League)

交通手段	市住民	郊外居住者	国内観光客	海外からの観光客
徒歩	24.2%	12.5%	48.7%	65.6%
地下鉄	46.6%	9.3%	12.5%	20.1%
自家用車	12.1%	41.1%	10.1%	0.9%
タクシー	9.0%	3.9%	8.8%	9.3%
通勤電車	0.2%	16.5%	4.7%	0.2%
観光バス	0.1%	1.9%	6.4%	0.6%
市内路線バス	6.4%	1.7%	1.3%	1.2%
市外路線バス	0.1%	6.0%	1.9%	0.4%
長距離バス	0.1%	1.9%	3.0%	0.6%
長距離列車	0.1%	3.1%	1.6%	0.5%
ハイヤー	1.3%	2.1%	0.9%	0.7%

観客の六一%が一シーズンに少なくとも二回ショーに参加し、平均では四・四回であることから、公演内容の面白さがリピーターを増やしていることが見てとれる。

米国内からの観客数は一九九九年の三四〇万人から二〇一九年の六八〇万人へと倍増している。さらに観客数一四七七万人という数字は、ニューヨーク都市圏のプロスポーツチーム（メッツ、ヤンキース、レンジャーズ、アイランダース、ニックス、リバティ、ジャイアンツ、ジェット、デビルス、ネッツ）の合計来場者数を上回っている。

（4）「世界水準の街路」政策のシンボルとして

タイムズ・スクエアを含むミッドタウンを斜めに走るブロードウェイは「世界水準の街路」のシンボルと呼ばれる。ニューヨークの公共空間の創出で注目すべき点は道路空間の広場化であり、「すべてのコミュニティが徒歩一〇分圏内に公園をもつ」という目標が都市改造の長期ビジョンを束ねた総合計画〈PlaNYC〉に盛り込まれている。

この計画には将来的な人口増・雇用の創出による経済成長、老朽化したインフラストラクチャーの更新、地球環境問題への積極的対応を基本理念として一一部門の政策目標と具体的な一二七の政策が列挙されている。二五の部局を横断する総合的なビジョン・計画となっていることも特徴である。例えば「公園」を「オープンスペース」や「高質な公共空間」といった表現に置き換えながら、全市域にわたって公共空間の再編・創出が図られてきた。

交通局はサディク＝カーン局長のもとで策定した交通戦略計画「サステナブル・ストリート」（二〇〇八年四月）の中で、「街路を社会・経済活動を涵養する生き生きとした公共空間と考えるアプローチ」が今日の先進都市の標準であるとして、世界水準の街路というコンセプトが打ち出された[*7]（三八〜四〇頁）。

4 タイムズ・スクエア・アライアンスの取り組み

タイムズ・スクエア・アライアンス（Times Square Alliance、以下、TSA）の取り組みを知るために二〇一八年一一月二六日にTSAの事務所にてヒアリングを実施した。ヒアリング対象者は、政策・外務マネージャーのレベッカ・リーバーマン氏他二名である。

(1)TSAの概要

TSAはタイムズ・スクエアのエリアマネジメントを担当する非営利団体のBID組織として一九九二年に設立された。BID（ビジネス改善地区、Business Improvement District）とは、自治体の特定のエリアに結成される特別区であり、エリア内の固定資産税の一部を拠出して公共領域に還元する。集められた財源は治安や清掃のほか、地域のイベントや歩道の補修などに使われる。

TSAの活動対象エリアは、四〇丁目〜五三丁目・六番街〜八番街、四六丁目・八番街〜九番街である。具体的な活動としては、タイムズ・スクエアでの年越し大晦日イベント、夏至のヨガイベントなどメジャーなイベントの共同開催や設営、街灯のステッカーや路上のガムを剥がすなどの清掃活動、地区の巡回などが挙げられる。

(2)タイムズ・スクエアへの交通機関

タイムズ・スクエアへの訪問客は、年間数か月を除いては前年比プラスになっている。二〇一七年の歩行者は水曜日から土曜日にかけてが多い。公共交通機関の利用者は一九九六年から二〇一七年の二〇年間で急増した（図4-7）。

具体的には一九九六年から二〇一七年の間に一日の平均利用者が七一・五％増加した。年間では三八七五万四六五八人の増加であり、一日当たり一〇万六一七七人の増加となる。

タイムズ・スクエアには市地下鉄のタイムズ・スクエア－四二丁目駅と、四二丁目ポート・オーソリティ・バスターミナル駅があり、ニューヨーク市内の地下鉄の駅の中で利用者が最も多い（図4－8）。

（3）タイムズ・スクエア歩行者の把握

ＴＳＡでは、二〇一一年八月から二〇一二年九月までに、歩行者の自動カウントシステムを導入した。これは

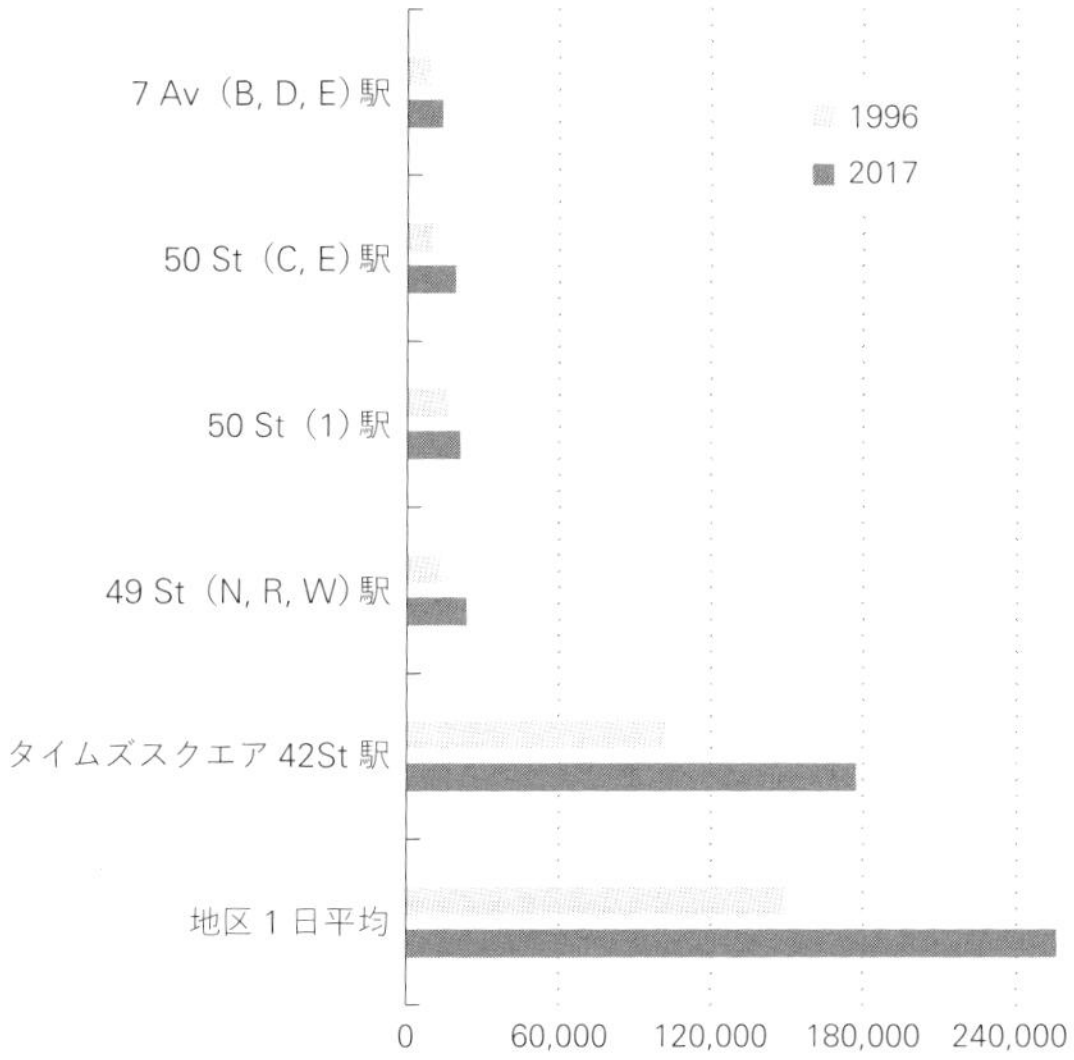

図4–7 公共交通機関利用者数
（TSA資料）

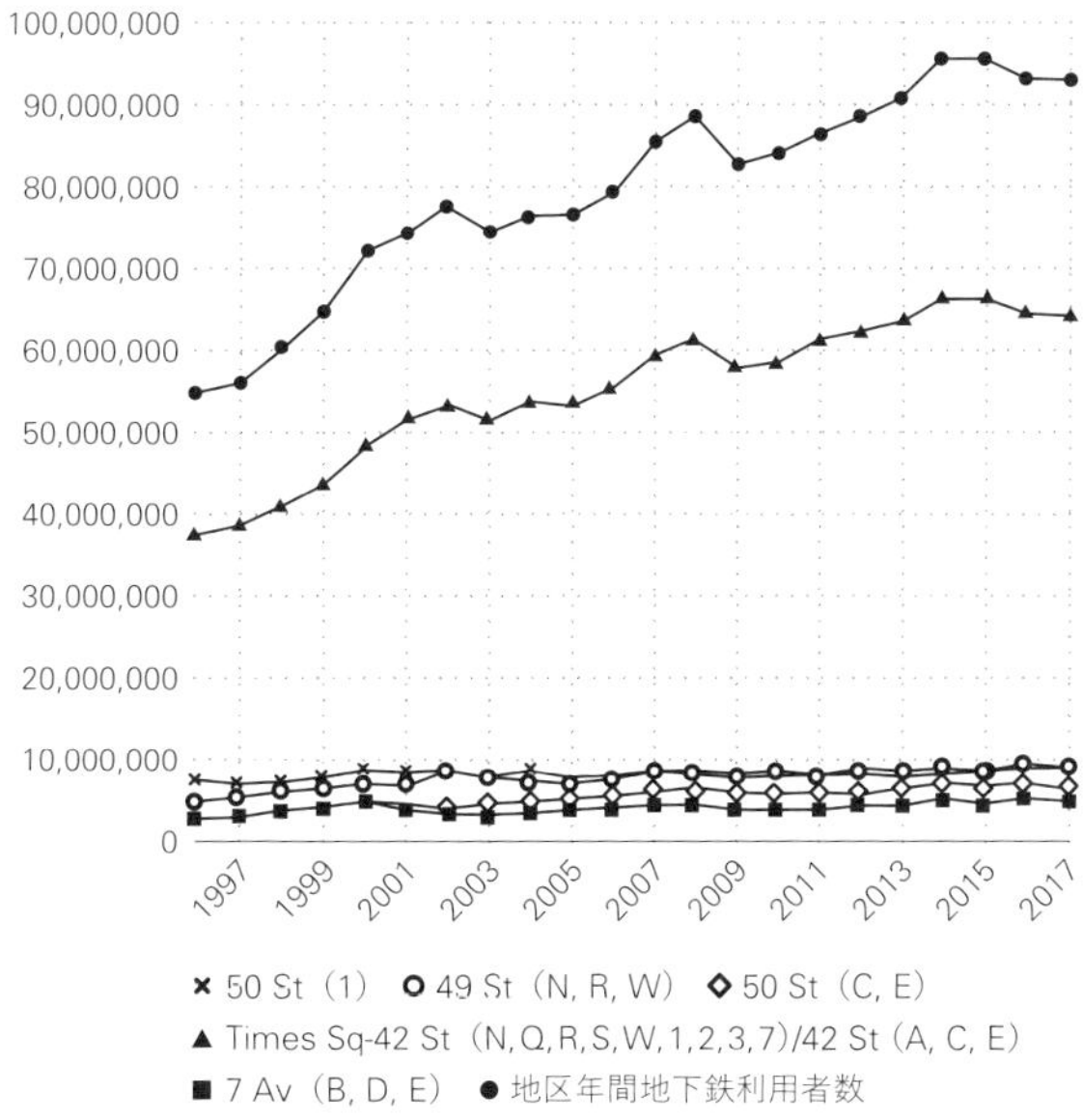

図4–8 タイムズ・スクエア地区の年間利用者数（1996～2017年）
（Times Square District Annual Ridership 1996-2017）

タイムズ・スクエアの特定のカウントゾーンに入って通行する歩行者数をビルに設置されたカメラを利用し、タイムズ・スクエア・プラザを囲む二一か所の地点で二四時間三六五日自動カウントするものである（図4－9）。

実施にあたっては、グランドセントラル駅などで同様の試みをしているSpring Board社に委託をした。二〇一八年一〇月の集計では一日平均歩行者は四〇万二七五九人だった。そのうちの約半数は四六丁目～四七丁目のプラザ・ダフィー・スクエアを通過している。

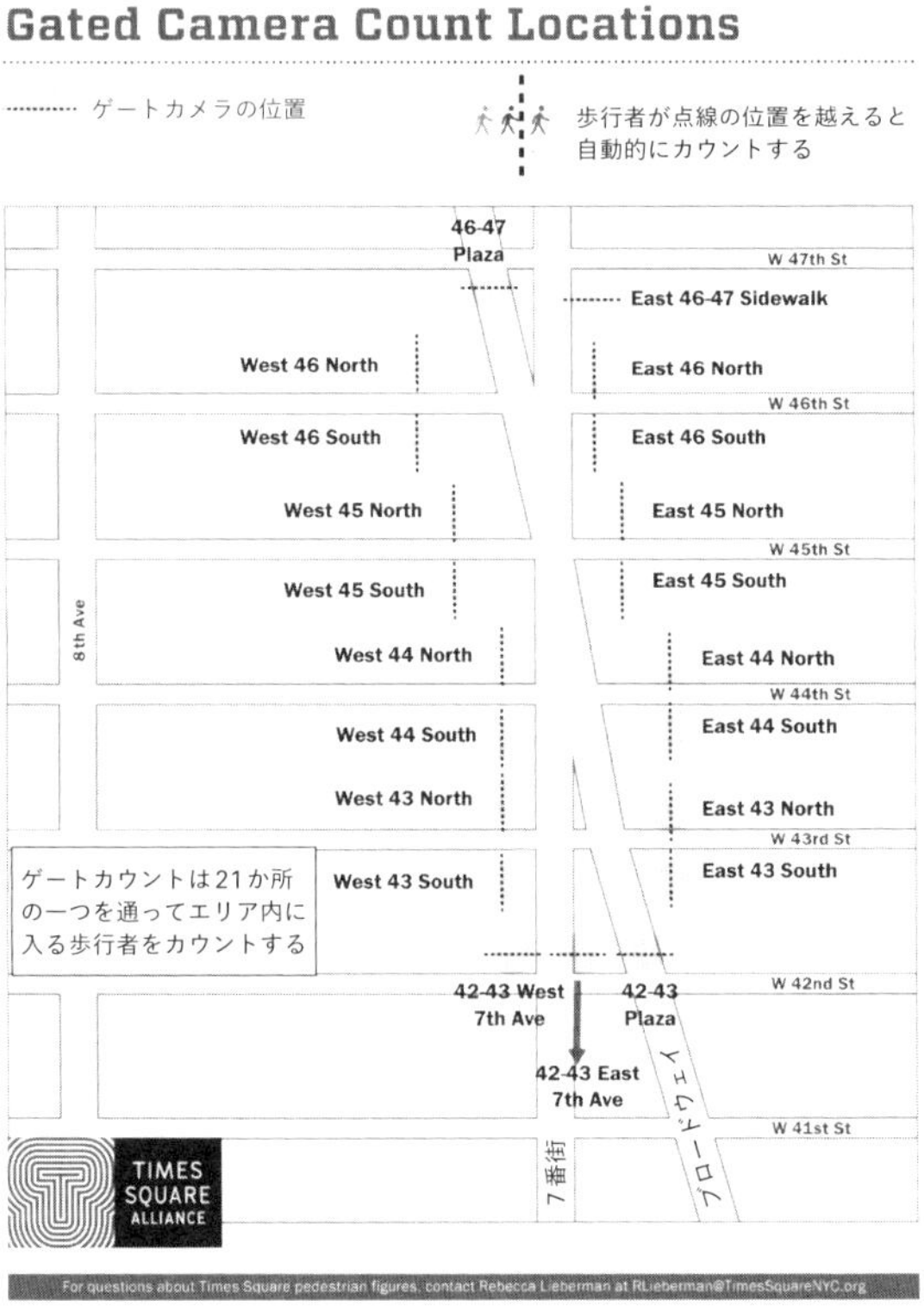

図4–9 ゲートカメラの位置図
（TSA資料）

TSAが実施する二〇一七年六月の調査（訪問者、就労者、居住者）によると、四二丁目～四七丁目・七番街とブロードウェイのタイムズ・スクエアの中核区域内では、タイムズ・スクエアで平均八一分間の時間を過ごし、約八分間、広告板を眺めているという。半数が地元市民で三三％が国内、一七％が海外からの訪問者である。平均年齢は三二歳で、六六％が非白人、四八％が大学卒である。

タイムズ・スクエア周辺には多くのホテルがあり、そこからの来街者も多いと考えられる。

課題のひとつとして、地域性と関連の少ない食のストリートフェスティバルをどのように制御するかという話題が上がっている。

（4）その他

市の市長室メディアエンターテインメント事務局内に二〇一八年ナイトライフ局が新設され、ナイトライフ室に理事会も設置された。二〇一八年一一月二八日には、同事務局の公式イベントがタイムズ・スクエアの劇場のひとつであるタウンホールで実施され、事業の説明と地区の人たちとの意見交換などが行われるとのことだった。固定資産税の一％を文化に活用するというビル・デブラシオ市長の政策があり、ＴＳＡにとっては追い風である。

5 ニューヨーク市運輸公社の取り組み

市運輸公社の取り組みについてヒアリングを元にまとめてみる。ヒアリング対象者は、Subway Operations Improvement Operations Planning（地下鉄運営管理計画室）の輸送プランナー（Transportation Planner）のケビン・ガーレイ氏他六名の皆さんである。

（1）ニューヨーク市運輸公社の概要

まず市運輸公社（New York City Transit、ＮＹＣＴ）は、ニューヨーク州都市交通局（Metropolitan Transportation Authority、ＭＴＡ）の関連会社である。ＭＴＡは州の独立公益会社であり、ＮＹＣＴはＭＴＡの管理下にある。

もともと市の地下鉄は、市が整備し、一九〇四年の開業当初は民間が運営していた。一九四〇年には地下鉄が市営化されたが、一九五三年に財政上の理由により、ニューヨーク市交通局（New York City Transit Authority、ＮＹＣＴＡ）が設立された。その後、ＭＴＡの主導で、現在のＮＹＣＴが設立されるに至った。

NYCTは、ニューヨーク州公共法人法を根拠とする公益法人の会社で、市内の地下鉄とバスを運営している。二四の路線を有しており、フレキシブルな運営を行ってきた。

財源は複雑で、約半分が賃料で賄われ、州が主に助成している。市も一部出資し、橋やトンネルにおける自動車通行料の税の一部や、タクシーの税収も活用されている。

(2)運営・計画室の業務内容

運営・計画室のおもな業務は、地下鉄とバスの交通需要をモデリングし、乗客の利用パターン、優先箇所を把握し、運営を計画することである。地下鉄の運行は二四時間であることから、特別なイベント時には建設や維持管理の時間調整が主題となる。短時間のイベント開催時には、地下鉄の運行本数を増やし、建設・整備の実施の時間を避けるのが通例である。

(3)利用者数の状況と運賃

近年の地下鉄利用者数はウーバー(Uber)やリフト(Lyft)などの配送サービスが増加しているため、減少傾向にある。こうした配送サービスは深夜時間での利用度も高い。しかし市の人口は増加傾向にあるため、再び地下鉄の利用者数が増加すると考えられる。

運賃は二年おきに増加する傾向にある。ただ現在はどの駅から乗車し下車しても運賃は一律二・七五ドルである。遠方に住んでいて通勤時間が長くても、低料金で通勤できるという経済的な公平性を提供するという意図で行っている。市の中心部に住むのは家賃が高いため、運賃が安いことはメリットである。

地下鉄からバスへ、バスから地下鉄への乗り換えは無料でできる。

市における地下鉄の平均利用時間は三〇分程度である。総務省統計局による東京都の通勤・通学時間(行動者平均時間、二〇一六年）は九四分（往復）[8]であるため比較的短いといえる。

（４）特別イベント時の対応

ニューヨーク・ヤンキースのヤンキー・スタジアムやニューヨーク・メッツのシティ・フィールド、バークレイズ・センターのバスケットボールやアイスホッケーの試合やコンサート時に見込まれる何万人もの乗客に対応するよう供給を調整する。高齢者の利用にも対応するため、混雑が起きない運営に努めている。ニューヨーク・ヤンキースは観客の五五％程度が鉄道利用者だが、メッツの場合は二五％が自家用車を利用している。

さらに野球の場合は試合の終了時間にタイムラグがあるため、夜一〇時から一一時の間で供給を調整する。一方でミッドタウンに位置するマディソン・スクエア・ガーデンはバスケットボール、アイスホッケーなどのスポーツと大規模なコンサートの会場として使われる。スポーツアリーナは二万人収容、シアターは五〇〇〇人収容するものの、すでに周辺の公共交通の供給力が高いため、特別な対応処置は実施していない。

新年のカウントダウンへの対応もある。深夜一時ごろが最も利用者の多い時間帯になると見込まれる。悪天候の場合は利用者が減る。天候も利用者数に影響を与える要因となる。

その他、対応するイベントとして、ゴルフのＵＳ（全米）オープン（六月）、セイントパトリックス・ディ・パレード（三月）、ブルックリン区のクラウンハイツでレイバー・デー（Labor Day）に実施されるウエスト・インディアン・カーニバル（九月）、ニューヨークシティマラソン（一一月）なども挙げられる。

（５）ナイトライフを活性化する計画、二四時間営業

市における夜間経済対策への対応では、現在基盤整備が最も重要な課題となっているため、夜間は建設・維持

管理を優先している。交通機関の二四時間営業の利点は、帰宅時間の心配をする必要がないことである。一方、二四時間営業の欠点のひとつは、インフラの建設・維持管理を行う上での運行調整で、人々の混乱を来すこともある。

バスは八〇年代後半より、高齢者や障害者に対応した車椅子システムを導入しており、利用度も高い。人によっては、バスのほうが運転手との距離が近いため、安全に感じるからである。地下鉄は地下にあるため、特に夜間は暗いので不安に感じる人も多い。そのため、これまでも夜間はバスを選択する志向の人が多かった。

フェリーサービスは、ナイトライフを促進する重要な交通手段であるため、金曜日と土曜日は運行時間を延長することにした。これまでは午後一〇時までの営業であったが、週二日はさらに四時間延長することになった。ブルックリン区の近隣住区であるウィリアムズバーグは、夜間に営業するバーなどのナイトライフが盛んであり、今後も活性化する予定であるが、フェリーの船着場付近に住む住民にとっては汽笛の音も騒音となるため、フェリー自体の二四時間営業は難しい。

(6)バリアフリー、ユニバーサルデザインについて

米国で一九九〇年に成立した「一九九〇年障害のあるアメリカ人法（ADA）」(Americans with Disabilities Act of 1990) は障害者の人権擁護を目的とした包括的差別禁止法であり、その範囲は労働、余暇活動、移動、通信など日常生活のあらゆる活動に及んでいる。特に交通手段の確保が社会参加のための重要な要素となっていることに鑑み、公共交通事業者を含む事業体に対し、障害者が公共交通機関を容易に利用できるようにするための必要な措置を取るべきことを義務づけている。主要な規制内容としては鉄道、バスなどの車両および駅、バス停などの施設を車椅子利用者などにも容易に利用できるように整備することのほか、既存の公共交通機関を利用することが困難な重度障害者などに対し、自宅から目的地への送迎を行う補助的輸送サービス（パラトランジットサービス）

を提供すべきことが規定されている。[9]

　しかし、二〇二一年六月時点で市の交通インフラの多くはまだＡＤＡに準拠しておらず、中でも市の地下鉄システムは最悪で、多くの駅でエレベーターとエスカレーターのアクセスは十分でなく、エレベーターの大きさも車椅子利用者が使えるほど広くはない（写真４－３）。

　市の地下鉄はサービスの変更や予期しない停車を除き、毎日同じ停車をするのでかなり予測可能であり、障害がある人にとって最も便利な交通機関の選択肢となっている。ニューヨーク州都市交通局（ＭＴＡ）では、チーフアクセシビリティオフィサーを雇用し、ここ二年で一二駅をＡＤＡに準拠させたが、四分の三の駅では車椅子でのアクセスに問題が残っている。電車の案内も信頼性が低く、例えば乗車した後の行き先変更を知らせる車内掲示板の文字化けは、聴覚障害者にとっては行き先が不明となる可能性がある。地下鉄のプラットホームにエッジストリップがないため、ロービジョンを含む視覚障害者にとっては安心して利用することが困難である。

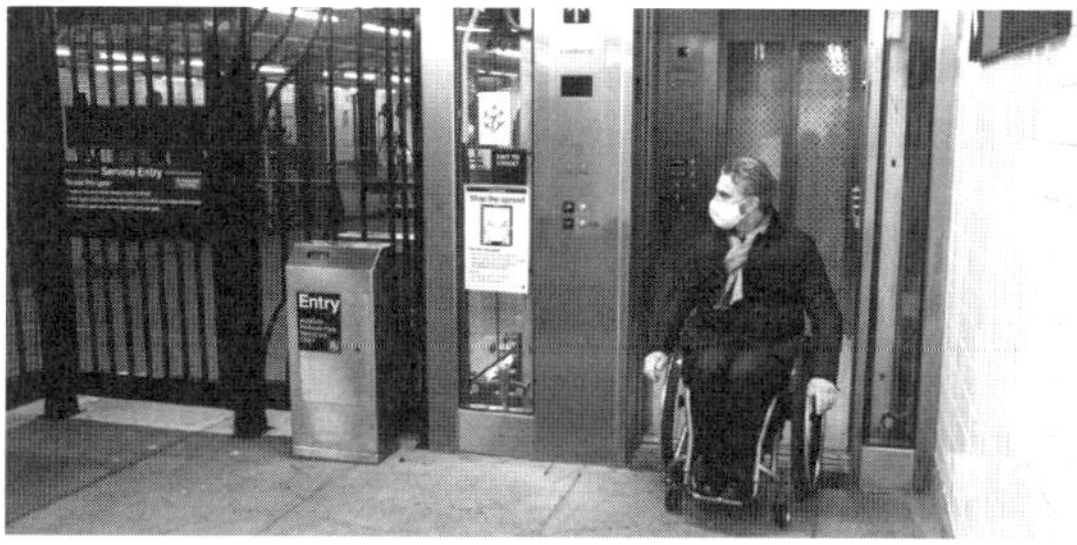

写真4–3 Greenpoint Avenue G stationの地下鉄エレベーター
（出典：CITY & STATE NEW YORK https://www.cityandstateny.com/policy/2021/06/how-accessible-is-transit-ib-new-york/182725/）

　市のバスはすべて車椅子でアクセス可能で、チェアリフトまたはスロープのいずれかが装備されている。しかし、運転手によってはチェアリフトの操作方法や車椅子の固定方法を熟知していない場合もある。

　視覚障害者のひとりは、バスでの移動は通常、地下鉄よりも困難であると語っている。地下鉄では停留所の数を数えることができるが、バスでは停車地をスキップしているのか、信号待ちで停車しているのかがわからないからである。[10]

　またＭＴＡは市地下鉄とスタテンアイランド鉄道システムのＡＤＡに準拠す

るアクセシビリティについてホームページで情報公開を行い四半期ごとに更新している。その内容は各駅の最寄りの街路からのエレベーターまたはランプ入口の場所、および他の交通手段への接続のリストを示したものである。また工事中の期間は、MYMTAアプリを開発してリアルタイムのエレベーターの状態と停止情報を示している。

市内全般的にトイレが不足しており、市も公園などの公共施設へのトイレの導入を試みているが不十分で、地下鉄の多くの駅にもトイレは整備されていない。整備されていたとしても、不衛生な場合が多い。過去には今以上にトイレが整備されていたが、犯罪に利用される事例が多発したため、その多くは閉鎖された。そのため、トイレの増設の可能性はあるが、費用が高価になる可能性があり、空間の再設計が求められる。

（7）地下鉄の再整備

二〇一八年一一月現在、地元の意見を聴き取り、整備の方針や追加するバスの計画、補償などについて協議している最中である。特に影響を受けるウィリアムズバーグの消費行動を分析したところ、多くの就労者はブルックリンから通勤しており、マンハッタン側からブルックリン側に通勤する人は比較的少ないということが明らかになった。

（8）民間の交通機関

民間のバス会社にはいくつかのタイプがある。ひとつはニュージャージー州からニューヨーク州をつなぐ民間のバス会社である。区域周縁には、都心部と周縁を結ぶダラーヴァン（dollar vans）と呼ばれる安価なバス配送サービスがある。許容人数二〇名程度で、言語や文化の側面から特定の移民の利用度が高い。

長距離バスサービスとしては、グレイハウンド（Greyhound）、メガバス（Mega Bus）などがある。

ウーバーやリフトなどの配送サービス会社も活発である。市では営業の許認可を得る必要がある。清潔なイメージの構築とドライバーの評価システムの充実化で、信頼性の向上を促している。料金はタクシーより比較的高い。シェアライドすることにより価格を低く抑えているものの、利用度が高い時間帯は金額が上がる仕組みである。

6 ニューヨーク市交通局の取り組み

リンカーン・センター・ボウタイ交差点の歩行環境改善事業について、市交通局（New York City Department of Transportation、NYC DOT）シニア・ディレクターのショーン・クイン氏にヒアリングを行った。

(1)リンカーン・センター・ボウタイの歩行環境改善事業

市では交通死亡事故ゼロを目指す「ビジョン・ゼロ」（VISION ZERO）に二〇一四年から取り組んでいる。二〇一七年には信号の修理や標識の変更など、交差点や街路の安全性を高める事業を一一四か所で実施した。本プロジェクトはそのひとつである。

世界最高水準の文化施設であるリンカーン・センターに面する蝶ネクタイの形状をもつ交差点は、その複雑な形状から交通事故が多数発生しており、歩行環境の改善が求められていた。

図4－10は二〇〇八年から二〇一一年までのリンカーン・スクエア・ボウタイ（Bow tie）地区における交通事故の発生個所を示したものである。交差点では車の合流や方向転換時の車両の衝突事故や、歩行者の負傷事故が多発している。

二〇一五年二月一〇日に市のコミュニティ・ボードに提示された歩行者プロジェクトグループから提案された「ボウタイ地区の七つの課題解決」は以下の内容を含む（NYC DOTによる）。

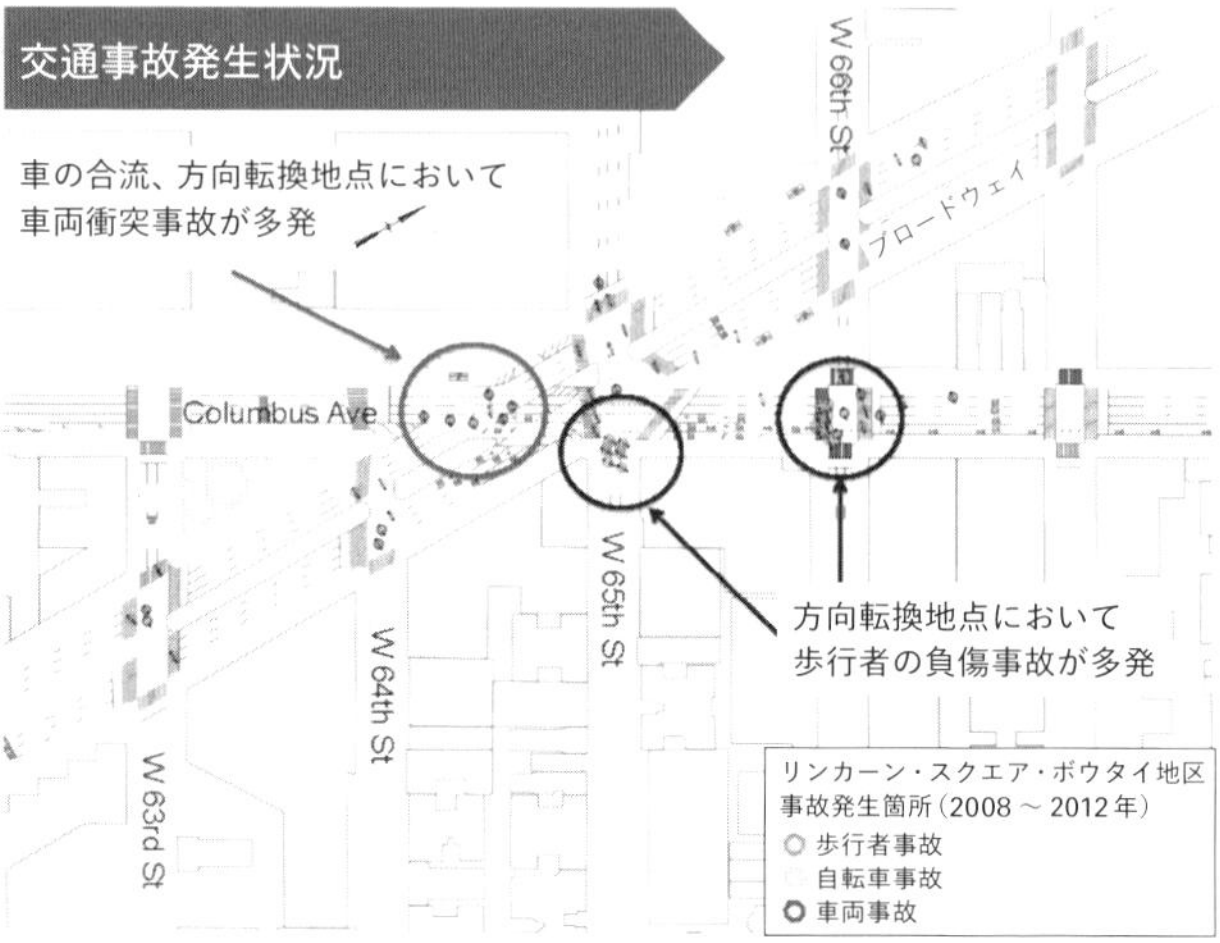

図4–10 リンカーン・スクエア・ボウタイ地区の事故発生箇所
（ニューヨーク市交通局、関谷進吾氏提供）

① 歩行者導線を短くする
② 歩行者スペースの改善
③ 車両／歩行者の摩擦を減らす
④ 追加的に安全な交差点をつくる
⑤ 歩行者信号を改善する
⑥ 明確なストリートマーキングの実施
⑦ 自転車レーンの接続

広場化の取り組みは交通局主導ではなく、地区内の不動産オーナーの集まりであるBID組織のTSAと専門家組織の協働から始まった。リンカーン・スクエアや文化施設リンカーン・センターの協力を得ながら、周囲の地権者、テナント、住民、教育施設の親、地域代表者などとワークショップを実施し、多角的な視点からより安全かつ快適で利用しやすい交差点へと転用した。

またリンカーン・センターの周囲に立地するすべての機関からも十分に意向を汲み取った。具体的にはライトハウス・ギルド（Lighthouse Guild：視覚障害者のための啓発活動推進団体）、教会、アメリカン・フォーク・アート美術館（American Folk Art Museum）である。そこで出された要望を活かし多様な歩行者が安全に横断歩道を渡りきれるように青信号の長さを調整した。それらにより、高齢者、子ども、障害者などあらゆる人々が利用できる交差点が実現した（写真4－4）。

そのほか市民参加を通じて歩行環境の改善のために実施した事業としては、道路上のマーキング、塗料を使用した歩行空間の拡幅、交通島の拡張、切り下げの拡幅、歩道ルールの変更、右左折の一部制限、自転車路の修正がある。

写真4-4 リンカーン・センター・ボウタイ交差点の改善前(左)と実施後(右)。横断歩道の歩行者導線を短くし、道路標示を明確にした
(ニューヨーク市交通局資料)

その結果、車と車、車と人との接触事故が減少した。また改善後の環境について地元コミュニティや地域代表者、BID組織はその効果を高く評価しているという。

(2)高齢者の安全性を重視する地区

ビジョン・ゼロでは、高齢者が多く住む地域の交通安全向上に力を入れる計画を立てている。市域には高齢者の安全性を重視する特定地区が二〇か所程度あり、高齢者による接触事故などが多発する五~六か所の地区を特定した。

特に、高齢者が歩行できる時間の長さに応じて信号の青時間の間隔を変更したり、プロジェクトごとに街路の再設計に取り組んでいる。高齢者の交通事故発生率と学校区の重なりを考慮して優先順位を選定している。

(3)局内で抱える高齢者を対象とした教育プログラム

学校向けには歩行安全を啓発するプログラムがあり、交通局の担当部署が学校に出向き、道路の利用方法や安全性について教える機会を設けている。しかし高齢者の死傷率は年々と高まっているものの、高齢者を対象としたよい教育プログラムは今のところ提供できていない。そのため、シニアホーム、病院、内科などの医師に対して、充実した啓発プログラムについて対話をし、どのような処置が高齢者や障害がある人々に対して適切な対応となるのかについて協議を重ねている。

7　音楽演奏会観客調査

マンハッタン七番街と西五七丁目の交差点に位置するカーネギー・ホールでのコンサート鑑賞について、簡単ではあるが述べてみたい。一八三五年にスコットランドの小村で生まれたアンドリュー・カーネギーは一三歳で家族とともに米国ピッツバーグに移住し、一代で築き上げた巨大な富を音楽ホールや図書館、博物館、大学、研究機関などの設立に費やした。一八九一年創設のカーネギー・ホールもそのひとつである。[*11]

写真4–5 ウォルター・ダムロッシュとニューヨーク交響楽団（1920年）（出典：Carnegie Hall Then and Now, 2018-2019）

写真4–6 『公演ガイド』2018年11月号。表紙写真は世界的指揮者でピアニストのダニエル・バレンボイム

コンサート・チケットは訪米前にオンラインにより、二〇一八年一一月二〇日一九時~二〇時五〇分の「DCINY（Distinguished Concerts International New York）」のチケット（一人六七ドル）が入手できた。

ホールは初期の頃から世界的な指揮者が高く評価した。グスタフ・マーラーもブルーノ・ワルターも、さらにはニューヨーク交響楽団の首席指揮者だったウォルター・ダムロッシュもこのホールがお気に入りだった。[*12] 名だたる指揮者の演奏は聴衆を魅了し、次第に音楽家にとってここで公演することがステータスであり、憧れにもなっていった。なおニューヨーク交響楽団（現ニューヨーク・フィルハーモニック）の本拠地は現在はリンカーン・センター内のディヴィッド・ゲフィン・ホールにある（写真4－5、6）。

クリスマスソングがメインの公演は平日（月曜日）夜にもかかわらずほぼ満席で、家族連れがかなり見られ、アットホームな雰囲気である。カジュアルな服装の人がほとんどで、本当に日常的にこのような音楽会を楽しんでいる様子がうかがわれた。

期待していたアンコールもなく、終演が思ったより早かった。あいにくの雨だったせいか、コンサート終了後は帰路を急ぐ人の姿が多く見られた。

8　ニューヨーク市の交通とわくわく街路空間への考察

余韻や「わくわく感」があるような移動とはどんなものなのか、ヒアリングなどを整理し、考察してみたい。

まず市交通局（NYC DOT）と市運輸公社（NYCT、公益法人）の役割は明らかに異なる。市交通局は市の一部局であり、道路管理と交通管理を担っている。具体的には街路空間再配分、バス停整備、バスレーン整備などである。一方、市運輸公社は事業体として地下鉄やバスの運営を担っている。

市元交通局局長のジャネット・サディク＝カーン氏は街路空間の再配分を行い、車中心の道路を歩行者中心の道路に変えてニューヨークの魅力をアップさせたことで知られる。

氏が手がけた改革で最も有名なのはタイムズ・スクエアの広場化である。ブロードウェイの四二丁目から四七丁目までを歩行者のための道路にする実験に取りかかり、結果として、タイムズ・スクエアの人流が増加し、車道は人のスペースへと変貌した。

歩行者交通量が三五％減少、車両速度が最大一七％改善、二酸化窒素が四一％減少した。加えて、近隣の小売店賃料が上昇、大型店五店が出店し、商業地区売上で世界上位一〇位にランクインした。

氏はこの変革を「ストリートファイト」と呼んでいる。

ストリートは車で通り抜けるより歩行者空間を増やすほうが沿道の店の集客力は高まり、税収も上がる。都市経営の観点からも歩けるまちづくりは大切なのである。街路を単に移動するための空間でなく、人々がコミュニケーションする場に変えていく。その街路がパブリックアートの展示や様々なパフォーマンスの場としても使われるならば、わくわく感はさらに高まるだろう。

ニューヨークの魅力ある街路空間として注目を浴びているハイラインは、まさにそんな街路である。ハイラインは廃線になり放置されていた高架貨物鉄道を緑の遊歩道と都市公園に生まれ変わらせたもので、ニューヨークのウエストサイドの新しい観光スポットになっている。

かつて活気溢れる臨海工業地帯であったマンハッタンのウエストサイド地区では貨物列車と歩行者などとの接触事故や渋滞の発生により、一九二九年から一九三四年にわたって鉄道が全面高架化された。しかし一九八〇年に最後の列車が走った後は廃線となり、高架橋の上の砕石道床やレールの間から雑草が生えてきて、自然植生の景観が形成され始めた。

一九八〇年代にハイラインを解体しようとする動きがあったが、チェルシー地区の住人で鉄道好きのピーター・オブレッツによる反対運動が起こった。また建築家のスティーブン・ホールは一九八一年に使われていないハイラインの高架の上に、集合住宅や公共スペースをつくることを提案した。さらに一九九九年、ハイラインの近くに住むロバート・ハモンドとジョシュア・ディヴィッドが協同でNPOの「フレンズ・オブ・ハイライン」を設立し、高架橋を残すための運動に取り組み[*13]、写真家のジョエル・スターンフェルドが「ウォーキング・ザ・ハイライン」を出版して四季のハイラインの景観を広く一般市民に訴えたことからハイラインの保存に対する支持が広がった。[*14]

フレンズ・オブ・ハイラインの初動期にはニューヨーク都営芸術協会やデザイン・トラスト・フォー・パブリック・スペース（The Design Trust for Public Spaces：ＤＴＰＳ）などの非営利専門組織が市民組織の活動を支援した。とりわけＤＴＰＳはフレンズ・オブ・ハイラインをデザイン専門家や行政担当者と結びつけ、ハイラインをニューヨーク市のプロジェクトに押し上げ、有能な設計者チームによる斬新な空間を実現するための指南を与えた。ブルームバーグ前ニューヨーク市長は前任者のジュリアーニ元市長が署名したハイライン解体の承認を覆し、ハイライン公園の実現を全面的に支援した。特に都市計画局長に抜擢されたアマンダ・バーデン氏は就任以前からフレンズ・オブ・ハイラインの活動を支援しており、ブルームバーグ市政においてハイライン公園の実現を全面的に支援した[*7]（三七〜三八頁）。

現在、ハイラインは鉄道会社から市に寄付され、市が所有する。建設にかかるコストは市が負担し、維持・運営コストの大部分はフレンズ・オブ・ハイラインが負担している。

ハイラインは沿線にホイットニー美術館やチェルシーアートギャラリー街などの文化施設があり、北端のハドソンヤードには二〇一九年、天井開閉式劇場であるザ・シェッド（The Shed）がオープンした。イベントの搬入・搬出時や会場の広さを調節するときにも対応できるよう車がついた斬新なデザインの建物である（写真４－７）。

ハイラインは都市の街路をわくわく空間に変えていくひとつのヒントとなる事例であろう。

写真 4–7 The Shed

4 ウィーン都心地区——芸術都市をつなぐ多彩なモビリティ

本節では、研究プロジェクトの中で、二〇一九年一月九日から一〇日にかけて実施したウィーン市視察で得た情報をもとに、オーストリア共和国の首都ウィーン市についてまとめた。本章冒頭でも述べたように、ウィーンについての調査文献は、都市の成り立ちについても、音楽等芸術文化の歴史についても、さらには、最近の都市交通政策についても、すでに多くの文献が存在しているため、ここでは、それらをなぞり、要約するような作業は行わない。むしろ、本書の主題である都市の文化的創造的機能と都市交通のつながりについての示唆をおもに論じる。したがって、まず、きわめて簡単に都市の概況を述べた後に、ヒアリングで得られた都市交通に関する知見をまとめ、それらをもとに課題点の考察を行う構成とした。

1 ウィーン市の概要

ウィーンは、欧州大陸にあるオーストリア共和国の首都で、人口二〇〇万人弱、面積四〇〇平方キロメートル強の大都市である。日本では、横浜市が人口四〇〇万人弱、面積四〇〇平方キロメートル強、名古屋市が人口二〇〇万人強、面積三〇〇平方キロメートル強などとなっており、これらの都市と類似する規模であることがわかる。

ウィーン市内には、一〇〇を超える美術館や博物館があり、また三つのオペラ座、二つのコンサートホール、二つのミュージカル劇場を有している。コロナ禍での状況は別として、従前は、これらの施設が、国内および海外から多くの訪問客を惹きつけていた。これらの施設のほとんどが中心地区にあり、その多くは、リングシュトラーセと呼ばれる環状道路の内部に位置する。リングシュトラーセは、一九世紀につくられたもので、もともと城壁のあった部分を取り壊して時間をかけて形成された。全長五・三キロメートルの広幅員街路で、その沿道に多くの公共的な建築物やそれらに付随する空間が計画的に配置され、都市のわかりやすい、そして大きな骨格を形成している。リングシュトラーセで囲まれた地区は、いわゆる城壁の内部空間であった地区になるが、一九七〇年代には、連続的な歩行者専用空間が面的に導入され、歩きやすい都心空間となっている（写真４－８）。

写真 4-8 ウィーンのリングシュトラーセ内部の歩行者空間

2 都市交通について

筆者らは、ウィーン市役所交通局へのヒアリングを実施し、都市交通の基本的な状況と、芸術活動との関連性などについていくつかの知見を得た。なお、文献によって、またインターネット上の情報によって和訳がまちまちであるが、ウィーン市内の路面電車、地下鉄、バスを運営しているのは、ウィーン市都市公社の中の部署であり、市役所の交通局とは切り離されている。筆者らが訪問した市役所の交通局は、交通計画の策定と実施を所掌としている。

そのヒアリング結果をもとに、ウィーンの都市交通を理解するポイントとして、都市自体の一九世紀以降現代に至るまでの歴史的な背景と、現代的な交通政策の導入の二点を取り上げ、論じる。

①都市自体の歴史的背景

ここでは、芸術尊重と財政難の二つの点をあげる。

ウィーン独特の歴史的背景としては、まず、なんといっても、一九世紀以降の文化芸術重視の流れをあげることができる。音楽は言うまでもなく、様々な芸術が尊重され、劇場やコンサートホール、世界に誇る美術史美術館をはじめとする美術館や博物館も多く建設された。建物自体の建築的、芸術的な価値も高く、その機能とともに、リングシュトラーセを中心とする都心の骨格形成に大きく寄与している。様々な芸術分野での芸術家協会が設立され、それらが市によって手厚く支援されている。

一方で、財政難が深刻になっていたことも都市の歴史的な背景として特筆すべきである。特に第二次世界大戦後に深刻化する財政難は、ドイツなど他国の首都と比した場合、道路建設の遅れと地下鉄建設の遅れに大きく影響を与えているとのことであった。地下鉄の建設は、他都市に比べるとかなり遅れている。路面電車が、一九世紀末からのシステムで、現在では総延長約一八〇キロメートルを形成しているのに対して、地下鉄は一九七〇年代終わりに初運行したもので、二〇二一年現在で総延長約八〇キロメートルになる。当然ながら、前述のリングシュトラーセ上にも路面電車の軌道が設置されている。ただし、写真4-9のように、一般的な道路断面の中央走行の位置ではなく、歩道沿いを走行している点が特徴的である。沿道建物へのアクセスが向上する一方で、道路の本線上の路上駐停車ができない仕組みである。

写真4-9 リングシュトラーセ上の路面電車

一般的には、現代の都市交通政策では、自動車のための道路を増やさないこと、歩行者を重視すること、路面電車を近代化したLight Rail Transitを活用することなどが主張され、それらによって質の高い快適で人間的な生活が実現すると主張されている。ウィーンに関して言えば、間違いなく、歩行者空間の重視、路面電車の充実したネットワークによって、自動車がなくても済む選択肢のある都市としての要件を満たしていることになっている。しかしながら、これらは従前から意図してきたわけではなく、財源難により、道路建設や地下鉄建設が思うように進まなかったことの結果であるという解釈ができる。

②現代的な交通政策の工夫

道路建設や地下鉄建設では出遅れていたようにも見えるウィーンだが、その分、路面電車インフラをとても大切にしてきており、またリングシュトラーセに囲まれた地区をはじめ、市内に数多くの歩行者空間を確保していることもあり、自動車を使わなくても済むまちという基本形は、早くから成り立っていたものと推察できる。

その流れの中で、自転車のシェアリングシステム、自動車のシェアリングシステムへの取り組みは、欧州各都市の中でも早いほうだったようである。

自転車のシェアリングについては、現在も一〇〇か所以上のステーションで一五〇〇台以上の自転車の共同利用を行っているシステムCITYBIKEは、この分野では有名なパリのVélib'よりも数年早く、二〇〇三年より都心地区で導入している。路面電車の電停や地下鉄駅の近くなどに十数台を停めることのできるステーションがあり、会員登録の上利用するシステムである。一時間以内にいずれかのステーションに返却すれば追加料金はかからないかたちである。その後、中国系の事業者などが、ステーションを有しない自転車シェアリングサービスを開始した時期もあるが、街路上などに自転車が放置される事態などを経て撤退しているようである。CITYBIKE自体も運営費用負担の問題などがあり、現在では、路面電車や地下鉄を運営している公営事業者と市役所によって管理されている。

カーシェアリングについては、他の欧州や北米の都市と同様に、ステーションのないカーシェアリングサービスが、car2go（サービス名はsharenow）などといったシステムによって、二〇一一年ごろから導入されている。欧州各都市でほぼ同時期ではあるが、ウィーンは、その初期のほうに位置する。また、いくつかの欧州の都市では、カーシェアリングが撤退しているところもあるようだが、ウィーンは、執筆時点では運営が続いている。カーシェアリングの議論をする際には、その都市の駐車場システムとの関係が重要になる。ウィーンの場合は、ショートパーキングエリア制度と呼ばれるシステムが早くから導入されている。都心地区の路上駐車スペースおよび路外駐車スペースは包括的に管理され、その利用料金や駐車可能最大時間が規制されている。一方で、カーシェアリングは、路上に停車して降車した時点で返却扱いなので駐車料金が発生しない。ショートパーキングエリア制度のおかげで、自家用車で都心地区で駐車するよりもカーシェアリングを利用したほうが便利なかたちになっている。

以上に加えて、ウーバーのようなライドシェアリングサービスも二〇一五年ごろから使われ始めるようになった。近年では電動キックボードのシェアリングサービスも開始されている。

このようなシェアリングシステムへの早期の積極的な取り組み以外にも、地下鉄や路面電車そしてバスといったいわゆる従来型の公共交通サービスにおいて、使いやすさの向上に徹底して取り組まれている。大きくは、運行時間帯、運賃制度、統合サービスの三点である。

運行時間帯については、早くより、深夜時間帯の運行を積極的に取り入れており、舞台やコンサートの終了時刻、その後の飲食にも十分に対応できている。運賃制度については、区間を限定しない半日券、三日券などのメニューもある。各種施設割引と連動した一週間チケット「ウィーンカード」も知られている。統合サービスという点では、地下鉄等を運行している公営事業者によるスマートフォン上のチケットシステムが、同事業者が運営している各種シェアリングシステムも含んだかたちで統合的なサービスを行っている点が注目される。土台となっている、それぞれの交通サービスの基本データが統合されているが故に実現できているシステムでもあり、現在各国で注目されているＭａａＳ（Mobility as a Service。各種移動サービスを束ねて一体的なものとして提供、管理する考え方）の先行的な事例としても知られている。なお、ウィーン市の公営事業者によるアプリであって、同事業者と関連しないサービスの一部は含まれておらず、市内のすべての移動サービスが包括的に提供されているわけではない（二〇二一年九月現在）。

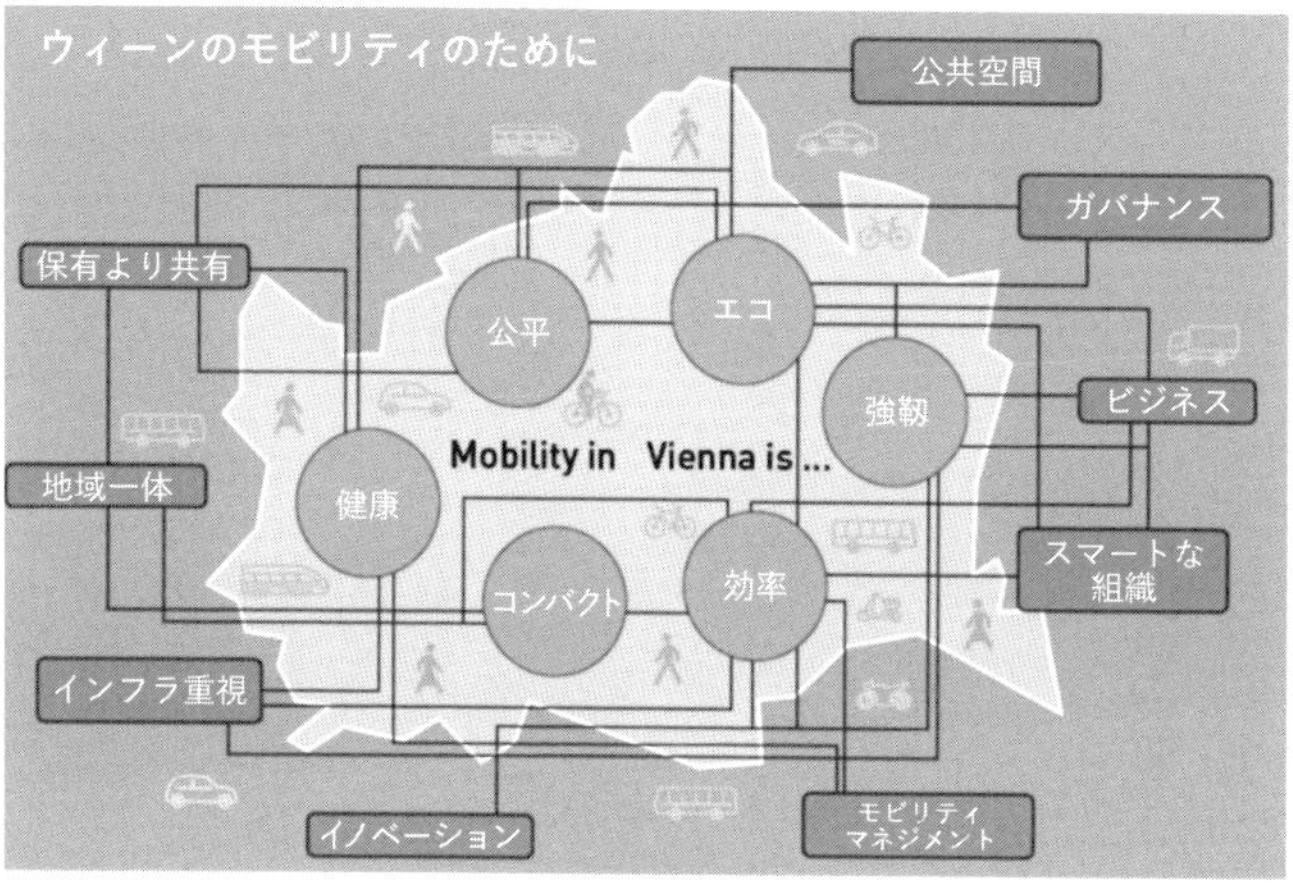

図4–11 ウィーンの都市モビリティ計画の概念図
（出典：https://www.wien.gv.at/stadtentwicklung/studien/pdf/b008444.pdf）

歴史的な流れも踏まえ、優れた交通システムを有するウィーンであるが、今後の都市交通政策という点でも、先進的である。最新の計画案では、図４‐11に示すように、ウィーンでのモビリティすなわち移動のしやすさについては、公正平等で、環境にやさしく、しなやかで、健康的で、効率的で、コンパクト（移動距離が短い）であることが特徴とした上で、政策目標として、生活の質（Quality of Life）を掲げ、世界一の満足度の高さを目指す、また政策設計と行政活動における社会包摂に焦点をおき、環境保全の立場から、人口あたり温室効果ガスを、二〇〇五年の値に比べて、二〇三〇年までに半減、二〇五〇年までに八五％減を目指す。エネルギー消費についても、同様に、二〇三〇年までに三割減、二〇五〇年までに半減を目指す。

3 ウィーンからの学び——伝統的芸術文化活動と公共交通新技術の連携

本章の冒頭でも述べたように、研究プロジェクトでは、都市の中心が文化的創造的機能であるべきで、公共交通はそれを支えるべきだ、というところから議論を開始しているが、ウィーンではそれが具現化されている。また、他の章で述べているように、そこには、文化的創造的機能に触れる場面、具体的には、舞台鑑賞や美術館訪問、スポーツ観戦などの行動について、主観的幸福感を高めるべく参加し、そこでは、余韻が重要であり、それを叶えるような空間が整備されていることの重要性も指摘している。ウィーンのリングシュトラーセに囲まれた空間では、劇場やコンサートホール、美術館につながるかたちで歩行空間が整備され、飲食店も充実しており、路面電車の電停や地下鉄の駅とも連携しているので、余韻を味わうことが十分に可能である。

ウィーンの中心部が、我々が目指す都市像をかなり高いレベルで具現化していることから、我々が学べることは、基本要素の充実と、資源の有効活用の二点と考察する。

基本要素としては次の二つであろう。フランツ・ヨゼフ一世による都市計画の成果とも言えるリングシュトラーセ、それに連なる諸施設という基本要素、文化芸術活動を都市として尊重し育んできたという基本要素である。これらの存在が、きわめて大きい。

資源の有効活用という表現は適切ではないかもしれない。必ずしも十分にあるわけではない道路空間、他の先進国首都と比べて遅れをとった地下鉄整備という点で、ウィーンは、大都市の交通インフラという視点からすると弱みとも見える面を有する。これを逆手にとって、路面電車網という古くからの財産を最大限生かし、それにあわせて、歩行者空間の充実をベースに、自動車がなくても済むかたち、かつ路面電車の速度での移動で済むかたちに都市交通の体系、そして戦略の方向を誘導してきたことがウィーンの特徴であろう。近年になってからはその流れを強化すべく、自家用車保有と利用を必要としない方向をより強く打ち出し、その受け皿ともなり得る、自転車のシェアリング、自動車のシェアリングのシステムを積極的に導入し、交通手段の選択肢が増えてくることに対してそれらを束ねるサービスを取り入れ、そこでは、情報通信技術の発展の恩恵を最大限生かしていることが追加的に重要な点といえる。

東京をはじめ、日本の都市がウィーンのようになることを目指す必要はないものの、空間構成という基本要素、文化芸術活動を支えるという基本要素をしっかりと位置づけ、その上で、移動サービスについて明確な方向性を打ち出し、その都市の強みたる部分を最大限結集させていくことにより、ウィーンと同じかたちにはならないかもしれないが、何らかの方向性を見出していく可能性を学べた視察であったといえる。

参考文献

1 マール社編集部編『一〇〇年前のニューヨーク』マール社(電子書籍)、二〇一三年

2 U.S.Census Bureau: Quick Facts New York city, 2018

3 国土交通省国土地理院「令和三年全国都道府県市区町村別面積調(一月一日時点)」国土地理院技術資料、E2-No.71、二〇二一年

4 アメリカ合衆国2019 Census: Population Change Data (Text Version)

5 ジャネット・サディク=カーン、セス・ソロモノウ著、中島直人監訳、石田祐也、関谷進吾、三浦詩乃訳『ストリートファイト――人間の街路を取り戻したニューヨーク市交通局長の闘い』学芸出版社、二〇二〇年

6 The Broadway League: The Demographics of the Broadway Audience 2018-2019, 2019

7 森記念財団都市整備研究所 ニューヨーク・東京比較調査研究委員会『ニューヨークの計画指向型都市づくり――東京再生に向けて』二〇一五年

8 総務省統計局「平成二八年社会生活基本調査――生活時間に関する結果」二〇一七年

9 財団法人自治体国際化協会ニューヨーク事務所『米国における公共交通機関のバリアフリー化の現状――ADA法施行後一〇年を経過して』二〇〇二年

10 Annie McDonough: TRANSPORTATION, How accessible is transit in New York? People with disabilities choose from a collection of imperfect options., City&State New York, JUNE 27, 2021

11 尾崎俊介「アメリカ自己啓発本出版史における3つの「カーネギー伝説」」『外国語研究』第五二号、三九－四一頁、二〇一九年

12 CARNEGIE HALL Official website (https://www.carnegiehall.org): Carnegie Hall Then and Now, 2018-2019

13 ジョシュア・デイヴィッド、ロバート・ハモンド『HIGH LINE――アート市民、ボランティアが立ち上がるニューヨーク流都市再生の物語』英治出版、二一七頁、二〇一三年

14 財団法人自治体国際化協会ニューヨーク事務所「廃線を活用した都市公園開発――ニューヨーク・ハイライン公園の成功に学ぶ」『Clair Report』No.394, 2014

5章

ニューローカルな都市と公共交通のエッセンス

対談形式による解題——本章では、ニューローカルな都市と交通のエッセンスを具体化するために、関連する重要なキーワードの定義から再考すべき概念について段階的にわけて質問を用意し、事例などを交えながら、対談形式で紐解いていく。

出口 敦

中村文彦

三浦詩乃

吉田長裕（司会）

1 「余韻」の意味

吉田長裕　研究会の中で何度も出てきた「余韻」という語について、都市交通計画、都市デザイン、公共空間デザインの各分野ではどのような意味合いがあるのか、教えてください。

中村文彦　まず最初に、今回のテーマがどのように決まってきたのかについて、説明したいと思います。もともと、都市の中での人間らしい活動のメインは、仕事ではなく遊びにあると考えています。例えば、コンサートにしてもイベントにしてもあるいは美術展を観に行くにしても、見る前に非常に期待をもって行くという部分と、見た後にそれが本当によかったなと思う部分、それを端的に表した言葉が「余韻」であると思います。その言葉として表される状況が、日本にはなぜないのだろう、特に新型コロナ感染症の拡大により都市活動そのものが制限され、精神的なダメージが深まる中で、都市における「余韻」の重要性を探るきっかけとなりました。

都市交通計画では、交通システムや空間をつくるときに、通勤の最も混んでいるときのことを考えて計画していて、混雑以外のときのことは、何とかなるだろうと思っていた部分があったんだろうと思います。しかし本当に人間らしい生活は、都市における文化的な活動、博物館とかコンサートホールとかに触れることであって、「触れたい」「触れてよかった」と思ってもらうためには、「余韻」とか「わくわく」とかというものを味わえる時間と空間についても考えていく必要があるのではないでしょうか。自宅と職場以外にサードプレイス的な場があることにも関係はしますが、そのサードプレイスがサードプレイスたるためには、そこに行くのが楽しくなくてはいけないし、終わった後にすべてを忘れて全速力で帰るような状況ではいけないでしょう。その意味では、サードプレイスの活動には、なおのこと「余韻」が必要だと思います。

出口 敦　中村先生主催の研究会のタイトルが「都市の文化的創造的機能を支える公共交通」ということで、私はわりと言葉にこだわる人間なので、そもそも「文化的」「創造的」に「機能」が付いている点から紐解いてみたいと思います。「機能」というと都市計画分野では、一九三三年の近代建築国際会議ＣＩＡＭ▼（Congrès International d'Architecture Moderne）のアテネ憲章があります。この憲章では、都市には「住む」「働く」「交通」「レクリエーション」の四つの機能があり、その四つの機能に空間を当てはめ、相互関係をつくるのが機能的都市計画だと定義しているわけです。これはいまだに通用する、非常にユニバーサルな定義だと思います。機能というのは人間の行為なので、「交通」機能とは、ある空間で、人間がひとつの行為をしていることになり、移動するという行為がそれに該当するのだと捉えています。研究会での議論を通じて、文化的機能や創造的機能について

▼**サードプレイス**　自宅（ファーストプレイス）や職場・学校（セカンドプレイス）ではない、一個人としてくつろぐことができる第三の居場所。米国の社会学者レイ・オルデンバーグが、一九八九年に自著The Great Good Placeで提唱した。オルデンバーグはサードプレイスを、都市生活者に出会いや良好な人間関係を提供する重要な場であるとし、その特徴として「無料または安価で利用できる」「飲食が可能」「アクセスがしやすい（徒歩圏内）」「常連が集まる」「快適で居心地がよい」「古い友人と新しい友人の両方に出会える」点を指摘。代表例として、フランスのカフェやイギリスのパブなどを挙げている。日本では、サードプレイスの概念をビジネスコンセプトとして導入するコーヒーショップチェーン、スターバックス コーヒーが一九九六年に出店を開始したことを機に、広く知られるようになった。（出典「コトバンク」）

▼**近代建築国際会議ＣＩＡＭ**　Congrès Internationaux d'Architecture Moderne（フランス語）の略称。工業化と都市化を進める近代社会を背景にして、それに充足する合理的建築を推進させようとした建築家の国際的な連合組織。一九二八年、ギーディオンやル・コルビュジエを中心に、スイスのラ・サラの城館で結成された。「ラ・サラ宣言」において新時代の建築家の役割が確認されたのち、第二次世界大戦を挟んで各都市で一〇回の会議がもたれた。中でも、都市の機能を「住居」「余暇」「労働」「交通」の四つに還元して整理づけた一九三三年第四回会議における「機能的都市」の綱領が知られている。（出典「コトバンク」）

は、アテネ憲章にある四つの機能に加える新たな五つめ六つめの機能ではなく、この四つの機能に新しい機能を付加させるようなことだと考えるに至りました。要するに、四つの機能で組み立てられている空間に、ひとつの空間に二つめ三つめの機能を重ねることなのだと解釈しました。この解釈に基づくと、今まで道路という空間は交通というひとつの機能に対応していたのですが、道路という空間には、実は二つか三つの機能があって、そのうちのひとつが、例えばレクリエーションという機能を終えて人が帰るときに感じる「余韻」というもので、実は交通という機能のためにつくられた空間の中に付加されている二つめか三つめぐらいの機能としてあるのだと、自分の頭の中を整理しました。そういう意味では、「余韻」というものは、今までメジャーではなかった空間の機能を再定義する概念であると思いました。そのためにすごくよい言葉ではないかなと思った次第です。

三浦詩乃　公共空間デザイン分野において「余韻」のある空間づくりが自治体やエリアマネジメント▼のような民間主体の関わりのなかで、すでにある程度できている地域もあると思います。ただし、街路や駅前広場など交通機能を伴う空間において空間の管理者サイドに計画者サイドがその価値を説得できずに実現できなかった事例もあります。この研究会で議論されてきたように、まちの持続可能性や市民の幸福感への影響の面から、「余韻」機能がもつ価値が整理され、管理者の方々にも届いていけば、そうした機能に配慮した空間が増えていくことにつながると思います。私たちの専門領域では、人の意識的あるいは無意識的な空間体験の豊さの観点からまちを捉える、景観学の知見を用います。例えば、歩行のシークエンス▼など、人中心にまちを捉えて、空間デザインに適用する手法があります。そうした手法において、分析や操作の対象は建物のファサードや樹木といった静的な空間要素であることが多いです。しかし、歩行者の安心感や高揚感といった空間体験は、人々の活動状態や移動手段といった刻一刻と移り変わる動的な要素からの影響をとても受けているはずです。この点について十分なモデル化ができていないように思います。多様な視点、切り口を持ち得る言葉であり、一つの明快な定義で表現できていないからこそ、「余韻」は様々な専門分野の方が関心をもてるキーワードになっていると思います。

2 移動の意味再考

吉田 「アテネ憲章」の中にでてくる四つの機能のひとつである移動を、「余韻」との関係性を踏まえてどのように捉えているか、その意味するところを教えてください。

中村 移動は、経済学の分野では派生需要▼(Derived Demand)に該当し、ご飯を食べるために出かけるとか、あの先生の授業が聞きたいから学校に行くとか、そういう本源需要から派生した需要、交通サービスであると考えます。派生需要だから、移動時間というのは短いほうがよい、そして移動コストは安いほうがよい、それに加えて移動負担も楽なほうがよい、そのように定義されています。

今回の研究会を設けたきっかけには、交通サービスの一側面としては、必ずしも派生需要に求められる要件に該当しないところがあるだろうという思いもありました。例えば、約束があってその時間に余裕で間に合うのであれば、急いで行く必要はなくて、わざわざゆっくりと電車に乗って景色を眺めたほうが、沿道からの情報量が

▼**エリアマネジメント** 一定の地域(エリア)における良好な居住環境などの形成・管理を実現していくための地域住民・地権者による様々な自主的取り組みのこと。(出典:「国土交通省エリアマネジメント推進マニュアル」二〇〇八年)

▼**シークエンス** 視点が連続的に移動しながら眺める景観のこと。連続的視点。

▼**派生需要(Derived Demand)** 経済学では、派生需要とは、ある生産要素や中間財に対する需要が、別の中間財や最終財に対する需要の結果として発生するものである。この用語は、一八九〇年にアルフレッド・マーシャルが『経済学原理』の中で初めて紹介した。この考え方は交通需要にも適用することができる。交通機関の利用者は、直接、交通サービスを消費することで利益を得るのではなく、他の場所で他の消費に参加したいという理由で交通サービスを消費することが多い。

多くて、まちが楽しい。「余韻」の話も同じで、例えば楽しいイベントに参加した後、「早く家に帰りたい」と思わなくてもよい人は、早く家族の顔を見たいという気持ちを抑えて、イベントの「余韻」をしっかりと味わってから帰ればよいだろう。そういう発想でいくと、例えばイベントが終わった後にすぐに電車が出る必然性はない。乗った電車もすぐに目的地に着く必然性はない。むしろ二時間ぐらいかけてゆっくりと「余韻」を消化するほうがよいかもしれない。こういうことが、交通モデルの基本の中では一切扱えないんですよね。時間が短いほうがよいという場面もあるし、イベントが終わってさっさと帰りたいときもあるでしょう。しかし、選べるということ、速さや時間価値を含めて、速くない選択肢も選べる、そういうふうにしていかないと、たぶん、持続可能な楽しいまちにはならないのではないかなと思います。

「余韻」のある空間については、従来の考え方でイベント後の空間を計画すると、放っておけば劇場などのイベント施設を配置して、その次に出口周辺の空間量とともに、短時間の膨大な人流を処理できるか、というように、いかに人流を捌くかという観点でトントントンと計画していきますね。しかし、その計画プロセスにおいて、ここに場をつくり、急がない選択肢の人たちが半分くらいいるかもしれないと考えれば、全体計画でも異なった絵が描けていく。そういうことをやろうと思ったら、移動の空間価値に関して、安い速い至上主義からは少なくとも脱却しなければいけない。そういう点が移動を再考するポイントになろうかと思います。

その一方で、派生需要としての移動に関しては、移動のないライフスタイルを好む人とそれは絶対嫌だという人と、両方います。個人差はあるけれども、みんな移動の最中に何らかの気持ちの切り替えはしていると思うんですよね。それが物理的な距離ではない場合もあるし、パブリックとプライベートの切り替えのための移動という側面もある。そういった移動の空間を選べるという点も再考するポイントではないかと思うようになってきています。パブリックとプライベートを切り替える時間としては、ある種バッファーみたいなものをつくっておかなくてはいけなくて、その移動のための空間は快適でなければいけないと思います。

出口 先ほど、三浦先生がシークエンスという言葉を使われましたが、私の専門の都市デザインの分野では、移動をデザインするひとつの方法として、タウンスケープ派であるゴードン・カレン▼が提唱しているシークエンスという考え方があります。まさに起終点ＯＤ（Origin and Destination）の終点に向かっていくルートを楽しんでいくシークエンスをデザインしていくことが都市デザインだという考え方のグループです。そもそも視覚情報とか五感で感じるような感覚を、むしろ移動空間の属性として捉え、それをデザインしていくことを考えようというのがタウンスケープ派の人たちの考え方です。それはひとつの都市デザインの方法論になっています。また、フィリップ・シール（Philip Thiel）という人が、移動空間のシークエンスを記述する記譜法（Notation）で、人が移動するシークエンスを音楽の楽譜のような形で記述し、視覚化、データ化することを考えました。土木計画や都市計画の教科書にもある、古典的な考え方です。移動空間を、ある意味では主観的に捉えて、それを都市デザインの主な対象にしていこうという考え方が、今日のストリートデザインにつながってきていると思います。単なる四つの都市の機能のうちのひとつに該当する空間という考え方ではなく、そこに人間が介在して、人間が主観的に感じるものを客観的に記述して、なおかつ共通するものや共感するものをデザインしていこうということが、二〇世紀の初めぐらいから進んできているのではないでしょうか。この研究では、移動空間を捉え直し、シークエンスの延長上にある「余韻」というものを、心理的なものとして掘り下げて捉えようとしているとも言えると

▼ゴードン・カレン（Thomas Gordon Cullen）（一九一四―九四）　英国の有力な建築家・都市デザイナーであり、タウンスケープ運動の重要な原動力となった人物である。一九六一年に出版されたTownscapeで知られる。その後、Townscape は The Concise Townscapeというタイトルで出版された。都市景観を歩行者の連続的視点、すなわちシークエンスとして捉えている。個々の建築物ではなく、それらが並んだことによって形成される都市景観が、視覚的にどのように認知されるのか、写真とスケッチによって述べている。カレンを代表とするグループをタウンスケープ派としている。

思います。

三浦　シークエンスを取り入れたデザイン事例としては、アメリカで提唱されてきたトランジットモールがあります。人の移動のＯＤが軸線としてはっきりしていて、そこをいかに楽しく歩くか、移動するかということがデザインの主眼です。近年は、移動の間の「滞在」空間も重要視されており、再整備時に街路断面を大幅に見直す事例が増えています。日本では、こうした軸線をつくる海外の空間事例を学びながら、歩行者モール化やトランジットモール化に取り入れてきました。中心市街地活性化の文脈など、現在の空間づくりのニーズは軸線から人の移動を面的に展開することにあります。移動の起点や終点の多様化、つまり、商業施設や広場などの公共空間を布石のように再配置していかねばならないわけですが、日本の都市の形に合わせてこれらを考えていくことが、まだうまくできていないと思います。

3 「余韻」の空間のしつらえとスケール感

吉田　「余韻」の空間を具体化するために、空間のしつらえやスケール感をどういうディテールとして捉えているか、事例を含めながら教えてください。

中村　事例を交えながら、具体的なイメージをしてみたいと思います。例えば、横浜で仕事をしていた時代、開港記念会館というのがあってすごくすてきな建物なんですけど、会議やイベントが終わって玄関を出ると、目の前の歩道が一メートルちょっとしかなくて、勢いよく出ると危ない感じなんですよね。建物がしっかりしていても、その先の歩道がその建物のことを全然考えてくれていない場面というのは、日本中多々あると思います。では、ロンドンはよいかと言うと、個別に見れば怪しいところはあるんだけど、それを補うだけのものがあちこちにあって、気がつくとやっぱり楽しいねとなっていく。総合力的なものがロンドンにはあるなと思います。日本はどうかというと、逆に、バラバラなものをしっかりつくるから、総合的ではなくなっているんじゃないかなという印象があります。それから、ウィーンには、やっぱりまとまった歩行空間があって、それぞれの文化的な施設や劇場が必ず歩行空間に隣接しているので、ネットワーク効果があるように思います。そこに飲食店もあれば、広場のような溜まる場所があったり、座る場所があったり、そういうものがつながっていて、それが空間的な効果としてあるんだろうなと思います。東京の日比谷あたりを歩いていても、地下鉄の駅があって、まちと駅がつながってはいるんですけど、休む場がないんですよね。通路がずっと続いていて、椅子がなくて、改札まで行くしかない。それを避けるためには、どこかで想定されている動線を裏切って違うところに行かなくてはいけなくて、その余裕がないなと思います。それから、沿道と通りの関係について。僕の仮説なんですが、通りの価値というのがきっとあって、その価値を共有することが沿道の財産にもなるという発想があると思います。つまり、通りに対してよいことがあると、それは沿道の含み資産になるから「通りにとってよいことはよい」と考えるか、通りは公のところだから知ったこっちゃなくて「自分のところに影響があるのが嫌だ」と考えるか、この違いは大きいという気がします。昔、ドイツの地区計画を勉強していたときに、ある通りに面している両側の関係者を対象として、その通りをどうしようかという、いわゆる合意形成に関する事例がありました。通りに面したファサードのデザイン、フェンスや通りに面したところのストリートファニチャーも含めて、一体的な議論ができていて、これは通りに属しているという意識が関係者にあるなと感じました。住所表記上も通り名がついているし、いろんな評価においても通りそのものを対象としていました。これに対して、日本はその道路がどうなっているかということと沿道関係者の評価がリンクしているようでしていなくて、本当はリンクしているんだけど、グチャグチャな感じがしていて、そこが明確じゃないことが、通りのデザインの合意形成にも影響しているのではないかと思います。

出口　私は、都市計画のことを勉強し始めてから、いくつかの都市に住んだことがありまして、ウィーンにも半年ほどポスドクで留学していた時代があります。そのとき、毎晩のようにオペラに行ったりコンサートに行ったりしていたんです。半年間に六〇本くらいオペラを見ました。楽友協会ムジークフェライン（Wiener Musikverein）にもよく行って、クラシックのコンサートを聴いたりしました。ウィーンではコンサートチケットがとにかく安いんです。オーストリアって社会主義的な考え方もあって、学生に、安く余ったチケットを開演の直前に売ってくれるんです。そういう意味では、すごく文化的な活動に触れることがしやすいまちなんです。ウィーンの素晴らしさは、そういう文化的な施設に金銭的にも距離的にもアクセスしやすいということです。何と言ってもリングシュトラーセ（Ringstraße）と呼ばれる環状道路の構造の存在が大きいと思います。直径二キロメートルの三〇分で突き抜けられるような環状構造があり、その周囲に文化施設が配置されているわけです。リングは、皇居とほぼ同じくらいの大きさですが、ヨーロッパの城壁で囲まれた都市というのは、内側の城壁はその多くが直径二キロくらいだと思います。その周囲に文化施設がある。ケヴィン・リンチが言うように、構造が明確なので、イメージしやすいですね。リングを基準にして、リングとの位置関係でムジークフェラインはリングに対してここだなとか、文化施設の場所をイメージできます。オペラ座（ウィーン国立歌劇場）もリングに面しています。リング側の正面玄関から、オペラ座の中に入っていけます。私が通ったウィーン工科大学もそのすぐ近くだったので、大学と文化施設とが本当に徒歩圏だったんです。このように、つねにリングを頭に描きながら文化施設の位置をイメージでき、その中を安心して歩けるのでオペラやコンサートの後の余韻を楽しめる。迷い込んでもつねにリンクとの位置関係で自分の位置がわかります。都市構造が非常に明快だというのが、大きいと思います。ウィーンは、モーツァルトなどの天才が二百数十年前にいて、音楽の都になっていったということだと思いますが、私にとってみれば、都市計画的な立場が強いかもしれませんが、リングという都市構造の存在が非常に大きいと思います。

福岡にも一八年間住んでいたのですが、福岡の天神には実は多くの文化施設があります。アクロス福岡にもコンサートホールがありますし、博多座もつくっていて、それから西鉄もホールを経営していて、ホールが多くあります。しかしながら、施設と施設、施設とまちをつなぐ歩行者空間が、余韻を楽しむ感じではないんですよね。南の大牟田に伸びていく南北軸と、唐津と宗像とを結ぶ東西軸の交点にあたるので、福岡のT字型構造と言っています。このT字型構造をウィーンのリングシュトラーセと比べると、福岡のT字型構造は地区スケールでの施設との関係をもちにくく、イメージしにくいのです。昔、福岡にも路面電車が走っていたのですが、環状構造で走っていて、実はウィーンのリングとサイズはほぼ似ていました。だから、路面電車をあのまま維持していたら、すごい都市になっていたのではないかと思います。実際には、地下鉄導入と同時に、路面電車を廃止してしまいました。かつては福岡では路面電車がリング構造を持っていたのではないかと、ウィーンと福岡のリング構造の比較を研究室の卒論で取り組んだこともあります。ただ、残念ながらその構造を残せなかったので、文化施設は結構蓄積があるんですが、施設とまちをつなぐ明解な都市構造となるものがありません。その結果、余韻空間みたいなものをつくりにくくなってしまったのではないかという、そんな仮説をもっています。

三浦　施設と広場のような公共空間が必ず隣接していることも重要です。劇場と隣接することで、劇場の中のコンテンツ、演じるパフォーマーが広場に出てきて、一流のパフォーマンスを見せる。それが、あらゆる人が文化を享受する機会となり、広場で人が育ち、まちに対する愛着も育ち、文化都市としての格を上げていくという、好循環を形成していると思います。ニューヨークでは、周縁部の地価の低廉な工場街のようなところにアーティストが集まり、育っていきました。その一方で、中心部は観光地化された状況でしたが、タイムズスクエアが広場化されてから、周縁部で育ったパフォーマーたちも含まれると思いますが、政治的、社会的なメッセージを発信する場として活用されるようになりました。つまり、タイムズスクエアは、エンターテインメントに限った、広告価値をもつイベントスペース的活用にとどまらず、ニューヨークの特徴である多様な人種、地域、階層の人々の表現の場としても価値を高めました。劇場街という世界の人々が集まるロケーションで地域の人たちに広場が開かれることで、その声が社会に届きやすくなります。

出口　都市計画制度に関連して、文化的機能の集積に関する研究を始めています。まさに文化的創造的機能を都市計画の中にどのように反映させるのかということにつながってくると思います。ニューヨークには、ミッドタウン・ゾーニングの中に、シアター・ディストリクト（劇場地区）というものがあります。劇場地区には、ブロードウェイが含まれていますけれども、まさに劇場が集積していて、特別な容積のインセンティブ制度をもっています。劇場を保存すると、その分の容積を売却できます。移転可能な開発権ＴＤＲ（Transferable Development Rights）のようなことをやっています。東京だと、例えば、石川栄耀が、戦後の戦災復興で、盛り場をつくろうとしました。これは、土地区画整理事業の中で、ひとつのゾーニングをやろうとしたわけで、それで歌舞伎町の基盤をつくりました。このような機能集積の地区が東京に存在し得るのか、実態を調べようとしているところです。例えば、下北沢のような地区には劇場が集積していて、ひとつの文化圏を形成していると思います。ほかにも、例えば、六本木は、駐留した人たちがつくり上げた米軍文化がもとになっていますね。こういった文化地区と呼べるような地区がいくつか形成されていると思いますが、これらの多くは所謂、アングラ文化が集積した地区と言えます。六本木や赤坂では、米軍の駐留地から派生した文化圏ができています。それに対して、最近できた劇場地区として日比谷などがあるのですが、都市再生特区の制度を活用した都市開発施設の中に文化施設がつくられています。スーッと建った超高層の大規模開発の中の四階とか五階に文化施設が入っていて、一階には入っていないのです。高いテナント料を取れるテナントが一階には入っているので、劇場は四階、五階くらいのところに入っています。ということは、文化施設がコアの役割として積極的に位置づけられている感じにはなっているようには思えず、これをどう評価するかということになりますね。こういった文化施設をどう育てていくかが、この研究会の今後のテーマの中にあると思っています。一方、デベロッパーの人たちは、飲食とオフィスとホテルだけではリピーターを呼びにくいということに気づいています。その地域の価値を維持するためには、文化的な機能が非常に重要だということも経験則でわかっています。そうした観点から、地域の価値を高めるために積極的に文化施設を入れようとしています。ただ、こういった取り組みを文化的創造的機能という観点からどう評価してよいのかがまだわからないのだと思います。

中村　創造的機能、イノベーションに関して付け加えたいことがあります。本来、都市にはいろんな人が集まって、いつも違う出会いがあって、交流があって、だからこそ面白いということであり、たぶん東京も、もともとそういうところだったはずです。ところが、ひとつには、各施設がバラバラになっていて、うまくつながっていないと思います。時間も機能も切り分けられていて、目的地にピンポイント的に行くような活動の仕方をみんながするようになってきています。その結果として、都市での出会いがなくなってはいないでしょうか。ひと昔前だったら、例えば劇場に行く、野球場に行くにしても、同好の士との出会いがありました。それが、現在では、なかなかそういう出会いがなくなってしまっています。情報技術、空間設計や交通システムも、出会いのない方向に助長しているというか、あまり意識していないというか、そんな気がしています。「余韻」や「わくわく」について取り上げてきたのも、そうじゃない方向にもって行くための仕掛けをつくるチャンスではないかということも意図していました。例えば、昔の渋谷は、いろんな人に出会えていたのですが、今の渋谷はちょっと違う感じがして、そのあたりも気になっています。いろんな偶発的な出会いやセレンディピティ（Serendipity）は、東京の規模だからあったんだろうとは思いますが。

出口　渋谷が昔と違う背景としては、やはりデベロッパーが競争しなくなったことが大きいと思います。もともとは、東急と西武との競争の中で、新しいパルコがつくられましたね。今は、一極集中の状態の中で超高層開発が進められていて、まったく別の次元に入ったという感じですね。

4　文化的機能を支える仕掛け

吉田　これまでのお話から、既存の移動空間と文化施設とがうまく接続できていないところに大きな課題があることがわかってきましたが、この課題を解決していくための仕掛けについて教えてください。

中村　これまでの公共交通は、通勤通学目的の需要を対象としていましたが、コロナ禍に見舞われてから、今まで と同じような考え方ではなく、新たな需要について考えなければいけない局面にあります。具体的には、通勤通学ではない需要をどう引き出すかということが、運輸事業者側に必要になってきます。まちに皆が出かけなくなっている状態をなんとかするためには、いろんなお出かけの仕方を提案することが必要で、それは市民の健康保持のためにも有効です。そうなってきたときに、もちろんストリートでの場の話になりがちですが、都市交通計画の立場からすると、そこにやって来るための公共交通は必要です。ということは、出だしは何らかの補助制度が必要でしょうけど、通勤通学じゃないお出かけを応援する仕掛けというのを、あの手この手でやっていく必要があります。それは、コンサートに行くとか、相撲を見るとか、通勤交通とセットで考えていかなくてはいけません。例えば、ウィーンでは、午後三時以降に公共交通を乗り放題にしています。運輸事業者は、新しいことはなかなかやらないのですが、ちょっとした仕掛けを入れておくと、新たなお出かけ需要を誘発できると思います。それに合わせて、大入りのイベントのときには深夜の運行便を増発するなど、人々のお出かけのイメージをデザインし、それに合わせた運賃とか運行サービスを実験的につくっていく、そういうことを具体的にやっていかないといけません。出口先生のウィーンのリングの話を聞いて思うのは、福岡には天神と博多を結ぶ循環バス路線がありますが、一般道路上のバスはどんなに頑張っても都市構造の構成要素にはなりにくいということです。福岡には、もう二〇年ぐらい前から一〇〇円循環バスがありますが、あれがあれば迷子にならずに済むかといえば、そうではなく、やはり地上の軌道の存在感がすごく大きいと思います。コミュニティバスみたいに、バス停の間隔を短くして存在感を出す工夫をあちこちにできれば別ですが、通常はだいたい街路の中に存在感が埋もれてしまいますね。もちろん、公共交通を使ってもらうきっかけづくりとしては、バスはすごくよい道具であることには間違いないのですが。

最後に、いろんな意味を込めて、情報提供について。例えば大阪の梅田芸術劇場に行くときに、どの駅のどこから行けば近いかは誰も教えてくれません。阪急大阪梅田駅のメイン改札の反対側の階段から下りて行くと近いということは、一生懸命地図を見ればようやくわかるんですが。劇場イベントに合わせて、その周りの移動の仕方、ついでにそこのレストランの場所や道の歩きやすさとか、そういうものがセットで情報になるというのがまだまだ弱いですね。今の時代、本来の我々の技術があれば、こういった課題は解決できるはずなんです。文化的なものに触れる人たちを公共交通が牽引する仕掛けを総力戦でやるということは、まだまだやりようがあると思います。

写真5–1　ムーバス（コミュニティバス。東京都武蔵野市）

出口　先ほど申し上げましたように、私も半年だけウィーンで暮らしていたとき、文化施設を毎晩楽しむ生活を送っていたんですが、なぜこのような生活を送ることができたのかを考えると、私には二つの仕組みがあると思います。ひとつはアフォーダブル（Affordable）です。アフォーダブルには二つの意味があって、ひとつは、立ち見ですけど、学生が五〇〇円でオペラを観ることができます。ウィーンのオペラは、一九九〇年当時二〜三万円もするチケットはそうないのですが、せいぜい高くても一万円くらいです。でも一万円の席と五〇〇円の席があるわけですね。要するに、観る側にとって非常にアフォーダブル、手頃なのです。ジーパンとTシャツでオペラを立ち見で観たりする学生がいる一方で、きちんと毛皮のコートを着て休憩時間にはワインを飲んでいるような貴婦人の方々がいて、劇場の中がある意味多様で、非常にアフォーダブルなんです。僕はこのような状態を実現できていることが非常に重要だと思います。もうひとつの意味のアフォーダブルは、劇場が夜遅くまで営業していて、そこで働く清掃作業員や劇場関係者の人たちが帰宅できるようになっていることです。恐らく、リングの周りに、アフォーダブル住宅がきちんと存在しているのだと思います。低中所得者の人たちが住めるアフォーダブルな住宅が周囲にあるから、自転車や徒歩、あるいはもしかしたら夜遅い時間帯の公共交通なのかもしれませんけど、そうした手段で劇場にアクセスでき、それによって、夜のエンターテイメントが支えられているのだと思いますね。つまり、アフォーダブルという考え方が、夜遅くまで楽しめる文化機能を支えているのだと思います。

それからもうひとつは「モビリティ▼」ですね。これもいろんな意味がありますが、私がウィーンにいてすごく感心したことがありました。オペラ「カルメン」を観劇しようとしたときです。これはホセ・カレーラスというテノール歌手とアグネス・バルツァというソプラノ歌手が演じる世界一のカルメンなのですが、このチケットを徹夜して並んで取れたことがありました。ところが、ホセが開演の日の直前になって風邪で出演できなくなり、「ホセが風邪をひいて出なくなった」との掲示がウィーンのオペラ座に貼り出されました。そうすると、キャンセルがバーッと出たりするんですが、休演にはせずに、代理のオペラ歌手がイタリアから飛んで来て一時間遅れでやるというのです。ヨーロッパは、ネットワークでつながっているわけで、そういう意味では、なにかあったときにはすぐに他の地域から移動してくることができます。ホセが出ないからキャンセルはいっぱい出たのですが、その代理で来た歌手が素晴らしいパフォーマンスを発揮したので、もう、ブラボーの嵐でした。その歌手にしてみたら、ある意味すごいチャンスだったわけです。出演者の代替ネットワークとともにヨーロッパのモビリティが文化機能を途切れさせない仕掛けのひとつになっているなと感じました。ちょっと極端な例を挙げましたが、お客さんのモビリティと演じる人たちのモビリティが、ヨーロッパは発達していて、文化的機能を支えているんだなと思いました。オペラ文化というものをヨーロッパ全体で支えていて、その機能をそう簡単に止めることがないようにできています。

それを支えているモビリティがあるからです。日本で同じことが起きたら、代理の歌手を呼んで来るというのはたぶん無理だと思うので、その点はちょっと厳しいですね。だけどやはり、日本に根付いている音楽や演劇の文化にしても、そういうネットワークとモビリティみたいなものが支えていかなくてはいけないんだろうなと思いました。

三浦　文化的機能を支える仕組みとして、ユネスコの創造都市クリエイティブ・シティズ▼で紹介されている内容が参考になりますが、日本では、文化的機能と移動空間との連係がうまくいっていません。ヨーロッパの創造都市では、拠点をどうつなげるか、公共空間・移動空間の再生を一緒にやっていく話が多いのですが、日本ではアーティスト人口の増加や育成を支援している段階であり、市民とつなげる場所の取り組みはこれからのようです。

▼**モビリティ**　移動を意味する英語（Mobility）である。一人ひとりの意識や行動を十分に踏まえるところから、交通の問題を考えていくことを基本とするもので、関連して、「一人ひとりの行動や意識の問題をはっきりと考えながら、交通政策を展開していこう」とする一連の実務的取り組みをモビリティ・マネジメント（Mobility Management：MM）としている。

（出典：https://www.mlit.go.jp/sogoseisaku/MobilityManagement/mm.pdf）

▼**クリエイティブ・シティズ**　ユネスコ・クリエイティブ・シティズ・ネットワーク（UCCN）は、創造性を持続可能な都市開発のための戦略的要素として認識している都市間の協力を促進するために、二〇〇四年に設立された組織。二〇二一年現在、二四六都市が加盟しており、創造性や文化産業を地域の開発計画の中心に据え、国際的にも積極的に協力するという共通の目的を持って活動している。

（出典：https://en.unesco.org/creative-cities/home）

横浜では、七〇年代から保全・創出してきた歴史的建造物や公園を活用しながら横浜トリエンナーレ▼を開催しており、こうした方向性でやれることはありそうだなと思っています。他方で、トリエンナーレは三年に一回という形でまちを使います。日常的にアーティストたちの活動にアクセスしやすいかと言われるとまだ課題もあります。そこで思い返すのは現在は廃止された表参道や原宿の歩行者天国です。地域の交通や治安面の問題緩和のために導入されていたものですが、わざわざ遠くから居場所、交流を求めて若者たちがやってきて、地元のファッションや音楽シーンも盛り上がりました。毎週末そこに行けば、目当ての人に会えるという状態でした。たとえ毎日じゃなくても、ある時間帯、週末とか、定期的にこうした場所が創出されることが、パフォーマーと市民の接点を強化するのではないでしょうか。都市の特定の空間において、交通機能を下げてでもこうした使い方を優先し、構造や運用方針を転換できるか、という議論が求められます。

5 交通システムのリデザイン——公共交通に関わる空間の意味再考

吉田　移動空間と文化施設との接続を解決していくための仕掛けについて、具体的にアイデアをだして頂きましたが、それを実現するためには、各専門分野における「余韻」空間の定義や位置づけを変えていかなければいけない部分もあろうかと思います。その考え方を教えてください。

中村　短期的にやっていくべきところと、長期的にやっていくべきところを少し分けて考えていきたいと思います。まず、文化的施設を使ってもらって、演劇なり博物館なりを楽しんでもらう流れをつくっていくということで、そうなると公共交通の運賃政策や運行頻度の変更がまず最初にやるべきことになります。次にできることは、入れ替えには時間はかかりますが、車両デザインです。ウィーンのリングシュトラーセを走っているトラムは、日本の乗り物に比べると、椅子が多いんです。それから、車両については時間がかかるから、すぐに取りかかれるのは駅、停留所です。電停やバス停、あるいは駅の周りです。駅に関しても、鉄道事業者が管理しているエリアはよいのですが、そこから一歩外に出ると路頭に迷うような状況はなんとかしなくてはいけません。そのときに行政が間に入って、ここをつなげることが双方にプラスなんだよ、という理屈を提示することが重要です。場合によっては社会実験を組み込み、空間をつなげるとこんな効果が出るということを目に見える形にして、駅、電停、停留所、その周辺の歩行空間を対象に少しずつやっていく必要があります。前述の梅田芸術劇場には続きがあって、劇場からの帰り、大阪メトロ御堂筋線梅田駅までの徒歩移動では、結構つらかったです。劇場に対して歩道空間の容量が全然合っていないのですね。歩行者が多い時間帯には、道路空間を歩行者専用にしたってよいわけです。こういった事例からもわかるように、短期的には、駅の周りに歩行空間を用意することが第一歩であることを強調しておきます。また、余裕のある空間であれば、ちょっとした屋台があってもよいでしょう。イベント後の余韻を楽しく味わえ、そこで少し気持ちを切り替えてから電車に乗って帰る、そういった仕掛けは、社会実験的なものも含めて割とすぐにできるのではないでしょうか。都市活動と道路空間再配分をセットでやる、公共交通につなげるための道路空間の違う使い方を見せてみる、こういった取り組みが必要です。東京やほかの都市でも、道路空間再配分の実証実験を山ほどやっているのですが、実験と都市活動が割と独立した形で進めら

▼**横浜トリエンナーレ**　横浜市で三年に一度開催する現代アートの国際展。これまで、国際的に活躍するアーティストの作品を展示するほか、新進のアーティストも広く紹介し、世界最新の現代アートの動向を提示。第一回（二〇〇一年）から第三回（二〇〇八年）までは独立行政法人国際交流基金が主催団体のひとつとして事務局機能を担い、第四回（二〇一一年）以降、運営の主体を横浜市に移した後も、文化庁の支援を受けたナショナルプロジェクトとして、そして文化芸術創造都市・横浜を象徴するプロジェクトとして開催を重ねている。

（出典：https://www.yokohamatriennale.jp）

写真5–2　姫路駅駅前広場（兵庫県）

れています。イベントと社会実験をつなげる感じはしませんし、バス停や電停、あるいは地下鉄の入り口とつなげる感じもあまりありません。そういうことをやっていくことが第一歩じゃないかなということを、さらに付け加えておきたいと思います。

　駅周辺の空間に関して、駅前広場という言葉がありますが、国鉄時代からの駅には広場があって、それ以外の民鉄には広場はなくて、市営地下鉄にはいくつかの例外を除くと広場的空間はほとんどありません。例外としては、ある種のプロジェクトにあわせてできた駅前広場が一つ、二つと、それ以外としては、区画整理事業と再開発事業のタイミングに合わせて、交通施設を入れ込んだ事例があります。前者の場合にはある程度は駅前広場っぽい空間ができますが、後者の場合にはバスなりタクシーなり自家用車の乗降施設ができます。ただし、どちらの場合も、欧州にあるような広場とは全く違うのです。日本の駅前広場は、駅前に道路ではない空間があって、そこに何だか車両がウヨウヨしていて、ちょっとまとまった歩道はあるけれど、という感じでしょうか。駅前広場を欧州のように広場っぽくつくるということはなかなかできないのですね。東京に行くと、丸の内側が結構よくなったんですけど、あれで結構、立派なほうですよね。細かい制度上の違いはわからないのですが、欧州ではそういう広場的空間を確保することは、日本に比べてやりやすいのでしょうか。日本だと、まず道路空間をつくったら渋滞対策のための走行空間の確保が始まりますから、広場的空間の確保は優先順位は低いと思います。なぜなら、公共事業の費用便益評価において、歩行空間をいくら増やしても、計算上の便益が上がらないからです。だから、こういった空間がなかなかオーソライズされない、ということもあると思います。そもそも駅前広場に関しては歴史的な制度があるのですが、広場的空間に対しては計画制度や財源がないのはすごくおかしいことだと思っています。駅前広場をつくり直す制度として、区画整理などがありますが、広場らしくするためにどんな絵を描くかという絵心が足りない気がします。設計者は、広場を含むよりよい絵をどんどん提案していくべきだと思います。

出口　私のほうからは二つあって、中村先生のお話を引き継ぐような形になりますが、まずひとつ目は、文化的な施設というのは広場とセットだということです。ヨーロッパの場合、文化施設の建築自体が象徴的ですが、象徴的な建築物というのは基本的に都市デザイン上の手法として孤立化させることが多いのです。建築物の周りにできるだけオープンスペースのボイド空間を取り、孤立化させることによって、建築物をシンボル化させるのです。これは、都市デザインの常套手段です。ですから、象徴的な建築物は必ず広場とセットになっているわけですね。これはオースマン▼が一九世紀のパリ改造で取った手法もそうですし、多くの都市デザインにおいて文化施設は道路から引きを取って広場とセットにします。劇場の場合を考えると、演劇を見終わって、最初に広場に出るわけです。そこで、劇場を背にして記念写真を撮ったりしますが、それが一つの余韻空間の典型的なタイプだと思います。この手法は、恐らく鉄道駅にも当てはまる話だと思います。それともう一つ、水上交通です。アムステルダムの劇場もそうですし、シドニーのオペラハウスもまさにそうですが、ウォーターフロントなのです。広々とした広場が十分に取れなくとも、ウォーターフロントと文化施設を組み合わせることによって、魅力的な景観をつくり出す効果があると思っています。大阪の中之島はまさにそうですが、舟運と結び付くとすごい演出

▼**ジョルジュ・オスマン**（Georges-Eugène Haussmann）　一九世紀フランスの政治家。一八五三年から一八七〇年までセーヌ県知事の地位にあり、その在任中に皇帝ナポレオン三世とともにパリ市街の改造計画（パリ改造やパリの行政区再編）を推進した。この都市改造はフランスの近代化に大きく貢献し、現在のパリ市街の原型ともなっている。
（出典：https://en.wikipedia.org/wiki/Georges-Eugène_Haussmann）

ができそうな気がしています。東京では、日本橋がこれから再開発され文化機能も入ると思いますが、やはり舟運とセットにしてほしいなと思います。劇場で文化的なパフォーマンスを見て、舟に乗って帰るというすごい演出、すごい体験ができると思います。米国やヨーロッパに旅行したときも、舟に乗るのはやはり独特の体験ですよね。日常的に、文化施設の帰りに舟に乗って、ちょっと遠回りかもしれませんがどこかの駅に着いて、そこからまた帰っていくというようなことが、東京のインフラだったらできるのではないでしょうか。ぜひそういう構想を描いていただきたいと思います。

三浦　地方都市では、夜にしか人がまちに出てこないような状況もみられるので、自治体が昼にも活動拠点となるような施設のあり方を考えるべきです。民間が牽引する場合、商業的に儲けていけるようなコンテンツや立地になっていきます。研究会の議論では東京では、民設の劇場が鉄道駅に比較的近く、一般来街者を惹きつけやすい立地にあることがわかりました。公立施設、民設劇場ともに、ちょうど更新の時期を迎えています。例えば東京では二〇一六年に、オリンピックに合わせて急いで更新に踏み切ったところも多く、劇場が足りないという状況になっていました。施設を更新しなければならないターニングポイントで、先ほど出口先生がおっしゃっていた広場とセットにするというデザイン規範があればと思います。その場合、公益性と収益性のバランスの取り方など公共と民間の文化施設運営のあり方を整理して、それを実現する空間デザインへと更新をプッシュしていく戦略があるとよいのではないでしょうか。現在、東京都には、ヘブンアーティスト制度、つまり大道芸人を審査、認定していく制度はあります。ただし、大規模施設敷地や公園内などが多く、通行などの邪魔にならないことが条件として優先されている印象です。海外では、駅の構内でもアーティストの活動が認められていて、その扱いが違います。こういった既存制度の制約条件を改善していけば、まちでさらに活動が知られ、アーティスト同士も研鑽できます。管理者の問題になると思いますが、エリアマネジメントの関係者が調整に関わることで、よりよい場所でのアーティストの活動を担保できる可能性もあるのではないかと思います。

6　全体をつなげるための概念再構成へ

吉田　これまでのお話から、交通空間の中に足りない要素をどのように取り込み、空間として全体をつなげていくには、どのように概念を再構成する必要があるのか教えてください。

中村　個別の駅前広場に関しては、計画論自体をつくり直そうと意気込んでいます。もう一つは、これも大胆なのですが、公共交通の定義自体をつくり直すことも必要だと考えています。ＭａＳ（モビリティアズアサービス）の議論が、公共交通とは何なのかということを捉え直すきっかけにもなりました。今の日本では、運輸事業と公共交通が同義語になっていますが、公共というのはパブリックライドのパブリックであって、誰でも乗れるということです。その意味では、例えば、貸切バス▼は、誰でも乗れるわけではないので公共交通ではありません。その公共性の定義に関しては、国際公共交通連合ＵＩＴＰ（The International Association of Public Transport）からも新しい考え方が出ました。どれだけ気軽に乗れるかという縦軸と、どれぐらいの容量があるかという横軸で移動手段をプロットすると、自家用車というのは容量も小さいし自分しか乗れない、自転車もそれに近いカテゴリーになります。その一方で、シェアサイクル▼になると公共性が上がります。今の日本では、シェアサイクルは運輸サービスには該当しないことになります。そういった概念を変えながら、さらに水上交通の特徴もしっかりと位置付けていけば、交通サービスの多様な楽しみ方を含んだ選択ができる方向になるのではないでしょうか。都市交通

▼**貸切バス**　他人の需要に応じ、有償で、自動車を使用して旅客を運送する事業のうち、一個の契約により国土交通省令で定める乗車定員以上の自動車を貸し切って旅客を運送するバスのことで、正式には「一般貸切旅客自動車運送事業」という。
（出典：https://wwwtb.mlit.go.jp/chubu/gifu/yusou/bus/kashikiri.htm）

に関しても、つねにマルチモーダル▼な、すなわち人々が、自家用車以外にも多様な交通手段の選択肢をもち得る、選択性のある交通体系をつくりあげていくことが重要だと思っているのですが、交通手段を選べるようにしていくためには、それぞれの乗り物が法制度上は何で、この定義上ではこういう位置付けになるなど、我々も再整理していかなくてはいけません。曖昧性を排除して「公共交通」を再定義する一つのイメージとしては、文化的な施設とうまく連動できる、気軽に乗れて「余韻」を楽しむことができる、そういう整理も必要になることを付け加えておきたいと思います。

出口　公共交通の見直しは是非行っていただきたいと思いますが、都市デザインの分野でも、公共空間の見直しというのが進んでいます。パブリックスペースとはいったい何だろうということです。パブリックと言われると行政が管理するものが公共空間だという意識がずっとありましたが、今は民間が所有している空間の中にも、パブリック性を帯びているものが多くなってきていて、パブリックとプライベートの境目がなくなってきているところもあります。そういった領域を再定義することによって、都市の価値が高まっていくのではないかと思います。

ちょっと余談にはなりますが、米国では高速道路がフリーウェイと呼ばれていて無料です。米国人の知人に言わせると、「移動する権利がある」と言うんですよね。その観点で考えると、「公共交通」を移動する権利を保障するものという意味で捉えることができます。日本では、マス交通が公共交通だと思われているようですが、「大量かどうか」、「お金を取るか取らないか」、「役割としての公共性」が混同されているような気がします。

三浦　日本では空間づくりを行ったとしても、パフォーマーが演じた際に、公共空間ならば「無料」というようなイメージもあって、十分な対価を渡せているか疑問が残ります。パフォーマーが食べていけない状態になり得るし、劇場内のパフォーマーが外に出ていくモチベーションがないということになります。エリアマネジメントの仕組みによって、パフォーマーのモチベーションにつながる小さな経済圏をつくるように、できることがあるかもしれません。エリアマネジメント関係者と、パフォーマーとがコミュニケーションを取る機会がないと、こうした課題にはなかなか気が付かないので、顔を合わせる場づくりがまず必要なのではないでしょうか。

出口　エリアマネジメントは、限定されたエリアで価値を捉えているので、パフォーマーが活躍できる空間の運営についても限界があると思います。一方、お話をしてきたウィーンの話に戻りますと、大きな経済発展については一九世紀の世紀末にほとんど完了していると言えると思います。ウィーンに住んでいるときに思ったのですが、日本人は毎年給料が上がるのが当たり前だと思っていますが、彼らの給料は必ずしも毎年上がりませんし、多くの人は五時までしか働きません。だけど、五時に家に帰ってからまた着替えてオペラ座に行ったりするわけです。要するに一日を二サイクルで楽しむようなライフスタイルが定着していて、文化施設が生活の一部になっていて、非常にクオリティの高い文化を毎日享受しています。そこで培われたものがメディア化され、世界市場に売られ、外貨をかせぐドル箱になっているわけです。彼らの給料は上がらないのに非常に豊かな生活ができているのは、余暇時間でつくり上げられている文化が、結果的に外貨を稼いでいるからです。そういう非常に大きなエコシステムができているわけです。だから見た目上、額面上は給料が増えていないのですが、すごく豊かな生活がそこにあり、その生活が文化という産業を生み出しているのだと思います。さらに言うと、そこに文化施設に関わる学校があります。オペラ歌手や音楽家を育てる学校ですね。そこが人材育成の場にもなっていて、有名な歌手を世界中に輩出しているわけです。一つの人材育成の循環ができ上がっているわけですね。文化都市と

▼**シェアサイクル**　相互利用可能な複数のサイクルポートが設置された、面的な都市交通に供されるシステム。（国土交通省都市局による地方公共団体に対する調査における定義）
（出典：https://www.mlit.go.jp/road/ir/ir-council/sharecycle/pdf01/03.pdf）

▼**マルチモーダル交通体系**　語源的には、多様な手段の選択可能性を示すもの。類似用語として各交通機関の連携性を示すインターモーダルがある。
（出典：新谷洋二、原田昇編著『都市交通計画第三版』技報堂出版、二〇一七年）

して、こうした人材教育のメカニズムの存在も大きいと思います。日本人はどうしても短期で採算を取ったりするようなことを考えがちなのですが、ヨーロッパではそういう大きなメカニズムを経済の成長期を過ぎてからも接続するものとしてつくり上げてきました。日本人もそういう視点をもたないといけないのではないかと思います。

中村　あえてもうひとつ言うならば、いろんな仕掛けを考える上で、単年度会計ではまずいし、表面的なお金の回り方だけを見るのもまずいと思います。その変える仕掛けというのは、動機付けを組み込んでいくこと、こういうことを動かすとこういうふうにお金が動きますよ、という経営的な話です。例えば富山の森雅志前市長が、中心市街地に人を集めてテナント料が上がれば、固定資産税収入が増える。収入が増えるんだったら前倒しで路面電車に市のお金を使って何が悪いんだと答弁したことがあるそうです。他にも、東京・武蔵野市の市長が、高齢者が外出して元気になって医療費が浮くんだったら、コミュニティバスへの投資は低コストで効果の高いものだと言ったそうです。そういう大枠でのお金の回し方、その中で大枠としてお金をこうやって回す、という場面で、民間の方々が頑張ってくれればよいのですが、行政がもう少し主導的になれるとよいと思います。確かに意識も変わらなければならないけれど、それぞれの自治体の中でこうやって都市経営的にやっていくんだという判断をしていくことが、ニューローカルな都市の公共交通の要件になると思います。

6章 ケーススタディ
——富山市中心部

6章では、交通まちづくりの先進地域として多く取り上げられる富山市中心部をケーススタディとしてとりあげる。富山市は、LRT、文化施設などのハードの整備は進んでいるものの、文化的創造的活動の展開を考えた場合、十分な文化的創造的活動が進められているとは言いがたい。富山市中心部で文化的創造的活動を促進するための提案を通じて、文化的創造的活動を支えるまちづくりのあり方を考察する。

猪井博登

1 富山市の概要――公共交通整備と中心市街地整備に努力する地方都市

人口減少やモータリゼーションによる生活の変化により中心市街地の衰退が多くの地方都市で課題となっている。中心市街地の衰退は同時に市街地の拡散を引き起こし、拡散した市街地は、維持コストの増大を引き起こす。そのため、中心市街地の活性化は地方都市にとって解決すべき重要な課題である。加えて、魅力的な中心市街地を維持することは、地方自治財政上も重要な課題である。富山市の前市長である森雅志氏は、富山市の中心市街地は、面積の〇・四%であるにもかかわらず、市税の約四七・一%(二〇一八年度)を占める固定資産税・都市計画税のうち約二二・四%(二〇一八年度)が中心市街地から収められることを指摘し、健全な中心市街地を有することが地方都市の経営において、重要であると指摘している。

そのため、富山市では、中心市街地の活性化に力を入れており、公共交通や施設の整備などのハード整備にとどまらず、まちなか居住に対する家賃補助制度のほか、ソフト面の整備が積極的に取り組まれた。これらの不断の努力により、中心市街地活性化の優良事例として取り上げられることも多く、二〇一八年度には「コンパクトシティ戦略による持続可能な付加価値創造都市の実現」としてＳＤＧｓ未来都市に選定されている。また、富山市の総人口は高齢化に伴う自然減により減少しているが、転入者が転出者を上回る転入超過となっているなど、効果も見える形となっている。このように中心市街地活性化や公共交通整備において、富山市は優良事例であるといえ、富山市で行われている公共交通の取り組みや中心市街地活性化の取り組みを説明する書籍も多く発刊されている。本章では、すでに行われている公共交通や中心市街地の取り組みの説明は最低限にとどめ、都市の文化的創造的機能を支える公共交通の役割という視点での富山市の取り組みの解釈と、その機能を加速する取り組みの提案を主眼に記述する。

以降では、中心市街地と述べる場合、富山市がまちなか住宅家賃助成事業などの対象として定義するまちなかの範囲を意図する。具体的な範囲は、図6－1に示した。

2 富山市中心部で文化に接することができる資源

富山市の人口は二〇二一年八月末で、住民基本台帳人口および外国人登録人口は四一万二一五五人である。国土交通省国土政策局はサービス施設の立地を維持する確率が五〇％および八〇％となる自治体の人口規模を検討している。三大都市圏を除くと、映画館は、八万七五〇〇人で維持する確率が五〇％となり、一七万五〇〇〇人で八〇％となる。博物館、美術館は同様に、五万七五〇〇人で五〇％、八万七五〇〇人で八〇％となる。このように、富山市程度の人口規模になると、ある一定の文化施設を維持する人

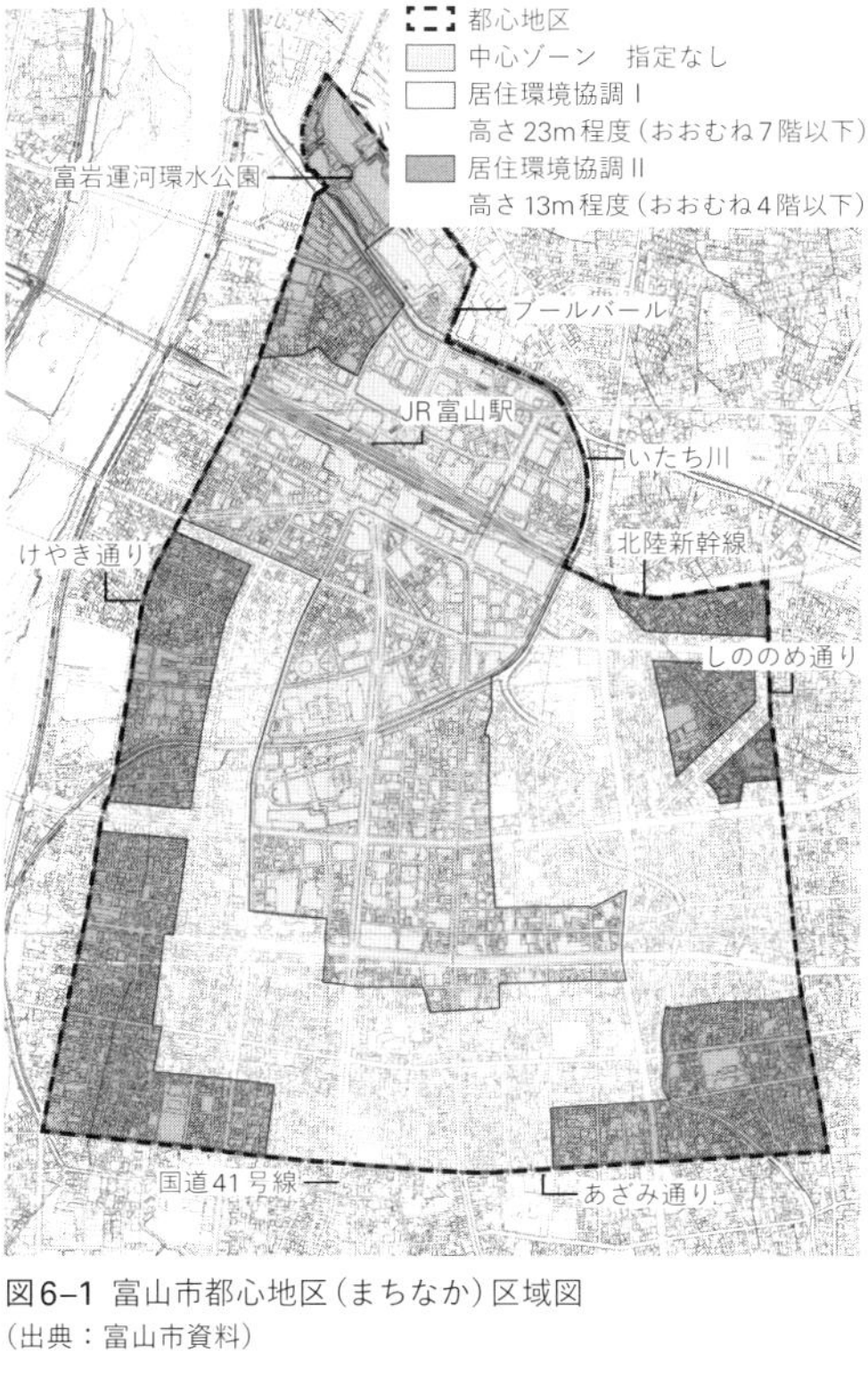

図6–1 富山市都心地区（まちなか）区域図
（出典：富山市資料）

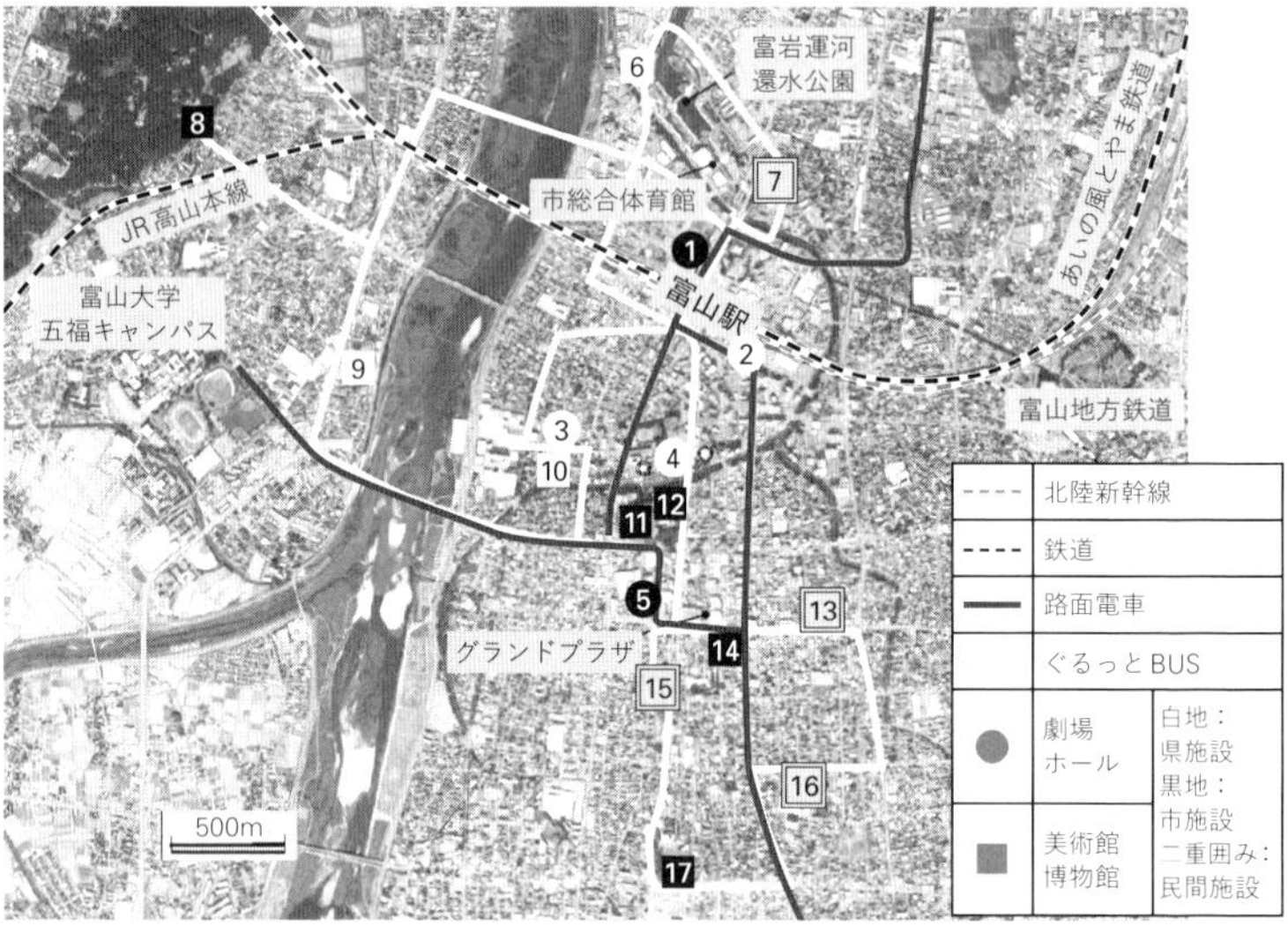

図6–2 富山市中心部の文化施設と公共交通
（出典：富山市資料）

口規模があることがわかる。実際に、図6－2、表6－1に示すように、富山市中心市街地周辺に公営、民営を含めた劇場、ホール、美術館が立地する。また、表中に示されない小規模な寄席や映画館もある。このような施設の種類・数から、文化的な資源の集積を見ることができ、県庁所在地らしく文化と接することができる環境があることがわかる。

これらの富山市の中心市街地の文化施設の集積について考える。中でも、文化施設の一種である劇場を取り上げる。建築研究所中野卓研究員、東京大学出口敦教授、同三浦詩乃特任助教は、劇場について、ドロネー三角網を構築し、劇場間の隣接関係から隣接距離六〇〇メートル以内に劇場が三以上集積した地区を「劇場集積地区」と定義した。この定義によると、全国では、三一か所の劇場集積地区が見られ、具体的な劇場集積地区を表6－2に示した。太平洋ベルト地帯には多く劇場集積地区が分布するものの、それ以外の地方都市部においては、劇場集積地区は少ない。そのような意味では、富山市には、地方都市では珍しい劇場集積地区が見られることがわかる。このように富山市は地方都市としてはある一定規模

表6–1 富山市中心市街地の文化施設

	番号	館名	特長
劇場・ホール	1	富山市芸術文化ホール	国内でも有数の可動式三面半舞台を有する劇場。座席数2196席
	2	県民小劇場オルビス	出演者と観客との一体感を育む小劇場。座席数200席
	3	富山県教育文化会館	ホール（621席）、集会場、会議室
	4	富山県民会館	ホール（1125席）、会議室、ギャラリー
	5	市民プラザホール	音楽ホール（283席）
美術館・博物館	6	富山県美術館	世界の近現代アートなどを多数展示するアートとデザインをつなぐ美術館
	7	樂翠亭美術館	和の空間で工芸や絵画、現代美術を鑑賞できる
	8	民俗民芸村	民芸、美術、売薬、民俗、考古を展示、紹介する博物館施設群
	9	富山県水墨美術館	日本の近代以降の水墨画を中心に紹介する美術館
	10	高志の国文学館	富山県ゆかりの作家や作品を気軽に楽しむことができる
	11	郷土博物館	戦国時代の築城から現在にいたるまで、400年以上におよぶ富山城の歴史を紹介
	12	佐藤記念美術館	砺波市出身の実業家故佐藤助九郎が収集した作品が中心、主に東洋の古美術を展示
	13	ギャルリ・ミレー	ジャン・フランソワ・ミレーの作品をはじめ、世界の巨匠の作品を展示
	14	富山市ガラス美術館	現代ガラス美術を中心に、国内外の作品を展示
	15	秋水美術館	全国でも珍しい刀剣の美術館
	16	広貫堂資料館	古文書や当時の薬売りが使った珍しい品々、薬のパッケージなどを保存、展示
	17	科学博物館	恐竜の足跡化石や動く恐竜模型等の展示のほか、デジタルプラネタリウムを有する

の文化に接することができる資源を有していることがわかった。

3 公共交通の整備と中心市街地活性化の取り組みが及ぼした効果への考察

1 ライトレールの整備による効果

おもな整備としては、ＪＲ富山港線をＬＲＴ（Light Rail Transit）化した富山ライトレールが二〇〇六年四月二九日に開業した。ＬＲＶ（Light Rail Vehicle）を導入しただけではなく、増発を行っており、運行間隔をラッシュ時でも約三〇分間隔であったものを一〇分間隔に短縮し、その他時間帯は六〇分間隔だったものを一五分から三〇分間隔に改善している。また、二〇一九年一月二〇日には富山駅の高架化に伴い、富山駅北方に路線を広げる富山港線と、同南部に路線を広げる富山地方鉄道富山軌道線が接続された（南北接続と呼ばれている）。一方、富山地方鉄道富山軌道線においても、二〇〇九年一二月二三日に丸の内停留所から中町（西町北）停留所までの富山都心線区間を新設し、既存の軌道線と合わせて、富山駅～丸の内～グランドプラザ前～荒町～富山駅の環状運転を行うようになった。富山港線と同様にＬＲＶを導入し、利用者の利便を図った。

このほかにも、ＩＣカードを導入し、割引を行っている（二〇二一年現在、現金支払いの場合、大人運賃二一〇円に対して、ＩＣカード利用は一八〇円で乗車できる）。割引は各回の利用割引のほか、軌道系の交通を一日四回以上利用すると三回以上の利用が無料となる「オート1dayサービス」が導入されている。二〇一一年よりバス路線で、二〇一二年には富山地方鉄道の鉄道線で利用可能となり、ＩＣカードであいの風とやま鉄道・ＪＲ以外の鉄道、バスの支払いが行えるようになった。なお、富山地方鉄道軌道線では、二〇二一年一〇月より全国一〇カードが使用可能である。

表6–2 全国の劇場集積地区

都道府県	劇場集積地区	集積数
北海道	札幌創成川周辺地区	4
宮城県	仙台市定禅寺通り地区	3
東京都	麹町・永田町地区	3
	日比谷・銀座・東京駅地区	22
	日本橋地区	3
	赤坂地区	3
	四谷地区	3
	新宿駅・歌舞伎町地区	13
	浅草地区	5
	下北沢地区	6
	恵比寿・目黒地区	3
	渋谷駅周辺地区	7
	表参道・青山地区	4
	中野駅周辺地区	7
	池袋駅周辺地区	6
神奈川県	横浜みなとみらい・桜木町地区	8
	横浜市山下公園地区	4
	川崎市新百合ヶ丘地区	4
富山県	富山駅周辺地区	4
長野県	長野門前通り地区	4
岐阜県	岐阜市中心市街地区	3
愛知県	名古屋・栄・新栄地区	4
京都府	京都御所西地区	3
	祇園・先斗町地区	5
大阪府	天王寺上本町地区	3
	大阪駅周辺地区	7
	なんば・道頓堀地区	6
	大阪城周辺地区	4
兵庫県	JR伊丹～阪急伊丹地区	3
広島県	広島中心地区	4
福岡県	博多・天神地区	8

このように積極的なＬＲＴの整備を行ってきた富山市の公共交通であるが、その効果について考える。図６－３に富山ライトレール（富山港線）の利用者数の推移を示した。大幅なサービスレベルの向上により、ＪＲ富山港線時代には、平日一日二〇〇〇人程度であった利用者数は、二〇〇六年の開業以降約二倍程度になっている。富山港線の周辺は工場などが多く立地しているため、平日ラッシュ時の利用者数は多かったが、休日の利用者数は一日一〇〇〇人程度にとどまっていた。これが富山ライトレールになることにより三倍程度の利用者数となり、大幅な利用者増が図られた。続いてその増加の質的な変化に着目する。図６－４に富山ライトレール利用者の開業以前の利用交通手段を示した。もともとの富山港線を利用していたものは四六・七

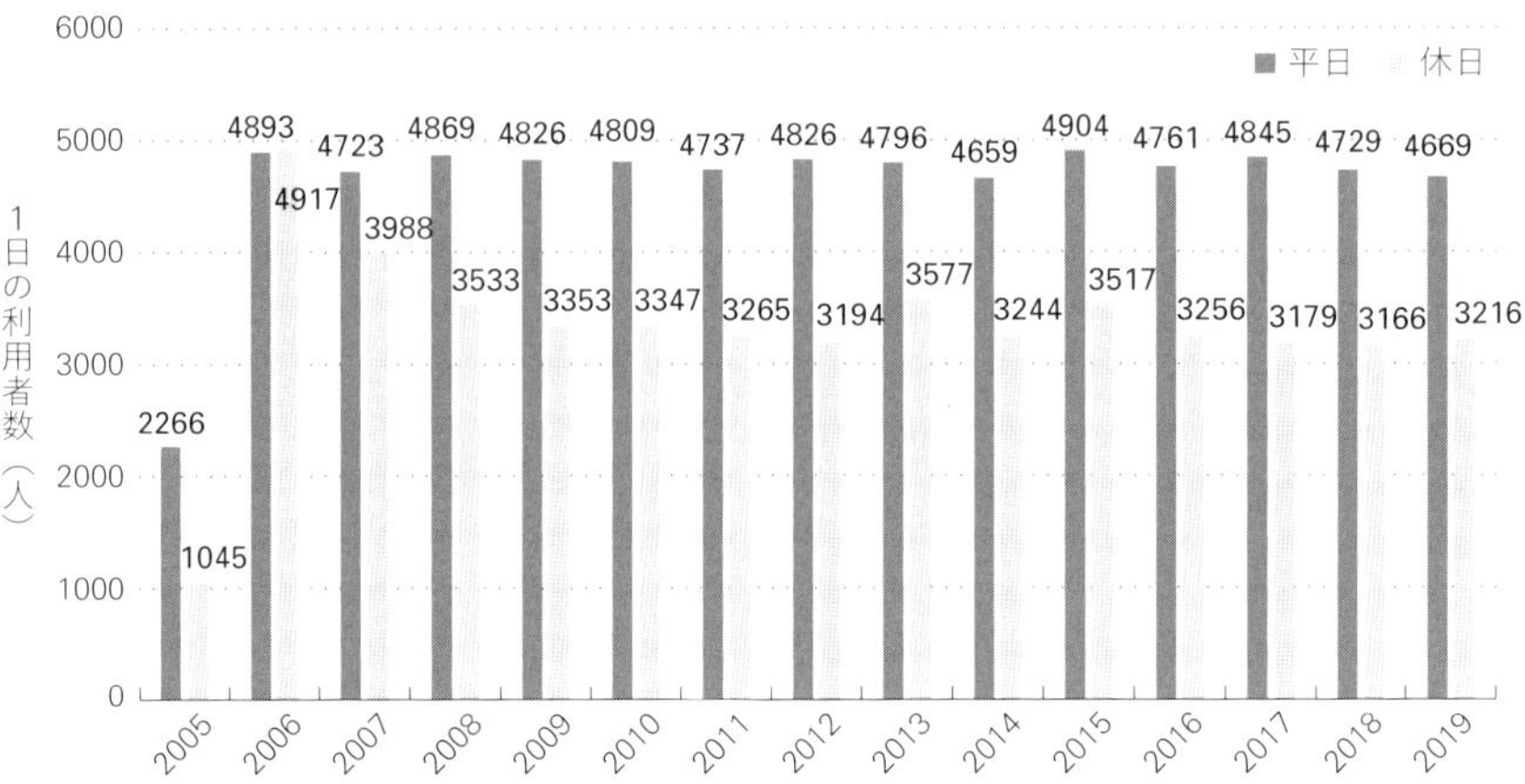

図6–3 富山ライトレールの利用者数
（出典：富山市資料）
※2019年度は南北接続前の2019年1月20日までの数値

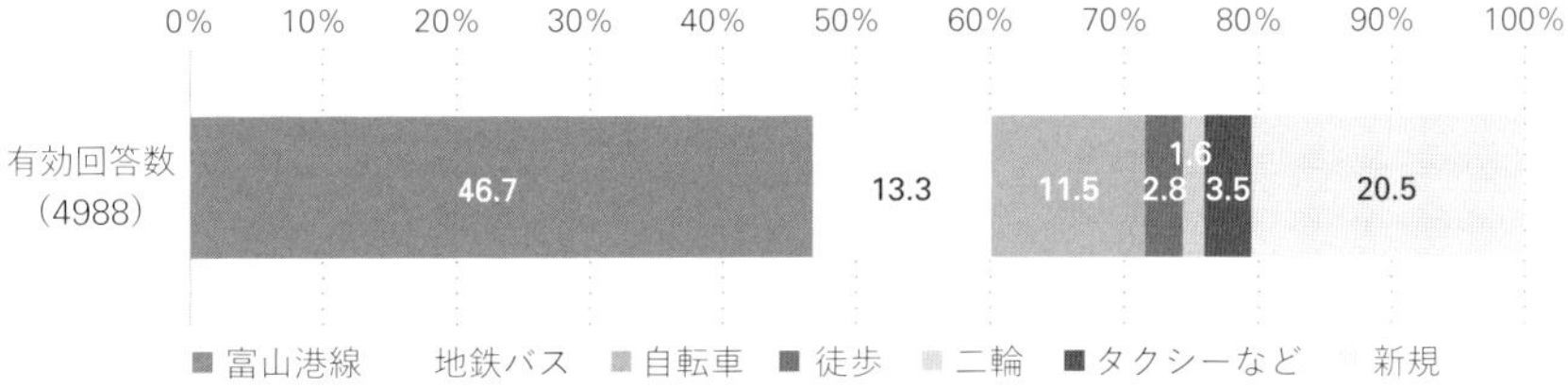

図6–4 富山ライトレール利用者の開業以前の利用交通手段（平日）
（出典：富山市資料）

%であり、自動車から一一・五%の転換、富山ライトレールになったことにより生じた新規の利用者すなわち誘発の利用者は二〇・五%となっている。このように大幅な利用者数増をもたらしたのは、もともとの利用者の利用頻度増だけではなく、新たな利用者の獲得にあったと考えられる。また、時間帯別の利用者数の変化を開業前後で比較すると、特に昼間時間の利用が増えており、富山港線時代には、通勤通学の足として利用されていたものが、買い物などの様々な目的に利用されるようになってきたものと思われる。

同様に、富山都心環状線についてもその整備効果について考える。富山都心環状線は新しく敷設された路線であるため、開業前後の比

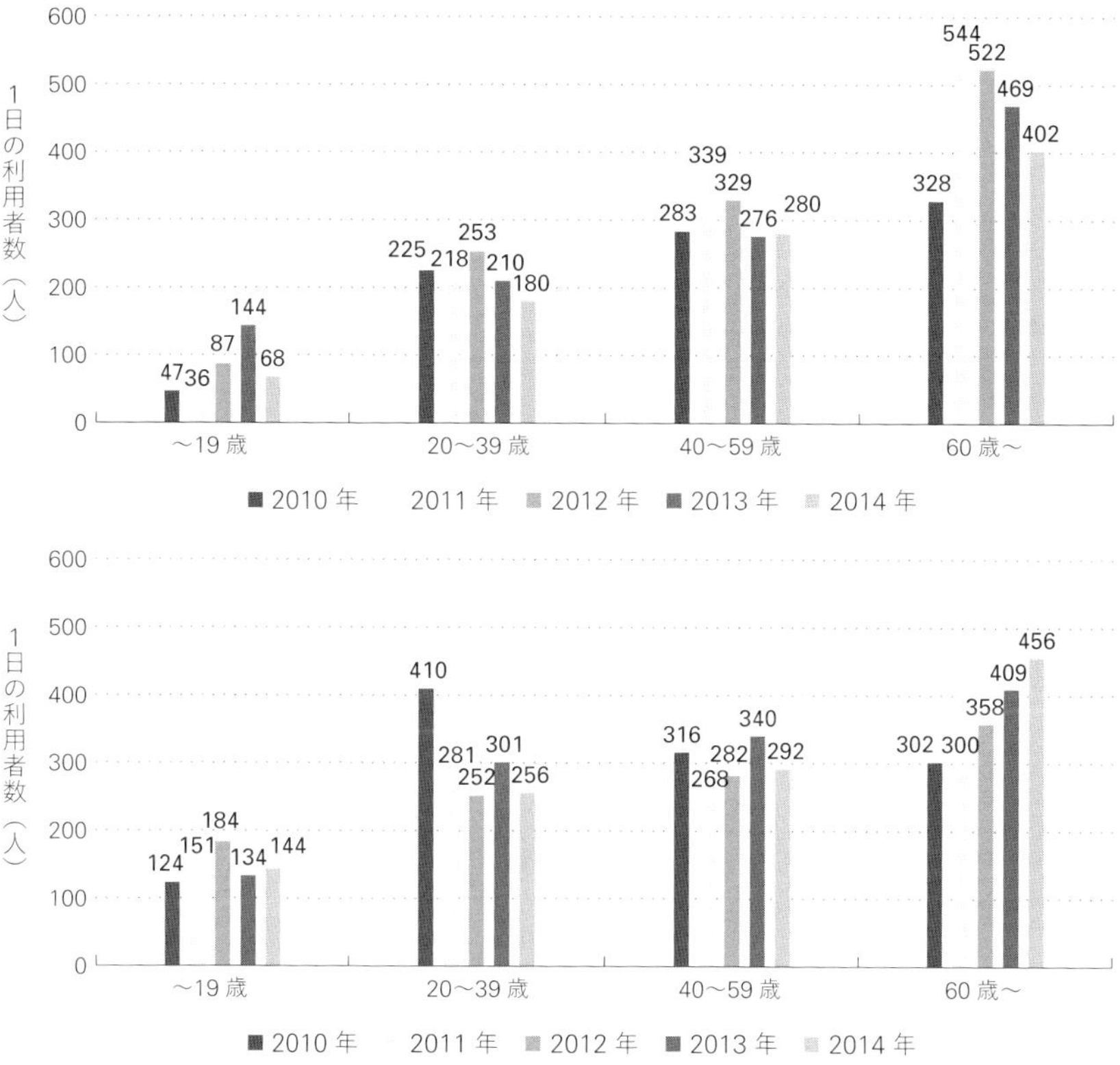

図6–5 富山地方鉄道都心環状線の年齢層別利用者数
（出典：富山市資料）

較はできないが、平日で一日約一〇〇〇人、休日は約一一〇〇人の利用者がある。年齢層別の利用者数の推移を図6－5に示した。ここに示すように、開業後、特に休日の六〇歳以上における利用の伸びが見られる。また女性の利用者が約六割を占めており、さらに増加の傾向を見せている。この点からも、中心業務地に新たな鉄道ができ、通勤通学の足に使われているというだけではなく、買い物などの都心での楽しみの際に、富山都心環状線が用いられているように思われる。さらに、図6－6に利用が多い六〇歳以上の利用者の利用時外出目的を示した。いずれの年も「買い物・私用」が多くなっている。この点からも都心での買い物の際に用いられるように

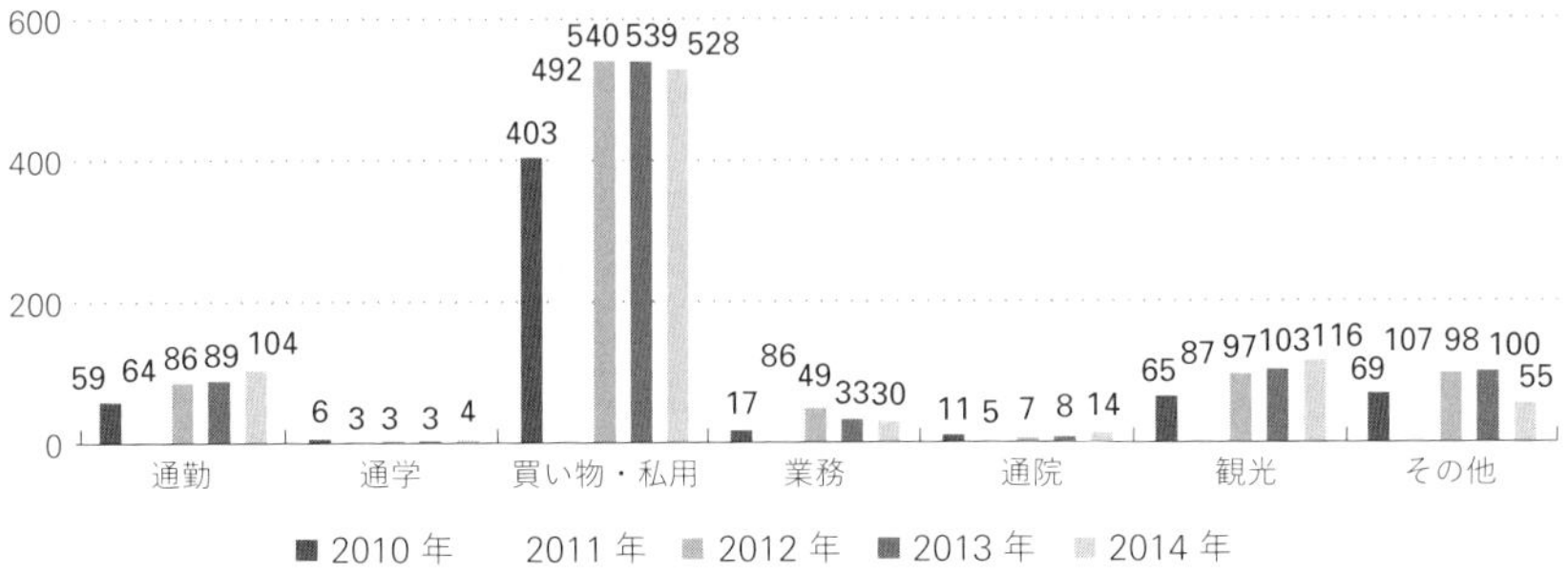

図6–6 富山地方鉄道都心環状線の外出目的別60歳以上の平日休日の利用者数
（調査日の平日、休日それぞれ1日の利用者数を合計した）
（出典：富山市資料）

なっていると考えられる。さらに、富山市が都心環状線利用者に行ったアンケート調査によると、都心環状線の開業前後で中心市街地に二時間以上滞在する人が二倍程度に増えており、一日一万円以上を都心で消費する人も増加している。このように、消費が活発化される効果が出ている。

富山市が中心市街地に新規居住した者に行った二〇一三年のアンケートでは、中心市街地に居住して感じたメリットを質問している。その結果を図6－7に示した。「電車、鉄道、バスなどの公共交通が便利」「買い物が便利」といった点は、それぞれ四〇・九%、三九%と多くの回答者が指摘している。利用者のアンケートなどで確認できた買い物の利便性向上が中心市街地に転入してきた者においても認知・評価されていることが確認された。しかし、「文化施設（美術館、映画館など）がある」という回答は、六・一%にとどまっている。先に述べたように、富山市内中心市街地には、美術館、映画館などの文化施設が集積しているものの、文化施設を十分に満喫できるという成果につながっていないことが確認できた。

2 富山での文化交流の実態

二〇二一年一月にオンラインで「都市の文化的創造的機能を支える公共交通の役割」に関するワークショップを行った。出席者は、プロジェクトメンバーの他、地元で演奏活動を行うピアニストの丸山美由紀氏、富山市企画管理部文化国際課、同市活力都市創造部交通政策課、富山大学都市デ

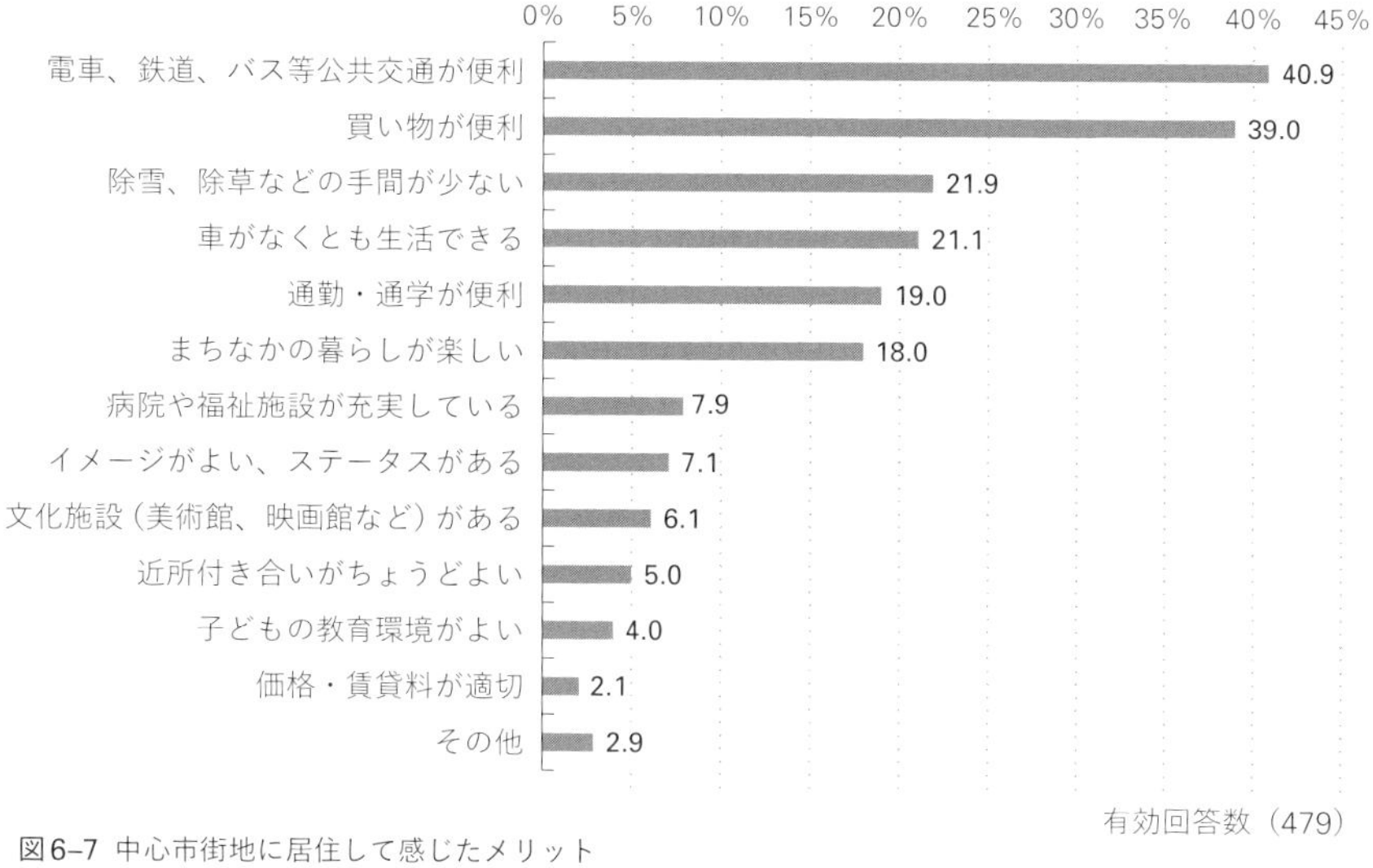

図6–7　中心市街地に居住して感じたメリット
（出典：富山市資料）

ザイン学部中川大教授（兼富山市交通政策監）であった。このワークショップでは前章までで述べたように富山市中心市街地の整備と文化施設の集積を確認した。ウィーンに音楽留学した経験のある丸山氏は、自らの演奏活動を行った際の感想をウィーンと比較し述べた。富山での演奏会は、車での来場が非常に多い。恐らく「演奏会だけが目的」という考え方なので、終わったらすぐ帰ってしまう。ウィーンなどでは、演奏会の後の「余韻」は非常に有効に働いており、劇場やホールのすぐそばやまちなかに深夜までやっているカフェやレストランが多いので、公演が終わった後にそこで感想を言い合ったりするなど、「余韻」を楽しむ余裕がある。富山の場合、「車で行くからアルコールが飲めない」という事情もあるのだろうと思うので、劇場のホワイエなどでのアルコール提供が根づいてくれれば、「車では行けない」ということになって、公共交通を使うことになるのではないか。そういったことがどんどんセットになっていけばいいなと思っていると述べた。また、活力都市創造部交通政策課は、富山駅北にある富山市芸術文化ホール（オーバード・ホール）の来場者に行ったアンケート調査から、来場時の交通手段分担について報告が行われた。自動車での来場が過半数を占め、公共交通での来場は約三五%である旨が報告され、富山駅前という立地から公共交通の分担率はもっと上げられると感じていると述べた。

ここまで述べてきたように、富山市内の中心市街地の活性化の取り組みはハード面、ソフト面にわたり行われており、公共交通の利用者数の増加が見られるほか、質的な変化としては、買い物の喚起において効果があった。ある一定の人口を有し、文化施設を維持・集積できているものの、公共交通整備が文化施設利用時に公共交通の利用の促進や、文化活動自身の増進につながっているわけではないということがわかった。富山県は、二〇一八年三月の自家用自動車の世帯あたり普及台数は一・六九四台で、福井県についで全国二番目である。自動車交通で移動する文化が根づいているといえる。都市がより文化的創造を行える場になっていくことを考え、次節では公共交通により富山の中心市街地を変えていく提案を行う。

4 トランジッションマネジメント

富山への提案を行う前に理論の紹介を行う。具体的にはトランジッションマネジメントについて述べる。トランジッションマネジメントとは、移動を取り巻く社会システムの移行を促すマネジメントのことで、環境分野で議論され始めた。地球温暖化物質の排出削減を行うには、既存の価値観や生活スタイルを変えるという構造的変化が必要となる。価値観や生活スタイルの変化は難しく、強制することで変化を持続させるのは困難である。トップダウン的にアプローチするだけではなく、ボトムアップにより変化を行う必要があり、この変化過程を管理することが求められる。そのため、欧州の環境学研究者を中心に、トランジッションマネジメントの必要性が指摘されている。本節では、トランジッションマネジメントについて概説する。次節でトランジッションマネジメントをもとに、富山の中心市街地の文化的創造機能を向上する取り組みの提案を行う。

1 トランジッションマネジメントの概要

我々の社会の各主体は、独自の目的・資源をもって行動する。しかし、すべてを自らの資源のみで行動する必要はなく、目標を達成するためにはほかの主体の資源を利用する。そのため、それぞれの主体は社会の構成要素との相互関係を前提とした意思決定を行うことになる。この意思決定を行う際に、他者の資源を利用するごとに許諾を得ることは非常にコストが大きい。そこで、我々の社会には「明示的あるいは暗黙的な原理、規範、意思決定の決定手続き、慣習など、主体間になんらかの合意を成立させるルール」を有する。このルールの集合をレジーム（Regime）と呼ぶ。レジームは、技術、制度、市場、生産者・生産システム、サービスとそれらに対する需要、消費者の選好、文化などの幅広い要素により構成されている。レジームは我々の生活を円滑に成り立たせるために必要なものである。しかし、円滑に成り立たせるために有用なものが弊害となることもあり、その変化が必要になる。レジームは変化するのだろうか。我々の生活が江戸時代と違うように、レジームは変化しうる。しかし、レジームは多くの主体と暗黙的に結ばれているものであるため、短時間で変化しがたい。このような状態は動的に安定であるといわれ、短期的には変化しがたいものと認知されてきた。

都市、交通に関する政策では、レジームは変化しないものとし、レジームに合う形で政策が実施されるか、レジームを無理やり変化させ、実施されるものがある。後者はレジームを無理やりに変化させているためトランジッションマネジメントと呼ぶことができる。このような矯正はトップダウンで行われることが多いと考えられ、これをトップダウン型のトランジッションマネジメントと呼ぶことができよう。このようなトップダウン型のトランジッションマネジメントを行うには、政治的な決断、判断が必要になることが多い。だが市民社会が成熟してきた現代において、強権的なトップダウンによるレジームの変化は難しく、政策は、レジームを前提として実施されてきた。そのため、レジームという制限がかかった中でのマクロレベルの問題解決は難しい。環境分野で考えると、地球温暖化物質の削減には、個人の生活の関わる部分も大きく、それ以外の部分で努力してきたものの、地球温暖化防止には不十分であり、生活スタイル（すなわちレジーム）を変化させて、地球温暖化物質を削減することが必要となってきた。しかし、強権的なトップダウンによるレジームの変化は、反発も大きく、実施の難しさのほか、持続可能性に懸念を有する。実際に強く人々の自動車利用の抑制を訴えても効果があまり見られなかった。そこで欧州の研究者を中心にボトムアップ型のトランジッションマネジメントが提案されている。

2 ボトムアップ型のトランジッションマネジメント

ギールらは、戦略的ニッチアプローチとしてボトムアップ型のトランジッションマネジメントを提案している。図6－8に戦略的ニッチアプローチの概念図を示した。この方法では、ニッチの革新が基礎となる。ニッチとは、対象や期間や範囲などを限定することであり、ニッチの革新とはレジームの変化を必要とするマクロにおける問題の解決に対象や期間や範囲などを取り組むことである。先ほどの自動車の利用抑制でニッチの革新を考えると、ノーマイカーデイをニッチの革新と考えることができる。ノーマイカーデイでは、日程や、地理的範囲、対象者は参加希望者と限定されている。このように、ニッチに限定することによりレジームと異なることであっても実施の同意が得やすい。さらに、このニッチの革新が多く起こる環境をつくる。ニッチの革新が多く起こる環境では立ち上げ支援などのほか、相互学習が重要になる。相互学習ではニッチの革新の情報を他の社会の構成員が共有し、新たな革新の取り組みの発想を支援するのである。この相互学習は、一次学習と二次学習からなる。一次学習は自らの取り組みの情報を取り入れ、再度取り組む際によりよい取り組みにするＰＤＣＡを指す。これに対して、二次学習は他者の取り組みを知り、自らの取り組みを修正したり、自分の新たなニッチの革新を考え出すことにあたる。

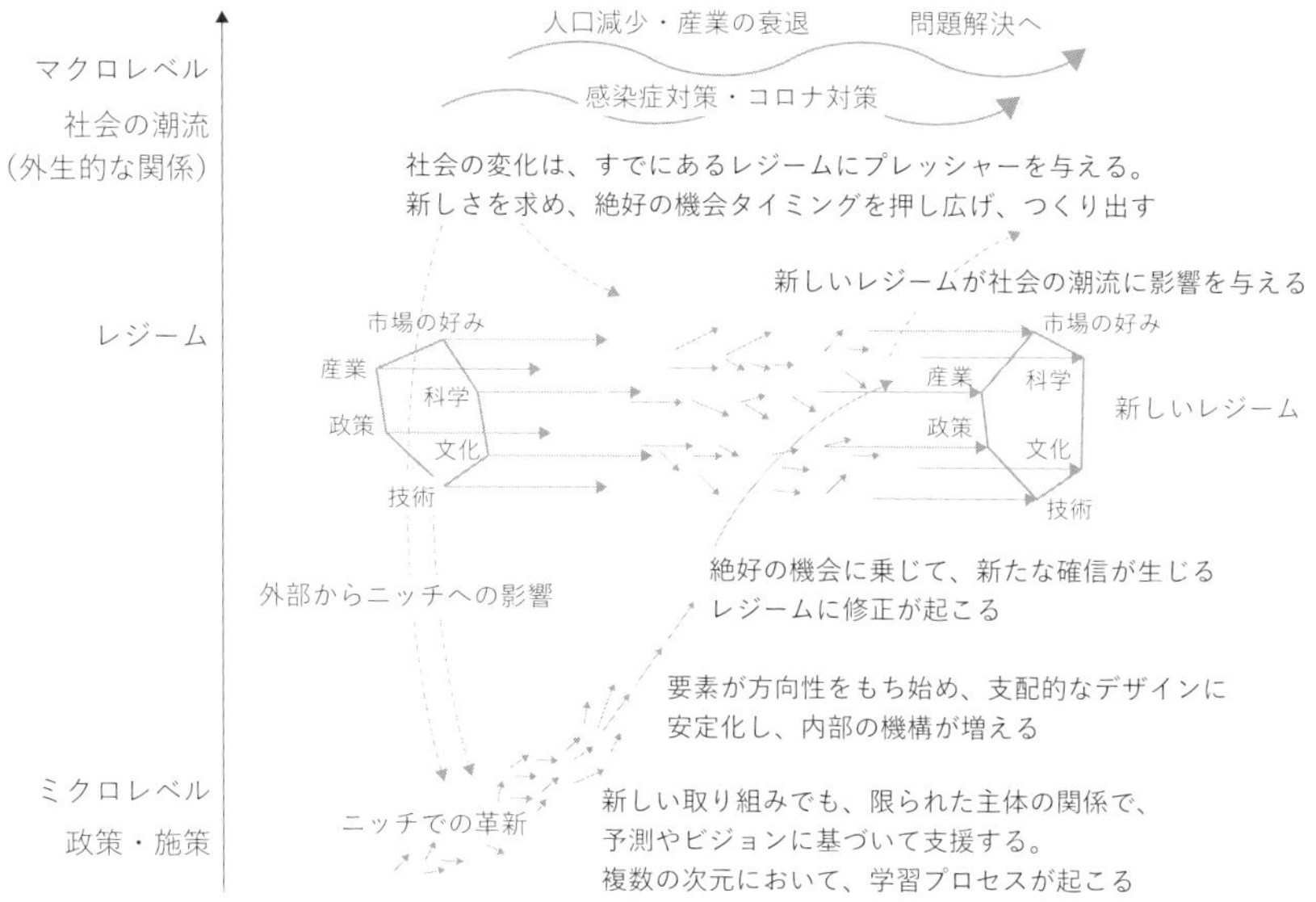

図6–8 中心市街地に居住して感じたメリット
（出典：Geels（2004）、ロルバク・山口（2008）をもとに作成）

相互学習は、ニッチでの革新を多く生み出すために必要なだけではなく、その後も継続して行う必要がある。相互学習を維持することで、ニッチの革新の方向性が明確になる。すなわち、二次学習を行うことの意味は、一次学習と同様に他者の取り組みの情報が入り、革新の取り組みの実施方法が洗練化するだけではなく、他者の取り組みを知り、うまくいく実施の方向性を知り、自らの取り組みを修正することにより、革新が一定の方向性をもち始める、方向性をもち、取り組み自体も洗練された実施方法になることにより、レジームがどのように変化すればよいかが見えるようになる。これを支配的なデザインに安定化すると呼ぶ。

変化というのは不安で進みにくい。不安を増長するのは、どのように変化すればよいか、変化していくのかがわからないときである。すなわち変化の方向性がわからないときである。このようなときには、レジームは変化しない。逆に変化の方向性が明確になる、すなわち、マクロ問題の解決において、支配的な革新のデザインが安定化することにより、変化に対するイナーシアが下がる。このような状況で、マクロ問題の解決が強く求められるようになると、ニッチの革新から得られた支配的なデザインの実施の際に必要なレジームの変化の方向にレジームを変化させながら、マクロ問題の解決策が適用可能となる。

このようにレジームを変化させることを意図し、ニッチの革新が多く起こる環境を整え、相互学習環境を整え、支配的なデザインを読み取り、マクロ問題の解決の必要性を考慮しながら、問題解決を図るという流れを戦略的ニッチアプローチと呼んでいる。加えて、ニッチは脆弱であるため、ニッチの段階で相互学習のため、すべての情報が公開されたり、批難にさらされるとニッチでの革新が維持できなくなる可能性がある。適切にニッチを保護することも重要であると指摘されている。

3　文化を享受するライフスタイルへのトランジッション

前節で述べた富山市内の状況をもとに、富山において変化させなければならないレジームについて考察する。そのレジームのひとつは前節で述べたように、自動車を中心とした生活スタイルである。加えて、文化的創造活動を楽しむことに二の足を踏むということもレジームであると考えられる。後者について考える。富山は戦前より重化学工業が盛んであり、北陸工業地域の一角をなしている。世帯所得は近年下がってきたものの、二〇二〇年でも二人以上の勤労者世帯の実収入額では全国五位であり、比較的高い収入を誇っている。時間を効率的に使い、まじめに働き、収入を上げてきた地域である。文化的創造活動は、直接的には生産活動につながらないことも多いため、効率的にまじめに働くことを是とする文化においては、場合によっては無駄と考えられ、はばかられるというレジームがあるのではないかと考える。総務省統計局が実施した二〇一六年社会生活基本調査によると富山の仕事時間は全国八位であり、学習・自己啓発・訓練（学業以外）は一八位、趣味・娯楽は二〇位と時間仕事に割いているライフスタイルであることがわかる。

中心市街地の活性化において、買い物など経済活動につながるものは取り組みやすいのは、先に述べたように、時間を効率的に使い、経済活動につながるという点に合致する。余暇と見られがちな文化的創造的活動に取り組めるような中心市街地活性化には、レジームの変革が必要であると考えられる。

加えて、非帰結主義の視点から考えても、トップダウン型のトランジッションマネジメントは、望ましくないと考えられる。たとえ、非常に高い政治的決断を行えるリーダーがいたとしても、その人間が永遠に生き続けるわけではない。その時々に必要に合わせて、レジームを変化させることが必要である。一人のリーダーに頼ることでより洗練された解決や変化が実施できたとしても、その知識や経験はその個人にしか蓄積されず、その時々に必要に合わせることができない。そのため、その都市に住む住民ができる限り多くトランジッションマネジメントに関わるべきであり、そのような意味でも、ボトムアップ型のトランジッションマネジメントが適していると考えられる。ニッチの革新や相互学習を狭い範囲で行うのではなく、できる限り多くの人が参加できるようにすることが重要であると考えられる。

さて、富山で文化的創造的活動を享受できる環境を整えるというマクロ問題を解決することに関わるレジームは先に述べたとおり、富山に住む人々の自動車中心のライフスタイルや効率優先主義のライフスタイルである。このレジームを変化させるためには、文化的創造的活動を享受する生活をニッチでもよいので、革新する取り組みが多く起こる環境をつくるだけではなく、相互学習を行える環境をつくる必要がある。この相互学習には、取り組み方を知るだけではなく、二次学習につながるように、他者がどのようなニッチの革新に取り組んでいるかを知りえることが重要となる。すなわち、文化的創造活動を楽しんでいる市民の姿を他の市民が見て、自分自身も新たな文化的創造的活動の楽しみ方を生み出すことが相互学習である。

5 富山の中心市街地への提案

これまで述べてきたように、富山市中心市街地には、文化的創造的活動を支える施設の維持・集積が行われている。一方、レジームの部分で指摘したように生来のまじめな性格から、効率性が重視される生活スタイルを有していると考えられる。これまでは効率を重視することが都市の発展に有用であったが、これを脱却し、文化的創造的活動を楽しめるライフスタイルに移行することが、さらなる都市の発展に有用に働くと考えらえる。

ボトムアップ型のトランジッションマネジメントを実施し、できる限り多くの市民、関係者を巻き込むためには、相互学習が重要になる。相互学習には、他者が行うニッチの革新、ここでは、文化的創造的活動を楽しむライフスタイルを見聞きすることが重要となる。しかし、文化的創造的活動を楽しむニッチの革新が行われたとしても、現在のように自動車で移動する環境では、ドアツードアで移動し、他の人と交流しないということも問題であり、文化的創造的活動を楽しんでいる様子が目にされなければ、相互学習が起こりえない。この点の解消のため、富山市が中心市街地で整備してきた路面電車を中心としたまちづくりが有効に働くと考えられる。路面電車は、自動車や鉄道などのほかの交通手段よりも、低速で、また、人々と同じような視点場をもって移動する。すなわち、道路を歩く人や、路面店から路面電車の中が見えるのである。すなわち、文化施設において文化的創造的活動を満喫した後に、路面電車で移動することにより、また、乗車中に、感想を述べあう風景を他の乗客が見ることにより、相互学習が行えると考えられる。この変化を図6‐9に示した。

以上のような問題意識から、乗車中にまちなかを走っている際に文化を享受している、文化の「余韻」を楽しんでいる姿を目にすることを提案したい。文化的創造的活動を楽しんだ後に路面電車で移動するのみならず、路面電車が見える場で「余韻」が楽しめる場があるのかを検証する。

さらに、自動車からの転換を図る必要があるため、チケット施策と、運行時間の工夫が必要である。現在のダイヤでは、路面電車は二三時台まで運行されているものの、バスは、二一時台で終わる路線も多く、余韻を楽しむことが難しい。

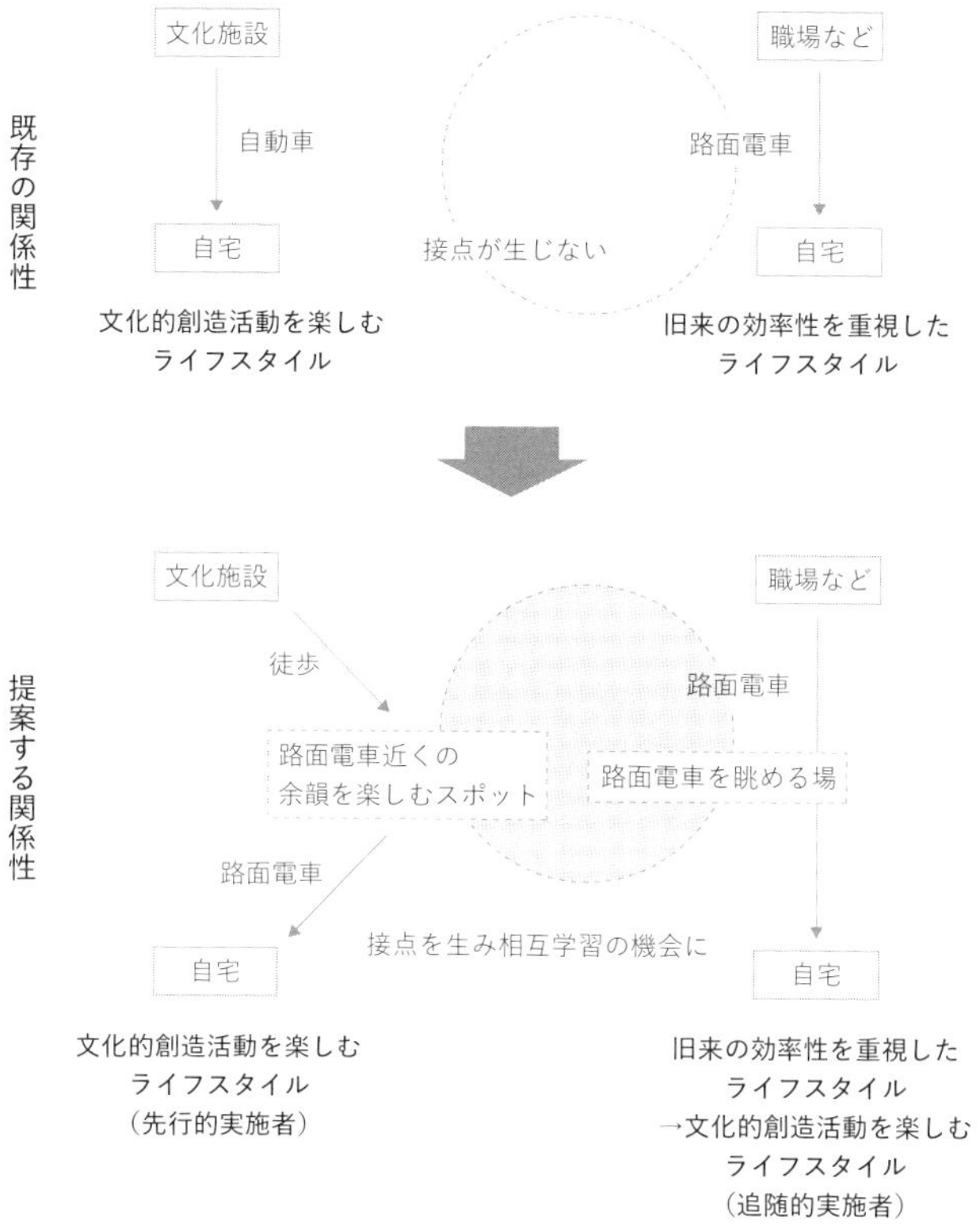

図6–9 富山市におけるボトムアップ型のトランジッションマネジメント

1 具体的な提案内容——①路面電車を眺める場を活かすこと

前節で述べたように、相互学習が行える場を整えることが重要である。文化的創造的活動を楽しむ人は、通勤通学で移動する人とは異なり、着飾っていることもあるだろうし、楽しそうに感想を話し合ったり、パンフレットを読んで、それぞれの「余韻」を楽しむ様子が見られると思われる。これらの通勤通学とは異なる様子を目にすることにより、人々の相互学習のきっかけになると期待される。文化的創造的活動を楽しんだ人が、公共交通で移動してくれるように（２）（３）の提案を行うが、こ

①富山国際会議場１階・カフェコンパクトデリトヤマ
②ユウタウン総曲輪
③富山フランドプラザ
④富山キラリ（ガラス美術館）２階・FUMUROYA CAFÉ
⑤総曲輪ベース
⑥富山電気ビルデイング
⑦市内電車沿線の公園（県庁前公園、城址公園）活用

図6–10 路面電車沿線（富山都心環状線）沿いで路面電車内外の接続ができる場所

こでは、その移動する人を他の市民が目にすることにより、相互学習を期待するものである。劇場やホールの位置、公共交通の結節を考えると、富山都心環状線が最も文化的創造的活動を楽しんだ人が利用する可能性が高い公共交通である。富山都心環状線は運行される車両はすべて近年導入されたＬＲＶである。同線沿いでこのような場面を目にすることができる場所を選定した。その結果を図６－10に示す。ここまでに述べたＬＲＴを用いて、人々の生活スタイルを提案しようとした取り組みで、すでに富山市で取り組まれている事例を紹介する。富山市では、華やかで明るい空間を演出し「花で潤うまち」を創出するため、指定の花屋で花束を購入し、市内電車などに乗車した人の運賃を無料とする取り組み「花Ｔｒａｍモデル事業」を行っている。この事業と本提案の意図は似ており、車内に文化的創造的活動を楽しんだ人が多く乗る明るい空間を創出することがまちにとってもよいことであると考えられる。しかも、多くの人が様々な形で文化的創造的活動の「余韻」を楽しんでいる様子を見ることで、相互学習の意欲が促進されると考えられる。この促進のため、必要な取り組み

としては、富山市中心市街地には文化的創造活動を行える場が集積していることを知ってもらうことである。また、その「余韻」を楽しむ人が路面電車に乗っている姿を見られる場があると知ってもらうことである。また、それぞれの場所は、多くの場が、路面電車と同じような高さにあり、車内を見ることができる場になっている。

2 具体的な提案内容——②路面電車電停界隈の飲食できる場を活かすこと

丸山氏が富山でのワークショップの際に述べているように、劇や演奏会を楽しんだのち、飲食や飲酒をともにしながら感想を述べあうことは大変楽しい経験である。しかし、劇や演奏が行われた施設内で飲食や飲酒を行うのでは、相互学習の観点からは、十分な機会が生じるとは期待しにくい。そこで、富山都心環状線沿いを対象とする、観劇や演奏会後に飲食飲酒が楽しめる場の例を考える。ここでは三事例を挙げる。

・あまよっと横丁は、総曲輪の近くに二〇一八年に開業したコンテナ横丁である。路面電車の通りから町側に入った場所にあるものの、ビストロやバーのほか地域の若い経営者が積極的に魅力のある店づくりを行っている。

・総曲輪ベースは、二〇二〇年に開業した商業施設である。以前、西武デパートが立地していた場所で、その跡地再開発で、高層マンションが建てられ、その低層部に入居する。物販店だけではなく、飲食店があり、地物にこだわった施設づくりがなされている。

・グランドプラザカジュアルワイン会は、店舗ではないが、まちの賑わい創出を目的としたNPO法人GPネットワークが主催して行われる。総曲輪に所在する全天候型野外広場であるグランドプラザで、月一回開催されており、まちづくり関係者が集まる。ワインは会で持ち込み、食事はグランドプラザの隣にある百貨店大和のレストランから供給される。

いずれも、地の物にこだわったり、こだわりの店づくりをしていたり、まちづくりの関係者が集まっていたりなど、魅力的な場である。これらの場と文化的創造的活動を楽しんできた人をつなぐことにより、より広い話の広がりやより魅力的な相互学習が展開されると期待される。

これらの場所での飲食、飲酒に誘導するため、観劇券と路面電車のチケットと飲食店での飲食をセットにしたプランの創出などが考えられる。

3 具体的な提案内容——③サービスの工夫（運賃、運行の工夫）

先に述べたように、観劇など夜に楽しむ文化的創造的活動に対応するため、公共交通の最終便の繰り下げなどの対応も必要であるが、富山周辺から公共交通で到達できる部分は限られており、公共交通を降りたのちの端末交通が必要となる。しかし、富山市内では民営のバスの多くは廃止されコミュニティバスなどに転換されている。このようなコミュニティバスの場合、夜遅くの運行は難しいため、端末交通手段の確保が公共交通の利用誘導のために必要であると考えられる。具体的には、端末部分でのタクシー活用が考えられ、予約や一括した決済、かかる運賃を事前にわかるようにし、必要な負担を明確化するなどの工夫が考えられる。

参考文献

・森雅志「都市と交通を支える建設技術の基礎知識」富山大学都市デザイン学部講義資料
・国土交通省国土政策局「国土のグランドデザイン2050」参考資料、二〇一四年
・富山県統計調査課「平成二八年社会生活基本調査 生活時間に関する結果の概要（富山県分）」https://www.pref.toyama.jp/sections/1015/lib/shakai/_h28/jikanH28.pdf' 2017

7章 これからの都市・余韻都市

人々の移動、それを担う交通システムのあり方を示していくにあたり、そもそもの都市のあり方、そこでの人々の過ごし方に踏み込み、人間について、歴史について、空間構成について議論を深め、具体的な内外の都市の様子を参照してきた。この章では、ここまでの研究活動をもとに、土木工学、社会学、都市デザインの切り口から、さらに深く、「余韻」の大切さを踏まえた都市の未来像、それを支え、その一部となっている交通のあり方を多面的に議論した。本章も座談会形式で、前章までの内容も振り返りながら、課題の方向を整理した。

藤井 聡

吉見俊哉

出口 敦

中村文彦

1　都市の課題の再発見まで

中村文彦　国際交通安全学会での我々の研究活動は、二〇一八年度から三年間精力的に行ってきました。まずは、その総括から始めたいと思います。最初に藤井先生お願いします。

藤井聡　まず、ここまでの議論を踏まえての全体の総括として、二つ申し上げたいと思います。

――生活行動への関心は交通計画の中にあった

私自身の交通計画分野の研究者としての出発点として、生活行動分析というのがあるのですが、その思想をひと言で言うと「交通計画における生活の復権」ということです。生活というのは「生きる」「活きる」と書く言葉です。我々は、人格と誇りをもち、幸福を感じたり、不幸を話したり、喜怒哀楽のある人間であり、その人間が、喜怒哀楽をベースに様々な人々と関わり合いながら、「生きる」「活きる」生活ということを行っている。そういうことを、我々交通計画者は、特に交通工学者は忘れているのではないかということに対する、半ば憤りを伴った思想運動として、生活行動分析というのがありました。その思想というのは、私個人が編み出したものではなく、京都大学の故北村隆一先生をはじめとした世界的な交通研究者によるある種の潮流であったと思います。

――時代とともに交通計画の中でも人間疎外が深化

そのときに、確かに我々は、文化とかそういうことも申し上げていたのですが、今回の我々の研究会活動は、それをより明確に、都市空間ということも含めてきちんと分析をしていきましょうということを提案したものと認識しています。そういう思想運動が、交通計画の中に確かにあったのですが、誠に虚しいことに、やればやるほど時代はどんどん悪化していって、それは我々の力不足ということを意味しているのですが、我々のせいで悪化したというわけでは少なくともないと思うのですが、我々の努力虚しく、世の中はどんどん我々が思わない方向に動いていったと思っています。

どういう方向に世の中が動いていったかというと、非常に古い概念をもち出すと、要するに人間疎外、マルキシズムとかとも言われていますけれども、マルキシズム以前のヘーゲルの時代から言われていた人間疎外というものが深化していきました。この交通計画の分野で。人間疎外という概念そのものは、我々がそれこそ学生とか子どものころは結構日本人は好きで、よく「人間疎外はダメだ」と東大とか京大とか早稲田なんかでみんな言っていたのですが、いつしか人間疎外はダメじゃないかという議論すら、学生のカフェ、生協の食堂からも、教室からも消え去って、人間疎外が前提で世の中が機械仕掛けのように動き出して。それはまるでチャップリンの「モダンタイムス」の工場でチャップリンが揶揄をしたような状況に世界中の社会が動き出して、そして交通はますます「単に効率的に処理をしていくものだ」という方向に動いていったということがあると思います。

――コロナ禍で明らかになった多方面での人間疎外

実はこの流れというのは交通計画の分野だけで起こっている問題ではなく、今回、コロナを通して、日本のみならず世界中の人々の精神の根底に深く根を下ろしているのだということが証明されてしまったと思います。人それぞれ、コロナのリスクに対するリスク認知のレベルは違うとは思いますが、少なくとも「自粛しろ」とか「家にいろ」とか「酒を飲むな」とか「人と会うな」というのは、文化を愛する人にとっては「死ね」と言われているのに等しいわけです。ですから文化的存在であるフランス人などは激怒して、デモを繰り返していたわけです。でもフランスのマクロン大統領は、そんな非人間的、非文化的なことをあの文化大国、フランスですらやってのけると。それにかろうじて抵抗したのは、比較的文化レベルが低いと揶揄するような人がいる国だったスウェーデンくらいですね。およそすべてのアングロサクソン国家ならびに日本では、ロックダウン的な、文化を無視した、コロナさえ広がらなければそれでいいのだという、人間性のはく奪、疎外的な政策が行われていったわけです。イギリスは（二〇二一年）七月一九日の新規感染者が五万人で、さらにそこから拡大している中で、完全に都市のロックダウンの解除を行ったんですね。ここに我々が求めている公共政策における人間の復活、これはむしろルネサンスと言っていいと思いますけれども、人間疎外に抗うルネサンスのマインドが、やっぱりイギリスにはまだあるんだな、ならびに、デモの姿を見るとフランスにもあるんだな、と感じました。ところが、日本においてはかくも生きねばならぬという指向性が弱かったんだということを見ると、忸怩たる思いをせざるを得ないところです。

――本研究会活動を契機に人間性、生活、文化の復権の思想へ

そういう意味で、我々のこの研究会活動は、交通分野の中で我々が生きる意味とはいったい何なのか、ちなみに、生きるということを考えるということと死ぬということを考えるということはコインの表と裏、表裏一体ですから、実はコロナの問題を考えることとまったく同じ問題を我々はやっていたのだなと改めて思いました。それが奇しくも我々の研究会活動の間にコロナ禍が起こって、皮肉なことにそれが望まざる形で証明されたのだな、というふうにも感じているところです。

もうひとつ、研究会活動期間終了後の国際交通安全学会の研究調査報告会での質疑を聞いていて思ったんですけれど、我々の研究会活動はあくまでも思想運動であって、具体的なプロジェクト提案を図る必要性はないと僕は思うのです。なぜかというと、例えば工学的な技術的な研究であれば、何らかの具体的問題を解消するという責務を負いますけれども、これはあくまでも考え方、思想の転換であって、つまりルネサンスの話であって、こ

のルネサンスの人間疎外というものの悲しみというか弊害というものを、深く認識し、そして交通計画、交通政策において、人間性を復活せねばならぬのだということを、この研究に触れた方々が深く思えば、十分にそれで目的を達成できるのではないかと、僕はそういう思いでこの研究会活動に携わっています。
　なぜかというと、生活が大事だとか、文化が大事だとか思わない行政担当者は、芝居だとか、酒飲みだとか、何にも庶民のことを考えない。ところが研修になったときに文化という項目がちょっとでもあって、行政官の頭の中にも一応文化のことも考えなくてはならないというのがあれば、行政裁量の中において、判断の一つひとつがすべて、少しずつ、大なり小なり変わっていくと思うんですね。それは、政治家の国会や議会における議論でもそうだし、学会における議論でもそうだし、委員会とか審議委員会における学者からの行政に対するアドバイスも変わってくると思うんです。したがって、僕はすべての行政担当者と、すべての政治家と、すべての学者にこの本を買っていただいてですね、そしてその思想に触れて、「確かにこの本の主張は、ちょっと俺らも考えなくてはあかんな」と思ってくれれば、よいのではないかなと思います。

中村　コロナの話題はいったんおいておきますが、交通に関して戻していくと、処理をしていたというところからの脱却という話と、確かに思想を変えていく。この三年間の成果の大切なところですね。改めて確認しました。では、続きまして吉見先生、お願いします。

――余韻の都市の再発見

吉見俊哉　今回、交通計画や都市デザインの専門家の先生方に、私のような社会学者を混ぜていただいて、毎回議論をさせていただきありがとうございました。とても刺激的でした。
　この研究会活動の方向性を一言で示すと、余韻の都市の再発見、そのための公共交通の仕組みはどういうあり方なのか、ということだと思います。この、余韻の都市という考え方に私も同感ですし、問題意識を共有していると思いました。今、藤井先生のほうから「都市のルネサンス」という言葉が出ましたけれども、この「都市のルネサンス」が何かということを考えると、私たちの社会がもういい加減、本気で成長型の社会から成熟型の社会への転換を考え、実装していかなければならないということなのだと思います。

成長から成熟、コンヴィヴィアルへの方向性の確認

成長型の社会というのは機能性が第一の社会、つまり、より速く、より高く、より強く、を目指し続けてきた社会です。先般のオリンピック開会式では、「より速く、より高く、より強く、一緒に」と書いてありました。この標語は、成長主義にさらにファシズムが無自覚に重ねられています。ヒットラーがこう言うのならわかりますが、二一世紀の日本がこんなことしか言えないのは誠に残念です。成長第一、機能第一の社会から成熟型の社会へ、コンヴィヴィアリティ、快活さの社会へ、という価値転換が必要です。コンヴィヴィアリティの社会というのは、より愉しく、よりしなやかに、より末永く、というのが、むしろスローガンになるべき社会です。この転換を、都市のとりわけ交通において、どのように実現していくのかが、公共交通のテーマであると同時にまちづくりのテーマでもあると私は思います。

速度重視でインフラを重層化させてきた都市へのアンチテーゼ

そうすると、何が変わっていかなくてはならないのか、敢えて二項対立的に言うと、成長型の社会が目指したのは、交通システムとしては、道路や鉄道を高架化し、地下化することだったと思います。都市を重層化して、より速い都市を実現していくことだった。その場合、交通は点と点をより機能的に結ぶことになります。そして、この点と点を機能的に結ぶことをどんどん突き詰めていくと、国土全体がより速い仕組みに一元化していく。新幹線はその象徴です。その先に何が起こるかというと、東京一極集中です。つまり、全国をより短時間で一元的

に結んでいけば、より多くの資本と人口と知識と情報が集中している東京に、ますます集中していく。それで、これがよい結果を生むのかというと、決してそうではなかったのですね。

他方で、先ほど申し上げたコンヴィヴィアリティの社会、より楽しく、よりしなやかに、より末永く、ということを目指していくような都市の交通はどういうかたちだろうか。イメージ的に申し上げると、やはり基本はまちにベンチを置くことなんだと思います。まちのいろいろなところに楽しげなベンチを置いていくことが、余韻のある、より楽しい都市をつくることにつながるのではないか。交通の問題としてこれを考えてみると、それは、点と点を機能的に結ぶことではなくて、むしろ線をより意味あるものにしていくということではないかと思います。線をより意味あるものにしていくということは、一元化するのではなくて、むしろ地域ごとの多様性を生かしていく、地域ごとの多様性を多様であるからそれぞれが生きていくという形にもっていくということなのだと思います。これは、それぞれのまちの活性化につながります。

より楽しく、よりしなやかに、より末永く、の都市へ

もうちょっと文明論的に言えば、より速く、より高く、より強い社会の前提を成していたのは、直線的、成長主義的な時間です。つまり、近代あるいは近代化の時間というのは、当初は目標が欧米列強であったわけですけれども、より豊かで、経済発展した社会に向かって成長することを日本は目指し続けてきたわけです。この路線を続けることは破滅的です。そうではなくて、より愉しく、よりしなやかに、より末永い社会をつくっていかなければならない。そのような社会形成の前提を成すのは、直線的な時間ではなく螺旋的な循環的な時間です。時間がリサイクルしていくというか、回っていく。様々な大きな循環とか小さな循環とか、様々な輪っか、渦のようなものがあって、その様々な渦が無数につながり合って、お互いに接触領域で衝突することもあれば、創造性が生まれることもある。それらが、非常に循環し、結びついてネットワークを成しながらコンヴィヴィアルな状

態を醸し出していく、そういう社会が目指されるべきなのではないかと思っているわけです。

だから、かつての仕組みのほうが遥かに単純で、今度はいわば多元方程式みたいなものを解いていく、結構難しい計算になるのですが、そういう多元的で多次的な方程式を、都市の具体的な空間において解いていくことが、成熟社会では求められている。そう考えたときに、日本の都市や地域の交通はどう見直されるのか、そこでどのように計画をつくり得るのか。これらが課題として浮かび上がってきます。

――まちとのコミュニケーションができる移動、低速で安全な移動の意義

研究調査報告会での議論で、重要な問いが二つ出ていたと思います。ひとつは乗り合っていくこと。このことの文化的な価値がやはりあるのではないかということ、これは賛成です。しかし、乗り合っていくというときにイメージされているのは車内だと思いますけれども、路面電車とか、自転車とか、ボートとか、スローモビリティの交通を考えたとき、車内と車外といいますか、内と外のコミュニケーションがあるわけですね。ですから、乗り合いながら佇んでいく人ともつながることに文化的な価値があると思います。スローなモビリティではすぐ車から降りたり、自転車を止めたりして移動していくことができますから、そうすると、地域とのつながりが充実すると思うんですね。つまり、乗っている間だけでなく、これもまさに余韻だと思いますけれども、降りた後の様々な関係性も触発していくという側面がある。

そうした点で、もうひとつ先ほどの議論で提起されていた重要な問題、つまりパンデミックやテロに対するリスクヘッジという問題への答えも、たぶん見えてくる。つまり、公共交通が乗り合っていて非常に閉鎖された空間であると、そこでテロが起きたらどうするんだ、三密だからそこで感染が爆発するんじゃないか、そういう問題が出てきます。しかし私は、都市交通はもっとスローになるべきだと思っていますから、乗り物をオープンにしていく、野外の空間とあまり切れ目をなくしていくことによって、密ではなくしていくことができると思いま

す。自転車は別にパンデミックに弱くないと思いますよ。それにテロにもそれほど弱くない。そうすると自転車の延長線上にトラムを考えたり、様々な公共的な水上交通を考えたりしていくと、いろいろな解が見えてくるのではないか。これもまた多元方程式の解き方のひとつのパターンになってくると思います。

中村　重層化のお話は、僕が学部生のときに教わった、都市交通のバイブルの一つでコリン・ブキャナンが書いた *Traffic in Towns*（1963）での一節にもつながります。仮に都市交通が全部自動車ならどうなるかという絵を描いたら、どうしても高架道路がたくさん必要になり、そこに駐車場まで入れたなら、かなりの面積が車の走ると止まるで取られてしまう。とにかく処理するためには、どんどんインフラをつくっていけばいいんだというところの都市の議論がありました。都市に関して、ガンガン構造物をつくっていけばいいということに対しては、何十年も前から「本当にそうか」という議論はあったということを付け加えておきます。

また最後の乗り合いのところですが、一般に、速度が遅くオープンであるほうが、安全性は間違いなく高いのですが、エアコンのために密閉にする、急ぐ人のために速くする、ということで逆にリスクが増していくような図式と思います。

――公共交通の再定義――気軽に安全にアクセスできる意味

それから最近、公共交通の定義を見直そうという動きがあります。何をもって公共交通というのかというのは、昔から議論はあったのですが、アプリでいろんなサービスをするとか、自転車もシェアができるとかなってきたときに、公共交通の定義は少し混乱しつつあります。今、ヨーロッパのほうから整理する動きがあって、気軽に、そして安全にまちから、あるいはまちへアクセスする乗り物は全部公共性があるのでそれらが公共交通である。一方束にして乗るとか、個人で乗るとか、電気で走るとかいうのは、違うディメンションになる。たぶんこんな定義になっていきます。この研究会活動を立ち上げたときは、取り上げる公共交通は、単純に路面電車とバスのイメージだったんですけれども、未来の都市での公共性のある乗り物というのは、少し幅広になっていくと改めて思いました。

出口 敦 この研究会活動を契機に、考え方を大きく転換するきっかけにしていくべきだと思います。一〇年後に振り返って見たときに、あの研究会をきっかけにしてこう変わっていったよな、という。また、今回のコロナの時期と重なっていますので、これは本当に偶然だと思うのですが、一〇年後にはこれが必然だったと言われるような研究会にしていただきたいし、できると思います。この本は一〇年後もずっと読まれますので、この研究会がこのタイミングでできたのは、必然だったと言われるような最後の詰めを、ぜひお願いしたいと思います。

都市での移動の体験や時間の意味についての再考のきっかけ

私にとっては、移動の意味を問い直すよい機会をつくっていただいたと思います。移動する意味というのは、何なのだろうか。学生時代から私は、交通とはA地点からB地点に移動するトリップだということを新谷洋二先生に習い、交通というのはOとDで見るのだというふうに教わってきました。このコロナになって、オンラインで瞬間移動していく、要するにフィジカルな移動なしでOからDへ瞬間移動することの辛さみたいなものを感じます。移動というのは、脳科学的にもすごく意味があると思います。授業も一限から二限の間に立ち話で会話する休憩時間がなくて、学生たちも教室と教室を移動する時間もなく授業を渡り歩いていて、やはり切り替えられないのではないかと思います、学ぶ目的みたいなものを。私もオンラインで会議と会議を渡り歩くと、頭がおかしくなりそうです。なかなかすぐに頭が切り替えられないし、考える時間がないですね。移動というのは考える時間でもありましたし、次の目的に向かっていくアプローチの時間だったと思います。それが単にA地点からB地点までどれだけ速く行けるかみたいなことを一生懸命考えていた、機能的な都市というものの究極がオンラインだと思うんですけれども、やはりこれはいけないと思いましたし、改めて移動する体験や時間の意味、これが単に満員電車で移動するのと、吉見先生が言われるように路面電車で次の目的地に移動するのとでは、恐らくその付加価値が変わってくると思います。それを改めて問い直す上で、パンデミックと相まって非常によい機会をいただいたと思います。

――東京の文化機能の脆弱さへの気づき

私は一〇年前に福岡から生まれ育った東京に再び移住してきて、東京というのは素晴らしい都市だなと思い、つらつら研究的なこともやれないかなと思っていたのですが、改めてこの研究会で文化という観点からロンドンやニューヨークと比較してみたときに、逆に東京という都市の脆弱さみたいなものを強く感じました。

劇場の数、劇場間の距離、位置などを指標にして、その集積度を見てみると、東京という都市自体が大きいのもあるのですが、集積度はすごく低いと思います。それを今回、定量的にも視覚的にも強く認識することができました。都市というのは、経済だけでは当然だめで、集まる意味みたいなものが問われている今、東京というのは文化都市だったのかなと改めて問い直すきっかけをいただいたと思います。ロンドンやニューヨークとの比較を目の当たりにして、改めて文化都市としての東京のあり方を問い直す、よい機会をいただいたと思っています。

――都市の賑わいの意味の再考

研究会では石川栄耀をもち出しましたが、石川栄耀は戦後、焦土になった東京を、土地区画整理事業という手法を用いて立て直した立役者です。石川栄耀は単なるグリッドで土地の区画整理をしたのではなく、行き止まり、T字路をつくったり、盛り場という考え方を持ち込んで歌舞伎町をつくりました。そのようにして、敗戦後に焦土と化した都市に再び賑わいを生む、都市基盤をつくり出したわけです。

私自身は柏の葉キャンパス駅周辺で、ＵＤＣＫや三井不動産の方々と一緒に、ガード下に飲食街をつくるお手

写真7–1　柏の葉かけだし横丁（写真提供：三井不動産）

伝いをしましたが、なかなか大変でした。屋台での飲食の需要がどれくらいあるかというのを三回くらい学生と一緒に社会実験をやって、需要があるということがわかり、ガード下の再整備が進み、二〇軒ほどの飲食街がつくられました。しかし、今回のこのコロナでかなり苦労されています。柏市も緊急事態宣言やまん延防止措置がかかっていましたので。ただコロナが収まれば、また復活してくると思います。また元の状態に、何もなかったかのように戻すのがいいのか、もう一ランク上がったところでどういうものを加えて戻していくのか、ということが問われていくと思います。この研究会で議論したことを関係者とも共有して、柏の葉の賑わいを取り戻していくことができればと思います。そういう意味では、賑わいというものの言葉の意味を、この研究会を通じて改めて考え直すよいきっかけをいただいたと思います。

中村　この機会の出版というのは、そこのメッセージ、その思想を変えていくというメッセージを強く出すべきなんだな、というところは改めて理解をいたしました。

2　都市デザイン、都市社会学、モビリティマネジメントの各分野からみた課題

今回いらっしゃる三名の先生方に来ていただいたのにはそれぞれ意図があります。それぞれの先生方のご専門の立ち位置にいてもらって、見てもらって、そこからほかのところがどう見えたか、あるいは、いろんな分野の

やり取りをする中で、もともともっている課題に対してさらに何かお考えになったことがあるのかどうか、というところをちょっとずつ語っていただけないかなと思います。

――地図上プロットでみえてくる東京の劇場立地特性

出口 今回の研究会を機会にして、東京のライブハウスなども含めた劇場集積地を地図上にプロットしてみました（91ページ参照）。我々が学生時代から親しんでいる下北沢などが、劇場地区として浮かび上がってきました。ほかには、六本木などのライブハウス系は、米軍の影響を受けた文化圏、文化施設が集積した地区だと、吉見先生からお聞きしました。

最近の劇場の集積地、日比谷などでは、わりと大きなホールが立地し、地図上にプロットされるのですが、これらは大規模都市開発ビルの上層階、だいたい四階、五階に入っていることが多いですね。これは、公共貢献ということで、行政側から評価されて容積率の割り増しをもらっている例が多く、最近できてきた劇場は、かなりの部分、大規模な都市開発ビルの中に入っています。ですから周りはオフィス街であったり、商業地区であったりします。

戦後、下北沢もそうですけれども闇市があり、それから若者文化が生まれ、劇場が集積してきた地区が依然として残っている一方で、劇場が最近集積しているところはほとんどが大規模な都市開発の中に公共貢献のひとつとして入ってきている。これは、デベロッパーの人たちも当然、積極的にそこに劇場を入れようとしてつくられているとは思うのですが、何か付属施設のように思えてならない部分もあります。そして、大きな再開発のビルの一角に入っているものですから、周辺地区とのつながりみたいなものも、実感としてこれからつくり出していかなければいけない、デザインされていくことが求められている感じがします。

——新しい劇場と歩行者空間や公共交通をつなぐリデザインの必要性

これをどういうふうに我々は捉えるのかということが、今回の研究会を通じて、私はひとつの大きな課題かと思いました。日比谷にしても、まだ再開発途上の地区かもしれませんが、ここが文化的な地区になっていくためには、もう少し歩行者空間のネットワーク、あるいは公共交通とのつながりを含め、余韻もキーワードとしながら、再デザインしていかないといけないのかと思いました。それが今回の研究会を通じて、文化という切り口で東京のデザインを考えていく上での一つの課題として強く思ったことでもあります。

吉見　出口先生のような建築都市デザインの分野や、藤井先生のような土木交通計画、そうした分野の先生方に挟まれて、私は都市社会学ということなんですけれども、じゃあ社会学的な都市論というのはいったい何をやってきたのかというベーシックな話を少し紹介させていただいて、そこから今、出口先生もお話しになった劇場の話につないでみたいと思います。

——社会学での都市論の第一の流れ——集中性、多様性、流動性

社会学における都市論には、ものすごく乱暴な整理をしてしまうと三つぐらいの流れがあります。第一の流れは、一九一〇年代ぐらいから始まっている。つまり一〇〇年ちょっと前からのシカゴ学派といわれる流れです。アメリカの大都市のシカゴを都市化の実験場として捉えて、そこに様々な新しい都市的現象が現れてくる、それを社会学はどう分析し、調査していくことができるのかということに挑戦した一群の社会学者たちがいまして、これが都市社会学の原点のようなものをつくっていきました。

それで、このときの都市というのは、三つの要素、すなわち集中性と異質性、異質性は多様性といってもいいですけれども、それから流動性によって規定されていました。集中性というのは、とにかくいっぱい大量に同じ

場所に集まっている。そのことによって接触とか交流とか衝突とか対話とか、いろいろなものが高密に出現する。その集中性から、都市という非常に特殊な空間を、農村とはきわめて違う社会として捉えていこうということです。異質性というのは、そのような人々の人種的、あるいは階層的、民族的な多様性に注目することです。そこから様々なエスニシティ研究とか、マイノリティ研究が現れてきます。最後に流動性には、単に交通ということだけではなくて、渡り労働者という、都市から都市へ渡り歩いていく労働者とか、移民とか、そういう移動性も含まれます。ここから様々な社会学的移民研究も展開されていきました。

——社会学での都市論の第二の流れ——大規模化、生産性、国家的視点

このシカゴ学派的な伝統に対して、一九六〇年代くらいからマルクス主義が様々な批判をしていきます。それは、シカゴ派的都市論にはマクロな構造、つまり都市という空間がどのように生産され、そしてどのように国家的な政策の中で計画され、再配置され、また消費されているかということが抜け落ちているのではないか、もっとその国家との関係を見なければいけないのではないか、という批判です。その流れの中で、彼らは都市空間が大規模に集合的に生産され消費されていく過程、またそれに対して様々な社会運動が起こってくる過程を分析していく。よりマルクス主義的な都市論の流れですね。そこでテーマになっていたのが、団地、大規模再開発、ジェントリフィケーション、そういうものに対する反対運動などでした。

——社会学での都市論の第三の流れ——ポスト構造主義

シカゴ学派の流れも、マルクス主義の流れも、今でももちろん全然健在なわけですけれども、もうひとつ一九七〇年代くらいから出てくるのが、ある種のポスト構造主義的な都市論の流れで、私なんかはその一部を成すのだと思います。その中で考えられていたのは、やはり都市は何といっても経験される場、意味のある場とい

いますか、意味を生み出したり、ドラマがあったり、様々な意味が織り目を成していったりする場で、そういうふうな様々な都市の物語とか、テクストなどがどのように生み出されていくのか、そしてそこにどのような政策的な意図、マーケティング、都市の様々な工学的な仕掛け、そういうものが作用していくのかを分析していくべきではないかという点です。私が若い頃に書いた『都市のドラマトゥルギー』（弘文堂、一九八七年。現在は河出文庫）という八〇年代半ばの本がありますけれども、それなどは日本の系譜の中ではこういう第三の流れの代表的な作業のひとつとして、歴史的には位置付けられていると思います。

――都市の劇場性、ドラマ的な場

そういう流れで見てきたときに、私自身は都市をどう捉えてきたのかというと、その第三の流れで言うとまさに今、出口先生がおっしゃった意味とちょっとずれて、ちょっとつながるのですが、都市というのは劇場であるというふうに考えたわけです。それは個々の狭い意味での一つひとつの劇場が劇場であるということだけではなくて、むしろそれを超えて、都市そのものが劇場性をもっている。ですから、その都市がもっている劇場性、つまり様々な人が、別に俳優であろうがなかろうが、消費者であろうが、あるいは建築家であろうが、そこで振舞うことによって、ある種の役を演じている。そしてその役を演じながら、都市というものがひとつの演劇的な場、ドラマ的な場として演出されたり、演じられたり、忘れられたりしていく。そのプロセスを捉えようとしてきたのが、私自身の多くの仕事でもあるわけです。

――ドラマの時間性からモビリティへ

その流れの中で、モビリティというのはものすごく重要な概念であるということに改めて気がつきます。どういうことかというと、当たり前のことですが、演劇、ドラマというのは静止していません。時間性をもっているわけです。ドラマは盛り上がりや暗転、どんでん返し、それから始まりがあり終わりがあり、また実は終わりでなかったりとか、いろいろ展開していくわけで、ドラマは時間的な出来事なわけです。でも、都市もそうです。都市も同じ状態がずっと続いているわけではなくて、都市にもリズムがあり時間的な変化があって、都市自体が時間的な存在であることに気づくわけです。その、都市が時間的な存在であるということの重要性が、たぶん二一世紀に入ってますます大きくなってきたと私は思います。

時間の多様性に無関心だった二〇世紀

つまり、時間性はすごく重要な都市の特性だと思うのですが、二〇世紀の間は、なぜそれがそれほど問題にならなかったのかというと、近代化の中でモビリティが一元的に高速化していくんだということを自明の前提と多くの人がしてきたからです。東京の速度で言えば、どんどん速くなりますね。新幹線だと時速二〇〇～三〇〇キロメートル、自動車や地下鉄に乗れば時速四〇～五〇キロメートル、歩行者だったら時速四キロぐらいで歩くのでしょうけれども、それぞれが分断されてきた。

しかし、もっと中間の非常に多様な時間というのが実はあって、しかもその多様な時間と時間の関係が結構重要だということを我々は忘れていた。それが改めて二一世紀に入ってきて、この当たり前だと思っていた都市の速度とか、都市の時間というのは、当たり前でなくて、実は都市の時間は一元的ではなく、複数の時間があるんだということに気づいていく。この、都市と時間の関係を様々にデザインしていくことが、都市の劇場性を変えていくということになると思います。

ひとの眼差しを演出していた八〇年代の都市

これは、八〇年代ぐらいの都市のつくり方とちょっと違います。つまり、七〇年代、八〇年代の都市のマーケティングというのは、どういうやり方で都市を劇場化したか、劇場として創造したかというと、人々の眼差しを演出していました。つまり、人々が何を見るか、そしてどういうふうに人々が見られるかという、見る／見られる関係を演出したことによって、人々の見る／見られるという関係を緻密にデザインというか、構造化していた。それによって、都市の劇場性を良くも悪くも演出したということなのです。

けれども、むしろ二一世紀の都市の中で、都市の劇場性を考えていくときにとても重要なのは、非常に多様な時間を都市の中に復活させていったときに、どのような時間、あるいはどのような速度の組み合わせの中でドラマが成立していくのかということをデザインしていくということでしょう。

パリの一五分都市構想と石川栄耀と都市の余韻と

パリ市長が「一五分都市」といって、一五分という時間で新しい都市の形を提案しました。これ、面白いと思います。なぜ一五分なのかということを、今度は東京に関して考えてみると、先ほど申し上げたように、トラムとか、自転車とか、ボートもそうだと思いますけれども、ざっくり言えば時速一〇～一五キロメートルの間ぐらい。一五キロ弱くらいの速度の乗り物が一五分でどこまでいけるかというと、当然ながら四キロメートル弱ですよね。半径で言えば二キロ弱です。これは、コミュニティの生活圏として結構いい広がりなんじゃないか。つまり、半径一・五～二キロメートルぐらいの単位を一つの新しい都市の生活圏として設定していく。まさに先ほど出口先生がおっしゃった、石川栄耀の戦災復興計画の中で、彼は東京を巨大化しようとは考えておらず、東京の人口をもうちょっと抑えて、その中に文教地区もそうだし盛り場もそうだけど、様々な生活圏をつくっていく構想があった。その生活圏が複合して東京という都市をつくっていくということをイメージしていたと思いますけれども、そのときの広がりが、だいたい半径一・五～二キロメートルと、最近のパリの提案と同じくらいなのではないかと思います。

そのくらいの単位で都市を複合的にまとめていく。それがまたつながっていく。そういう都市のあり方を考えていくと、時間と空間とドラマといいますか、余韻といいますか、そういうものがつながる新しいデザイン思想がつくり出せるのではないか。ここでのメンバーが協力しながら、そういう新しい都市のデザイン思想をつくり出すことができれば、とても素敵なことなのではないかなと思います。

中村　時間、空間、それからドラマ、そのドラマはいろいろ多様で、というところだと思うのですが、そこに移動あるいは移動のためのいろんなサービス、道具というのが関わってくるというところ、そこはすごく有り難いお言葉をいただいたと思います。では、その移動の中で、藤井先生が長年ご尽力されたモビリティマネジメントの発想の視点からお願いします。

写真7–2　東京・さくらトラム（都電荒川線）

――モビリティマネジメントの思想と定義

藤井　今、中村先生におっしゃっていただいたモビリティマネジメントという言葉ですが、この言葉は非常に狭い分野でして、交通工学あるいは交通計画という、日本のアカデミズムならびに日本の社会の中、全体を見ると、非常に小さな世界ですが、その世界の住民向けの言葉として、モビリティマネジメントという言葉があります。この言葉について、いろんな定義を僕は今までしてきたのですが、簡単に言うと次のようになります。それは、交通の政策とか対策を考えるときに、人々の意識や行動をつねに視野に収めた上でコトを進めましょうという運動です。なぜこれを言っているかというと、社会学あるいは社会心理学的に言うと自明であるとは思うのですが、交通政策を考えるときに、交通計画あるいは交通工学の人々の特質として、出身が工学部であるということがあって、みんなＩＴの研究をしたりとか機械の研究をしたりとかして、とにかく目で見えるシステムを触って問題の最適化を導こうとする傾きが、工学の人間には強い。ただ中村先生は都市工学なので、ちょっと違うと思いますが。

中村　ちょっと違いますよね。

藤井　そうですよね。都市工学だけちょっと違うんですけど、工学部っていうのはだいたい機械屋みたいなネジ回しのようなところがあって、そういう人たちが主流を占めるのが、この交通計画、交通工学という分野です。僕は、学位論文がアクティビティ分析という行動を取り扱う行動科学で、経済学もやりながらマクファデンという意思決定の心理学寄りの経済学者たちがやっていた研究をずっとやっていて、留学がスウェーデンのイエテボリ大学の社会心理学、社会的ジレンマと不確実性下の意思決定などをやっていました。そういう意味で僕はずっと土木工学なのですが、社会科学畑の研究をやってきた人間からすると、意識とか行動を視野に収めた上で交通の問題を解消するなんていうのは、インスタントラーメンをつくるときにお湯をわかしましょうとか言っているくらい当たり前の話なんですけれども、お湯を足さないでもできると思っているような雰囲気が工学の中にある中で、ちゃんとこの分野の中で、社会心理学とか社会学とか、いわゆる人文社会科学、ソーシャルサイエンスをきちんと定義した上で交通政策を語る潮流をつくるんだということで、モビリティマネジメントという言葉を定義し、その中で意識と行動を問題解消の必要要素として絶対組み込みましょうということを申し上げてきたわけです。

――人文社会分野と工学との融合の視点の復活へ

ところが、社会政策を行うにあたってこういう発想は前提中の前提です。それこそ吉見先生に先ほど、シカゴ、マルクス、そしてポストモダンという中で総括をいただきましたけれども、人間側から都市を考える立場や分野の先生方からすると、当方がいま言ったようなことっていうのは、何当たり前のことを言っているんだという話になる。とはいえ、社会科学や社会思想では、空間を考慮したり工学的な制約を考慮したりという事が我々ほど前提になっているとは言えない側面もあろうかと思います。そういう意味で、僕の試みとしては、吉見先生も含めてこういう議論をさせていただくのは、人文社会科学と工学とをきちんと融合して、それこそ大変ありがたいことに、吉見先生も最後に時間性とおっしゃいましたが、時間性ということはV、速度の中に必ず／tが入ると、当然のことですが、それがモビリティと直結している。それを我々、／tのVについての工学研究をずっとやってきたわけですけれども、両者がこのように関係しながら都市というマクロの現象が蠢いているんだということを、そういう視野を復活する必要があって、そういう意味で、ルネサンスということだと改めて思いました。

いずれにせよ、こんなことを踏まえると、モビリティマネジメントというのは、工学側から都市交通計画におけるルネサンス＝人間復活を目指している動きになっているのかな、と思います。なぜルネサンスなのかというのを詳しく言うと次のようになると思います。まず、近代という文明はアナライズ、分割して、専門化をしていって、それで分析を進めていくという細分化の流れであったわけですが、これはゲマインシャフトからゲゼルシャフトに移行して役割分担をやっていったという社会学的な変更と並行するものだった。そういう流れの中で科学の分野も細分化していって、本来アリストテレスだとかソクラテスがもっていた「総合的なフィロソフィーの知」、つまり「我々学者が本来愛すべき知」というものは本来は「総合知」であったにもかかわらず、そういう本来の学者がいなくなっていった。そしてそれと並行して、社会の役割分担が進んできて、その中で人間疎外が進んで、ヘーゲルのいう共同体の精神というものの喪失（それを、「疎外」と、簡単に申し上げて定義したわけですけれども）が起こっていって、人々がどんどんどんどん不幸になっていった。そういう流れを食い止め、再び総合化し、人間の生命、暮らし、ひいては人間存在そのものを「復活」しなくてはいけないということを、それぞれの分野の人間が考えるべきであって、それを、当方は今ルネサンスと呼称したわけです。で、そう考える僕が交通計画という小さな分野の中で使った方便がモビリティマネジメントという概念だったわけです。そしてそれは例えば今の吉見先生のお話では、社会学においてはモビリティの重視である、時間性の複合的考慮である、ということになっていたのだと改めて思いました。

──お互いの時間性の尊重の先へ

長い前段となりました。かなり正確に喋ったので、ちょっと長くなってしまいましたけど、モビリティマネジメントで僕が志したのは、次のようなことです。僕が工学的な政策提言に苛立っていたのが、まさに先ほど吉見先生がおっしゃった、異論を許さないというか、モデルからの逸脱を許さないというか、そういうところです。で、僕は、社会を取り扱うにあたっても見られるそういう工学的傾向を心底嫌悪していました。そういう意味で大学一回生のころから工学部を嫌っていたわけです。けれど本来、生というのはそうなっていなくて、一人の人生は一個しかない。福田恆存が「一匹と九十九匹」（『福田恆存評論集 第一巻──一匹と九十九匹』麗澤大学出版会、二〇〇九年所収）というエッセイを書きましたけれども、九九匹の合理性を求めることも必要だけれども、実は一〇〇匹全員が一人ずつ、一匹ずつのまったく違う生を生きていて、それこそ違う時間性を生きていて、その時間性を互いに尊重しながら、互いに協力をしながら、活性化していくのが、本来我々がプレモダン、前近代においてやってきたはずのことだったんですけれども、近代という時代でそれがなくなっていった。

──交通計画での実践提示の必要性

だから僕はモビリティマネジメントなり、あるいは交通まちづくりという言葉なりですね、そういう中で我々がなすべきは、あくまでも政策提言ではなくて、実例提示、実践提示だと思うんです。政策なんていうものは、一応参考程度にやればいいのだと思います。人間の人生は一つひとつ違うのですから、底にはモデルなんてないというのと同じです。一方で、交通という社会の問題を解消するのにとにかく誰にでも使えるモデルを藪から棒にもってくるというのは、それこそ文字どおり「藪医者」がもってくる処方箋みたいなものです。だから本来、そんなものは少々の意味はあるにせよ、本質的にはもうどうでもよくて、やるべきことは、ある町のある時点の、あるおっさん、おばはんたちが織り成す、一〇人とか、場合によっては一〇〇人とか、あるいは場合によっては二人くらいの生の躍動としての実践があって、その実践を実際に行うことの他に何もないはずです。それ以外に大切なことは何もなくて、我々はそれを見て心を動かし、「僕も頑張るぞ」と思うということのために、学術論文なり出版なりというものがあるはずです。これを社会学あるいは思想の中でミメーシスと呼んだりしますけど。ある種の活力とか思想の伝染ですよね。インフェクションですよね。ポジティブ・インフェクションと言ってもいいと思いますけれども、そういうものをやっていく必要がある。

実践例示の土台となる思想を語っていく

この研究会活動は、こうして思想を語った上で、例えば、この研究会にも参加してもらっていたダンサーの生島翔君などから聞いた「実践」も大切だと思います。彼は今オリンピック関係の映画で頑張っていますけれども、どこかの村で踊りをやって盛り上がって、それを契機にその村がみんな生き生きするようになりました、みたいな実践の話もあるわけです。それこそ吉見先生が先ほど劇場とおっしゃいましたけれども、そういう何かひとつの実践のナラティブというか、シアターというか、演劇をやって、盛り上げていく。もちろん、重要なのはその村なり地域なりが盛り上がっていくことですから、それはそれで十分なんですが、我々のような研究者や社会運動を展開する者は、そういうあるひとつの地域のひとつの活力ある実践を、意図的にいろいろな外部の人に見てもらうということをやれば、それを見た人達の中からも「俺らも頑張らなあかん！」と思う人がでてきて、実践が実践を呼ぶ、というサイクルが回っていくことにもなる。そうやってパルチザンのような、ゲリラ活動のような実践がいろんなところでポツポツと広がっていって、それがずっと続けば、グローバルでモダニズム的でニヒリスティックな疎外的なものと対抗する方法論となるのではないかと思うんですね。さらに言うとそういう方法論でしか、そういうニヒリスティックで疎外的なものとは対抗し得ないんじゃないかと思うんです。そういうような方法論をぜひ、この研究会を契機として、先ほど出口先生も一〇年後、「あの研究会で変わったよね」というようにできればというようなことをおっしゃっていましたけど、まさにそんな方向に我々の活動が展開されていったらいいなと思います。その中でいろんな方便を我々は使いながら、でもいちばん重要なのは実践なんだと。我々一人ひとりの生であり、一個一個の共同体が躍動なのだということを、忘れてはならないというふうに思います。

中村　最初のこのお誘いのきっかけになった、単純にコンサートに行った、オペラを観た、あるいはプロレスを観た、お相撲を観た、あるいは美術館で展示を観たという活動がもっと大事で、そこで楽しんだ「余韻」というものが、都市の中ではすごく大事だというところの議論は、そこにつながる大きな流れは三人の先生方からたくさんいただけたように思います。今申し上げたような、劇を観るとか博物館に行くとかそういう具体なことも含めた意味での文化的、創造的というところに関わる話、そしてこの言葉を最初に出してくださったのは吉見先生だと思います。

3　余韻のある多様な時間を受け入れる都市の実現と展開に向けて

「余韻」の都市の中での大切さ、それが実は広い意味での公共交通、都市の中での移動の仕掛けとつながっているというところがゴールなのですが、最後に、実現と展開に向けてのメッセージをそれぞれの先生からいただけますか。

――実践提示につなげていく

藤井　続けての発言となって恐縮ですが、最後に具体性、実現に向けてどのようなアクションを考えるといいか、ということについて発言したいと思います。ひとつは先ほど最後のほうで、政策提言というより、実践の提示が大事であると申し上げましたが、それを起点としたミメーシスのインフェクションの連鎖を促すことが必要だ、というところについて付言したいと思うのです。これについては本当にいろんなところでゲリラ活動的にいろんなことをしていくのが大切だと思います。これは交通計画者だけでなくて、学者だけでなくて、住民だけでもなくて、行政、政治家の方、その都市に関わる全員が参画しながら、それぞれの都市という舞台の中で演劇を展開していくことが大事だと思うんですね。

このときに、例えば工学的なものと人文社会学的なものの融合が大事だという話をしましたけれども、融合というのは一言で言って、ある種アウフヘーベンが大事だということになりますけれども、アウフヘーベンを考えるときに、これは僕のプロジェクトマネジメントを考える上で、例えば全国の高速道路の整備計画の推進とか、新幹線の整備の話とか、国土強靭化あるいは国土計画の中でやりながら、その一方で、今申し上げたシアターを中心としたような、あるいは村祭りを中心としたような地域の活性化を同時にやっている立場から言うと、次のように整理できるのではないかなと思います。これがたぶん、この研究会で文化都市の創造を交通の視点から考えるという上で大事じゃないかなと思います。

――便利さとそれゆえに失うものの両面を見据えて

まず、すべての近代的技術というものは、一面において我々の暮らしを便利にしてくれるわけですけれども、にもかかわらず便利であるがゆえに失ってしまうものがあるという弊害を必ずもつ。その急先鋒が自動車というもので、自動車は我々を便利にしたけれども、その一方で我々をある種不幸のどん底に陥れたという存在です。これは自動車に限らず、あらゆる交通手段にあてはまります。鉄道にもその面はありますし、文明の利器というものはつねにその問題がある。特に速度を高めてしまうものは、今まで速度が遅い中で接触してきたものとの接触を断ち切ることを通して、我々人間の生を弱体化させてしまう側面を、原理的に必ずもちます。一方で、速度を高めることで触れ合うことができる人々というものができてきている。その点も踏まえれば、速度の変化というものは我々の接触世界の変更を強要するわけです。ここで何も考えていなければ、我々は文化だけを失い新しいものは何も手に入れられない。一部企業だけが金儲けをして、資本の論理に回収されてしまう。

歩行空間も地下鉄も飛行機もあるウィーンのように

ところで、僕はウィーンのまちがすごく好きで、夜にコンサートを観て、昼にはどこかレストランでビールを飲みながら無粋なんですがパソコンで仕事をして、夜またコンサートに行くという出張が大好きで、実はコロナの前はちょくちょくやっていたのですが、ああいう生活をやるためには、やっぱり地下鉄なんですね。もちろんスローモビリティのペデストリアンはすごく大事なんですけれども、やっぱり地下鉄で、かつウィーンには飛行機があったり、空港アクセスがあったり、バスがあったりとか。実はすごい超高速の近代的なものが、その都市空間、そしてウィーンの「文化」を支えているわけです。

一方で、金太郎飴のような都市とか、速いだけで、あるいは便利なだけでなんの味もない都市空間というのもある。だからやっぱり我々は、移動手段が速くなるような投資を行った場合には、きちんとそれを「文化化」していくということが絶対に求められるわけです。それは例えば漁礁を沈めてしばらくすると、藻が生えて魚が棲んで生態系ができ上がるように、新しい移動手段が入れば、意図的に入ったらそこに生態系が、社会学的生態系ができるようにしていって馴染ませていく必要がある。そういう努力を怠ると、味のない人間疎外的で、文化のない、味気ない都市空間ができあがる。

他方、うまい漁礁の置き方というのを漁業ではやっているわけですけれども、そういうふうに、文化を発展させるということについての明確な「意図」に基づいてしっかりとした都市交通整備を行えば、そうしないケースよりも社会的な生態系がより活力あるものとなり、一人ひとりの幸福度がより高い都市空間ができ上がるはずです。そしてそうやってでき上がった都市空間の事例が、先程申し上げたウィーンであったり、例えば、京都であったりします。江戸も、難波や心斎橋や道頓堀なんかも、少なくとも江戸時代までは、前近代まではうまく、今よりはかなりできていたのではないかと思います。そういう都市のあり方を、計画論として目指していくことが必要なんだろうなと思います。そういうことを踏まえ、これを実践するものを、富山とか京都とか、東京とかでできたらいいなと思います。

写真7–3 ウィーン©photo.ua / Shutterstock.com

―――それぞれの新しい技術を受け入れていく文化につなげていく都市へ

中村 新しい技術を受け入れるときの受け入れ方というのは、先ほども触れたブキャナンレポートにもあるように、都市の中に自動車が来るときに自動車に合わせて都市を変えようではなくて、都市に自動車を手懐けよう、まさしく犬を飼うみたいな感じですよね、そういうふうなトーンがいくつかあって、都市というのは何なのかという議論はもちろん必要なものだけど、そこに自動車というものを入れ込むという順序で考えるべきと言っています。だからブキャナンレポートでは住宅地の中はゆっくり走らせようとか、道路の段階構成を明確にして、都市の内部の車を遅くさせようとか書いてあります。

ちょっと脱線するのですが、僕自身がＭａａＳということで、組織までつくってやっていますが、新技術、それこそ自動運転から何かいろいろなものが出現しているんだけど、少し怖さを感じます。ブキャナンレポートでの自動車と同じで、都市の中に、新しいものを入れて「これで都市が変わる」という論調は片方にはあるけど、いろいろなものがすでにあって、議論もある中に、そういうものをきちんと入れていかないと、結局そこに振り回されてしまう。本や雑誌の見出しだと「これで都市が変わる」と言うけど、都市が変わるというあなたは、都市をどれだけ知っているんだという言葉が喉までいつも出かかります。何か今、そんな自分のいろんな思いを改めて思い出させてくれました。そしてそこがすごくすっきりしました。これから先、その忘れていた都市の中にいろいろ埋め込んでいくという部分を含めて、我々はアプローチするんだなと。

――狭義のCreative City――活動やツーリズムではない都市の文化面の課題へ

出口　私は今回、文化的創造的機能の研究会をやるからというふうに中村先生からお声がけいただいたときに、とっさに頭に浮かんだのは創造都市、Creative Cityという言葉でした。これはリチャード・フロリダや、チャールズ・ランドリーや、日本ですと佐々木雅幸先生が第一人者となられて普及していった概念です。私はビルバオにも行ったことがあるのですが、ビルバオも、もともと鉄鋼業なり造船業の都市でしたが、第二次産業の都市だったのが衰退したので、グッゲンハイム美術館の建設を契機に新しい産業を興そうとしたわけですね。要するに、文化をひとつの産業として見ているわけですが、そういう意識が頭にありました。

文化的創造的というと、ツーリズムに力を入れて、観光経済をつくり出そうとする方向と結び付いてしまうきらいがあったのですが、この研究会はそこことは一線を画していると思います。要するに、文化と観光経済をつくり出していこう、あるいは第二次産業、第三次産業に替わる新しい経済や産業をつくり出していこうということとは別のアプローチだということを、最初に認識しました。

――都市の評価の観点を変えていく。連続し連携する活動に着目して

そう考えると、文化的創造的機能というものの評価の観点も変える必要があると思います。今、私はQOL（Quality of Life）評価というものに関心があります。現在、スマートシティの評価指標を提案しているグループがいくつもいるのですが、その多くは従来の延長で考えていて、結局は行政がつくった統計データなどを組み直して、それでQOL評価ということを言っているんですが、僕はまったく根底から変えなくてはいけないというような気がしています。先ほどの藤井先生のお話を受けて私もそうだなと思うのは、一人ひとりの活動や行動を評価しないといけない。それで都市をトータルに評価しなくてはいけなくて、それが今、ビックデータを分析するなどしてできる時代になってきたと思います。そのときに、今までは劇場に行って、それを観て「満足しましたか」、その瞬間だけを捉えて「満足しましたか」と尋ねていましたが、やはり一日の中でそれを加味して満足したかどうかを捉えなくてはならないと思います。前後の時間も含めて。前後が渋滞にあってイライラしていたりとかすると、その瞬間は楽しかったかもしれないですけれども、トータルで考えたときの満足度みたいなものは、わからないわけですよね。やはり一人ひとりの行動、その前後も含めた行動や感じ方、その時間をどう評価するのかということを考え、それの蓄積が文化的創造的都市ではないのかと思うのです。だからその評価の観点も、根本的に変えなくてはならないと思っています。そうした点もぜひ、この研究会をきっかけとして考えていただきたいと思います。

中村　今の最後の点は、つくる側は劇場をつくって前後にストリートをうまく工夫して、そこにうまいこと電車か何かをつなげてつくるんだけど、その評価も個別にではなくて、そういうものがつながって過ごした一日で、

結局、文化的創造的機能に接したということが、ほかのことも含めて、トータルでどうだったのかと。本当に質的な評価、人々の日常生活の質の評価というところに向けてやっていかなくてはいけない。そこでもつながりがいるということで、よくわかりました。では、最後になりますが吉見先生、お願いいたします。

吉見　私も出口先生の、前後の時間をQOLとして評価すべきだという提案に大賛成です。やっぱり、これまでの都市の文化度だとかいろいろな評価は、点、しかもかなり大きな点の評価でしかない。だけれども、それを時間軸に沿って、線の評価にしていったときに、都市の見え方が非常に変わってくるはずです。

――オンライン配信の先をいく舞台活動からのヒント

コロナのパンデミックがあって、演劇の公演というのは昨年あたりからできなくなりました。それで、当然ながら、それをオンライン配信するというところが多々現れてきます。

しかし、いろいろな意欲をもっている人たちは、オンラインでは満足できない、これは何か演劇とは違うと思うわけです。無観客でやったものを、オンライン配信をして、これが演劇か、これがスポーツか、ということにもなる。そうするとどういう動きが起こってくるかというと、一つはあえて感染対策をして実演する、つまり観客を入れて劇場を開いてやる動きが比較的早い段階から出てきます。そのときに、いくつか面白い試みというのは、例えばマスク演劇みたいに、わざとマスクを衣装の一部にして、それでドラマのストーリーの中にマスクを取り込んで、あえてそういう形でやっていく試みであるとか、あるいは隔離演劇みたいに、役者が全部マス目のようなところに入って、社会的距離を、ソーシャルディスタンスを完璧に取りながら、それでどういう演劇ができるかということを試していくとか、そういう試みが一方で出てきます。

他方、メディア的な場での演劇性とは何かを考えていく動きも生じました。例えば、お客さんに一人ひとり俳優が電話をかけるんです。来るはずだった人に、一人ひとり。「これからあなたのために演劇をやります」と。

台本を渡しておくのですが、「あなたが読んでほしいセリフのところをリクエストしてください」と。そのリクエストに応じて、そのセリフのところを一人ひとりの役者が読んでくれるという。結構感動しますよね。俳優が読んでくれると。そういう試みがありました。

さらに、架空演劇。つまりポスターとかビラとかプログラムとかを、完璧につくるんですよ、広告も。でもその演劇は行われない、架空なんです。でも、あたかもあるかのように完璧にプロモーションをして、なおかつ実演されたかのように思わせる。そうしたプロセス全体が、演劇なのです。

それから昔の寺山修司みたいですけれども、ハガキ演劇もありました。「コロナ禍のお見舞い申し上げます」というハガキが、観客の家に三回来るんです、同じ人に。わりと下手な字で、絵の具で書いてあるんですけれども、最初は普通のハガキの裏に普通の大きさの字で書いてある。しばらくすると二回目に、その字が紙面いっぱいに太字で大きくなって、大声になったかのように書いてあるハガキが来るんです。最後は、ハガキいっぱいに真緑とか真っ赤とか真黄色とか、ほとんど字が読めないくらい大きな声になっているんです。だんだんだんだん何かが迫ってくるような感じを受け取った人に与えられるようなことをやって、それを演劇と称する。

つまり、演劇は上演されないんですけれども、しかし演劇が生じる。何か周りの状況をつくることによって、演劇が生じる。これは、「わくわく感」ですよね。「わくわく感」を意図的に、様々なメディアを使いながらつくっていくことによって、「わくわく」という演劇性を発生させる演出をするというか。そういうことを工夫しながらやっていった劇団がいくつかありました。面白い試みだと思いました。

――都市という劇場には、余韻と移動が不可欠

これはつまり、彼らがそれぞれなりに、ドラマとは、演劇とは何かということを考えて、この状況の中でできることは何かということを考えてやっていった作業なんですね。でも、結構本質を突いていると思うんです。た

だオンライン配信をすることが演劇、あるいはドラマなのではないということなのですね。逆に、先ほど出口先生がおっしゃったように、移動の時間というものが、すごく大切だということ。それをオンラインにしてしまうと、授業から授業の切り替えだけで余韻が失われて、学びも失われてしまう。だから、現実にはオンラインは時間の無駄を省きますからAという劇団の劇をオンラインで一時から三時まで観て、三時一分からBという劇団の演劇を観ることができるわけですが、何か違うわけです、根本的に。

我々の社会で、かなり前からこのような時間性を行きわたらせてしまったのが、やっぱりテレビだったと思うんですよ。つまり、都市の余韻や演劇性を殺した最大の主犯はテレビです。テレビがこれだけ浸透していく、その先にスマホもあるわけだけれども、そのことによって私たちは「余韻」を失った。だとすれば、これから都市の中にどうやって「余韻」を埋め込んでいくのか。それをモビリティの問題として考えていくことができるのか。これは、QOLの新しい評価の仕組みとも関わります。

──スイミー型の都市や社会のデザインでニューローカルへ

そのためには、東京は大きすぎる。あまりにもすべてが集中し過ぎてしまった、この都市に。あまりにも日本全体が便利になることによって、あまりにも多くのものが東京に集中し、地方都市は困難に直面するし、東京も過大なので逆に文化的な創造性が下がっている。ウィーンにしたって、パリやニューヨークにしたって、東京より遥かに小さな都市ですよね。でも文化の集積度は高いわけですよ。つまり東京ほどの巨大さはいらないのです。日本全体の都市をリバランスしていく。その戦略がまず必要です。

東京の中も、やはりリバランスしていく、つまり東京をもう少し疎にしていくことによって、隙間が生まれてくる。余韻のためには隙間が必要で、どういうふうに隙間をつくるかということが、すごく面白いけど難しい課題なのだと思います。方向性として言えば、絵本の『スイミー』(レオ・レオニ、一九六三年)ですね。よくご存じだと思いますけれども。大きなマグロと戦うために、小さな魚が集まってある形をつくっていく。小さなものをつないでいくことによって、巨大なものに負けない力を発揮していくという、スイミー型の都市計画とか、スイミー型の国土計画とか、スイミー型の社会デザインとか、そういうことが必要です。そこにおいては、小さい点と点をどのように時間的、空間的に数珠つなぎにしていくのかという、その戦略というか方法論が必要です。それがたぶん、今求められている二一世紀的都市学なのではないかなという気がします。

8章

ニューローカル
——余韻を享受できる都市を支える公共交通

中村文彦

国際交通安全学会で二〇一八年度から二〇二〇年度まで実施された研究プロジェクト「都市の文化的創造的機能を支える公共交通の役割」の参加メンバーによって分担し、一部は座談会形式でとりまとめられた、本書の1章から7章は、それぞれ、著者、座談会参加者の都市への熱い思いが溢れているが、大きな背骨の部分でつながっていて、流れている思いは、多人数の著書でありながら、ほとんどぶれることなくまとまっている。

研究プロジェクトを開始した時点ではコロナ禍を想像することもなく、他の国際交通安全学会のプロジェクト同様、多くの海外調査を敢行して海外先進都市からの学びを加え、あわせて、東南アジアの発展途上国大都市にも足を運び、技術進化面では日本より遅れている面があるとしても、その国の歴史や文化を尊重していく都市づくりの課題を探るような構想もあった。しかしながら、コロナ禍により我々の研究プロジェクトでも、少なくともプロジェクトリーダーの私の考え方は大きく変わらざるを得なかった。

それでも、国際交通安全学会の会員である名だたる研究者の方々に加え、会員ではないが、都市デザイン、都市社会学の分野でのそれぞれ日本の最高峰たる先生方とご一緒して議論を重ねる中で、ゴールが見えてきた。それも、コロナ禍になる以前から議論していた方向性を大きく変えるのではなく、むしろ踏襲して、より強調して、我々の議論した成果を世に打ち出せた。思いは共通で、大きな流れもぶれていない、とは言え、このコロナ禍において、都市と交通について、きちんとまとまったメッセージを出すことが必要で、それが本章の目的である。

1 「ニューノーマル」ではなく「ニューローカル」へ

一般に言われる未来の都市の視点としての持続可能性、創造性そして多様性を踏まえた上で、都市の中心には、文化的かつ創造的な機能・活動の集積が重要になる。そのような機能・活動からの派生需要としての公共交通の役割の明確化を試みた。そもそも未来の公共交通は「安かろう悪かろう」ではなく、駅まわりの歩きやすさ、市民からの信頼、駅や車両といった場の楽しさが重要で、それらを具現化する動きとつなげていく必要がある。換言すると、手段合理性や目的合理性を越えて、価値合理性へと向かう必要がある。

偶然にも経験したコロナ禍で、外出自粛が国家的に強く要請され、活動も行動も変化した。そこでは、芸術イベントをはじめとする文化的創造的活動は危機に瀕し、公共交通も危機的状況である。コロナ禍の後にどうしていくべきか、都市および交通を専門とする我々は、この問いかけへの解答も求められている。

そのような中での我々のキーワードは、「ニューノーマル」ではなく「ニューローカル」である。必ずしも大きくない都市の中心には芸術活動、スポーツ観戦などの文化的創造的機能があり、そこにつながる余韻を、公共交通およびまわりの空間が支える、これこそがその都市に根差すという意味でのローカルの新しさである。

ライフスタイルを支え、ひきつけるのが交通であり、移動自体も楽しくなくてはならない。このような移動は不要不急でなく、重要な本源的な活動となり得る。そこでは、混雑や渋滞の中の義務的交通は主役ではない。自家用車に頼ることを忘れるほどに、徒歩、自転車、公共交通を選ぶことが楽しくなる場面が増えていき、それらが、都市の問題解決、未来の都市をひっぱる原動力になるように仕掛けることこそがプランナーの課題であるといえよう。

公共交通を核とした交通体系では、アクセスしやすさを演出すること、余韻を楽しめること、スローな移動など多様な移動の価値を味わえることが必要になる。このような工夫の積み重ねで、公共交通でのトリップ数が増加することにより、様々な社会的効果の発現につなげていく。これは、「ブキャナンレポート」以降言われ続けてきた、自家用車移動だけの都市中心では限界があることへの答えになり、また、公共交通を持続させて、社会的効果発現へつなげる流れにもなる。

通勤通学一辺倒の都市や交通への疑問からスタートし、文化的創造的機能が都市の中心と考え、そこにつながる余暇と余韻の再発見へ到達した。移動についてては、価値合理的なものへシフトし、自分では運転せず、多くの人と乗り合う、気軽に乗れる輸送サービスとしての公共交通でこそ実現し、公共交通も通勤通学だけを考えた事業モデルからの脱却を期待したい。

特に、余韻のための空間設計、割引運賃、深夜の帰路についてのタクシーも組み合わせた支援、そして、車両や施設設計の考え方の再考が期待される。

公共交通危機回避と自動車過度依存抑制のために文化的創造的活動を支える公共交通を目指す方向性は、東京よりもむしろ小規模な地方都市で展開されることが期待でき、その意味でも富山市でのケーススタディは有意義といえる。

公共交通についての、より実践的な思想は次のとおりである。これまで、安全は基本として円滑、すなわち短時間と低費用が最優先で、輸送システムという面では積み残さないことが重要命題であった。しかしながら、これからは、多様な価値を受け入れる、すなわち、急がないでゆっくり動くこと、待つことが楽しめること、景色が楽しめること、車内を楽しめること、一緒に過ごす空間にもなり得るし、ひとりで過ごすのも可能なこと、余韻を尊重できること、通勤通学向けの設計の流用ではないこと、運賃制度の仕組みも支払い方法も多様なこと、文化的創造的活動、余韻の享受と一体となった移動費用すなわち運賃システムがあること、などが求められる。

例えば、富山市では、以下の項目をパッケージとして提案した。

短期的な取り組み

・路面電車を眺める場を活かすこと、路面電車電停界隈の飲食できる場を活かすこと、富山駅南口駅前広場を一望できる場を活かすこと、その他降車停留所や車内の空間デザインの工夫、などにより路面電車を生かした余韻の場の創出

・日中あるいは夜間の乗り放題チケット、観覧券（入場券）とセットの乗り放題チケットのような割引メニューおよびそれによる運輸事業者減収補償の仕組み

・飲食店閉店にあわせた公共交通運行時間帯拡大、電車と降車後の帰路端末短距離タクシー予約サービス、主要駅からの端末短距離利用向けのタクシー集中配車、予約不要で乗車できる夜間レストラントラム運行、などによる余韻の享受の支援

長期的課題

・文化的創造的機能にかかる集客施設まわりの空間整備

・電停からの歩行動線、たまり空間の整備

・近隣飲食店舗の誘致と支援

・路面電車のシンボル性を高める景観誘導など

・歩行者利便増進道路枠組み活用など道路空間再配分推進

・学生など若い世代の中心市街地居住推進を含むまちなか居住誘導

・着席前提、速度重視区間と眺め重視区間の仕分けへの対応、車内からの視界の重視などを含む、電車やバスの車両設計の抜本的見直し

・各施策を連携させて自家用車を使おうと思わなくなる場面を増やす方向につなげること

2 あるべき都市のかたちと公共交通

これからのあるべき都市のかたち、それを支えていく公共交通の役割、具体的な提言、ここに至るまでに、人間の視点、歴史の視点、空間の視点から切り込んだ。本書の1章から3章は、それぞれ、人間、歴史、空間から切り込んだかたちになっている。空間には様々なスケールがあり、我々は地図を通してそれを理解するという前提で、3章では地図を活用した分析を行っている。

各章では、多くのキーワードを打ち出してきた。

まず、1章で、人間の切り口から議論を始めた。都市を語るのに、生産性でも渋滞緩和でもなく、人間が中心で、その人間が主観的な幸福感を得ることこそが、人々の生活の質につながり、そのためには、文化的な、創造的な、ものあるいはことに触れることがきわめて重要なことを確認した。人間中心のまちづくり、人間中心の都市交通というフレーズは、これまでも多くの場面で目にしてきたが、人間中心とは何なのか、この問いかけに対し、大規模なアンケート調査をもとにして、統計的な分析を経て結論を得ている。偶然にもコロナ禍で、多くの音楽イベントやスポーツイベントが中止となってしまい、不要不急の外出の自粛が強く要請されていた。芸術や文化、スポーツを通した人々の躍動に触れる機会が失われたことの影響の大きさもわかってきた。やはり、これらに触れることはとても重要で、それこそが都市の人々の営みの中心なのだ、ということにも確信を得た。さらに言えば、そういう活動にアクセスするための移動は、むしろ人間には必須であって、それらを一緒くたに不要不急の移動としてまとめられていたことにすら、憤りを覚えるくらいである。

2章では、東京の歴史という切り口で議論をはじめた。シカゴ学派にはじまる都市社会学の系譜も追いかけながら、都市がどう変化してきたか、我々は都市をどう扱ってきたか、東京を中心的に題材として、様々な観点での議論を展開した。その中で、そもそもの都市の劇場性の重要性、都市を語る視点としてのコンヴィヴィアリティ、そしてそれを支える移動は、何も速くなくてよい、移動の価値を大きく見直すことが今求められ、期待されていることを示した。ここで、都市の様々な活動での余韻の意義を明確に打ち出せている。

都市の未来像というと、環境面と経済面および社会面での持続可能性、創造性、多様性、そして自然災害の多い昨今では強靭性などが語られるが、我々は、人間中心の発想の中で、コンヴィヴィアリティ、快活性を加え、その具現化する表現として、文化的創造的機能、具体的には芸術鑑賞やスポーツ観戦、そして逍遥ともいえる散歩までをも含む活動後の余韻、これらの重要性を強調できた。さらに、速くなくてもよい移動の象徴的な交通手段として、路面電車、トラムの意義を見出した。道路の中央に軌道があることの存在感、その軌道の存在の分だけ自動車が走りにくくなっていることの意味、そして、都市交通計画の多くの書籍では、近代化したトラムをLight Rail Transitと称し、その速達性や定時性を重視しているのに対して、本書では、低速であることを強調する。ゆっくり走ること、ゆっくりだから車内からしっかり街を眺められるし、万が一危険な場面があっても回避しやすい。乗り合う車内での人々のコミュニケーションだけでなく、車内と車外のコミュニケーションという意味でも、低速のトラムこそが街に重要というメッセージまで得た。

空間という切り口では、地図をベースにした作業結果をもとに、劇場あるいは他の文化的な施設が都市にどのように集積していて、そこにどのようなヒント、課題があるのかを解きほぐした。あわせて、近代の都市計画分野の偉人である石川栄耀が、盛り場の必要性を唱える中で、劇場が都市の中心にあり、その周囲に十分な公共空間などを配するプランを提案していた事実も踏まえ、余韻を受け止める空間の意義について確認した。一方で、近年、多くの劇場建設が進んでいる東京都心内の地区について、より大縮尺の地図をもとにした分析を通し、量的な充実度とともに、オープンスペースや公共交通アクセスとの関係を含む質的な課題があることを示せた。

研究プロジェクトの中で、コロナ禍前に現地調査を敢行できたのは、ブロードウェイ地区の劇場集積がある二ューヨーク、ウエストエンド地区の劇場集積があるロンドン、そしてモーツァルトはじめ偉大な音楽家の活動の蓄積からかたちづくられたともいってよいウィーン、この三都市である。ここでは、それぞれの都市の調査で得たことは再掲しない。共通して言えるのは、我々が見つけた、余韻を味わえる空間や仕組み、そもそもの劇場機能の集積と運営、連続する歩行者空間、つながる公共交通、時間と空間の使い方の多様性、かたちはちがってもきちんと揃っている都市であるという点である。ニューヨークの都心にもロンドンの都心にもトラムはないが、そこは大きな問題ではない。大都市では、様々な移動手段がすでに存在している。ウィーンのように中規模の都市で、従前よりトラムが充実している都市では、その存在を十二分に活かしていることも言うまでもない。

ここまでの蓄積をもとに、5章では、具体的な提案の方向性に踏み込むことができた。

明確な都市構造のもとで、劇場をはじめとする文化的機能を都心に集約させ、それらを十分な広場と連動させ、そこに公共交通をつなげていくのが基本形となる。劇場そのものも大規模再開発高層階よりはむしろ、連続する広場などの歩行空間により近い低層階あるいは地表階が望ましいという想定になる。

そして、そのときの公共交通は、公共性のある、誰でも気軽に乗れるシステムで、都市によっては水上交通まで含むような多様な形態、それは技術的な意味での形態というよりは、むしろ、居心地、速さ、そこから見える景色という意味での多様性と理解できるが、多様な移動方法を選べる、いわゆるマルチモーダルで、運賃をはじめとする情報が統合されたサービスであるべきという整理になっている。さらに、都市自体が、そして都市の公共交通システムが自律的に持続していく仕組み、単純な黒字赤字の採算性評価ではなく、都市全体でのマネーフローを適切なかたちに誘導し維持していく仕組みが必要なこと、これらすべてを含んで「ニューローカル」と表現できることにも言及した。

これらの知見は、次節で述べる本書の結論に大きくつながっていく。

加えて、6章では、研究プロジェクトで取り上げた富山県富山市を対象としたケーススタディを行った。中心市街地の路面電車市内路線を延伸して環状線とすることで都市構造を明確に位置づけ、文化的創造的な機能の多くも路面電車沿線につながり、広場空間もそこそこ用意されている富山市は、我々が描く未来の都市と公共交通のかたちに近いだけの土台を十分に有しているといえる。富山市に関わっている行政機関、研究者、富山市をベースに活動している芸術家、そして都市交通にも関心の高い市民の間での議論を通して、前節で述べたような提案を行っている。

そして、7章の四名による座談会では、本書の意義を改めて四名の研究者で共有した。人間を中心に据えること、単純な効率性を重視し、都市の拡大を目指す高度成長期的な発想からの脱却、より速くより高くより強く、ではなく、より愉しく、よりしなやかに、より末永く、の発想に、公共交通を組み入れて具体的に都市を変えていくことの必要性を共有した。

ニューローカルな都市において、交通という面ではどういう解釈ができるのか、若干補足をしておく。

公共交通の利用が増えること自体は、目標ではない。それによって、ニューローカルな都市が持続していくことが目標である。とはいえ、公共交通は事業者に任せるのではなく、都市の移動の装置の一部分として丁寧にしつらえてある必要がある。自家用車は、各市民が個人的に所有することは厭わないものの、都市の真ん中に自家用車で来るよりは、別の方法で来たほうが十分に楽しいように仕組んでおく。もちろん、移動に困難さが生じる場面に対応して、ドアトゥドアでの移動を支えるタクシーも選択肢になる。

そこには、移動において、速くなくてもよい、直接的な費用が安くなくてもトータルで社会的にプラスであればよい、という価値判断基準が付随する。加えて言うなら、そういう場面をメインイメージとして、電車もトラムもバスもデザインしていく、換言すれば、通勤混雑処理をイメージすることのないものにしていく。

なお、現実的には、通勤通学需要の平日朝夕のピークについても、緊急事態宣言時ほどまでいかないにしても、従前よりはかなり需要が集中しないことが望ましい。そのためには、学校やオフィスなどでの通学および出勤・

勤務の制度を見直すような社会的な動きが必要となる。これらの制度が日本に浸透するのは必ずしも容易ではないかもしれないが、仮にある程度実現すれば、それは、通勤地獄と呼ばれるような移動を日々経験する必要なく、かつ、本源的な活動として我々が考えている文化的創造的機能に触れる場面、それに伴う移動、そして余韻をきちんと享受できる都市である。そこの住人は、主観的な幸福感が高く、生活の質も高く、結果的に都市としての経済的な面、社会的な面、そして環境的な面での持続力の向上にもつながり、多様な人々が、コンヴィヴィアル、すなわち陽気に集い、そこに創造力が生まれ、後の時代へとつながっていく。公共交通は、このように都市に貢献できるのである。

3 ニューローカル——余韻を享受できる都市「余韻都市」を公共交通で

いよいよ、まとめの提言に入る。ここまでの二節で、言うべきことはすべて言い尽くした感もあるので、繰り返しのような表現になることをご容赦いただきたい。

①コロナ禍を受けて文化的創造的機能も公共交通も大きくダメージを受けた都市は、これからニューローカルな都市としての再生を目指す。
②長期的に取り組む方向性のもと、速やかに実施あるいは小規模試行できることは、フィールドで実践し、アジャイルなスタイルで実装していく。
③ニューローカルな都市では、次のような課題を目指す。
・成長基調ではなく成熟基調で、より愉しく、よりしなやかに、より末永く、がキーワードになる。

・人々の幸福感が最も尊重され、芸術やスポーツをはじめとする文化的創造的機能が都市の核になり、そのような機能にかかる活動が最も尊重され、人々がそれらの活動に触れる、あるいは参画する機会が重視される。
・その活動の余韻を重視し、それらを享受できる空間やサービスの提供を尊重する余韻都市になる。
・多様な価値観が受け入れられ、経済効率性一辺倒ではない様々な価値観が共有される。
・ニューローカルな都市のスケールは、必ずしも大きくはなく、一方で、様々な価値を、より長いタイムスパンを見据えて、共有し育てていけるようにする。

④ニューローカルな余韻都市を支える公共交通は、安全や低環境負荷を重視した上で、現代の都市交通政策の発想を抜本から変えていく。

・人々の移動は、基本的には徒歩と自転車と公共交通で支えられる。徒歩が最優先で、そのあとは自転車と公共交通が続く。両者の優先順位は場面ごとに決める。ここで公共交通とは、運輸事業のことではなく、誰もが気軽に使える様々な交通サービスを意味し、タクシーやシェアサイクルも含む。それぞれの公共交通のサービスを担うのは民間事業者であるが、都市あるいは都市圏で、全体の交通体系を支える仕組みの中に位置づけられ、各事業者が、運賃あるいは料金の収入だけによる独立採算を求めるという仕組みから脱却する。ただし、行政が無条件に赤字補填をするという意味ではなく、まちづくりや環境政策、福祉政策、防災政策などの効果を担う部分を行政が負担するなどの工夫を取り入れる。加えて各事業者が適切なかたちで運営の効率性維持に尽力する仕組みが付随する。ＭａａＳ（Mobility as a Service）の概念は、都市や都市圏での、それぞれの公共交通サービスの情報や運賃料金決済を束ね使いやすくするとともに、移動データの蓄積を活用して公共交通全体を持続的にモニタリングすることで、公共交通を支え、都市の各種政策目標を実現していくことに役立っていく。
・公共交通のサービスや関連する施設は、文化的創造的機能につながる活動へのアクセス、ここまで述べてきたニューローカルな都市での余韻の享受の支援のために設計される。余韻を享受できる機会の多い都市、すなわち余韻都市を支えるのが公共交通であり、そのサービスや施設自体も重要だが、公共交通の駅、停留所に接続する空間の歩きやすさや居心地のよさも同じように重要視され、設計では様々な配慮を行き届かせる。余韻都市を支えるのが公共交通であるが、同時に、公共交通の持続性を余韻都市が支えていく。都市や都市圏のモビリティ、すなわち移動のしやすさを持続させるのは、交通政策制度や事業者の努力だけではなく、都市であり、その余韻であり、その価値を認める社会を成熟させることこそが重要である。

・公共交通は我慢して乗るもの、生活の質を下げるもの、というようなイメージを払拭し、むしろ、公共交通によって都市での様々な余韻を享受し、豊かで質の高い時間を得られるように工夫する。自家用車の保有や利用を否定するものではないが、多くの人と乗り合い、その時間を楽しむことができる公共交通が、より好まれる場面が多くなることを目指す。

・速く安価な移動だけが尊重されることなく、多様な価値を合理的に受け入れていくことを中心とした都市交通体系とし、その中心に、公共交通、自転車、徒歩を位置づける。都市の中の様々な移動空間においても、速い移動が優先されることを可能な限り避ける。都市の中心部の街路空間を運行する公共交通は、路面電車を筆頭に、都市の余韻を十分に享受できるよう、積極的に速度を落としていくなど、工夫を前向きに取り入れる。都市の内部では、第一に、急がないことが尊重されるようにする。

・移動需要が時空間的に過度に集中し、公共交通での移動が不快になることを避ける。利用者の過度な集中のための施設や車両の投資を減らしていくことが、安全で時間に正確な公共交通のサービスの質の保持に貢献し得ることを認識し、ダイナミックプライシングなどの運賃設定の工夫とともに、移動需要の発生源となる都市全体での空間構成を十分に見直していく。余韻都市では、様々な余裕やゆとりが時空間上に用意され、ニューローカルのスタイルが確立されるので、過度で不快になるほどの需要の集中は回避できる。

・施設や車両の設計においても、集中する需要を捌くために、座る場所を減らすことや、移動に困難を有する人たちへの配慮が後回しになることを避けなければならない。あらゆる人が様々な場面で余韻都市の価値を享受できる、そのようなニューローカルのスタイルを公共交通が支えていくことで、公共交通も支えられていく。

三年間の研究プロジェクトで学んだ成果をもとに、本書の各章での著者たちの主張をもとに、以上のように骨子をまとめた。平均通勤時間が一時間もかかるような大都市を想定はしていないものの、小さな基本単位を組み合わせて全体として大きな都市をかたちづくることは十分にあり得る。そういう発想も込みで、前述のような原則論で、それぞれの都市のありよう、公共交通のありようを見直していくこと、この大筋に沿った、小規模な実証実験、それを積み重ねての都市の改革が進むことを強く望む。

あとがき

ようやく本書のゴールがみえてきた。一年前に国際交通安全学会向けの出版およびシンポジウム実施のプロジェクト申請書を書きながら、目の前には不確実なことが山ほどあり、そして不確定なことも多々ある状況で、果たして本当に出版できるのだろうか、シンポジウムなど開催できるのだろうか、不安に満ち溢れていた。それでも、三年間、多くの先生方とともに勉強してきたことは、残るかたちでまとめておきたいし、学びを通して得たことを社会に対して発信することが使命だという思いからスタートさせた。

実際にプロジェクトがスタートしてからは、プロジェクトのメンバーの先生方や学会事務局の皆さんに励まされて、また、それぞれご多忙の中、きわめて精力的かつ迅速に執筆の対応をいただいた。一冊の本の中に三つの座談会があるような企画の構成は初めてで、そもそも編著作業自体きわめて久しぶりな中、一冊の本としてのまとまり、主張をどれだけ打ち出せるか、手探りで進めていった。

プロジェクトの三年目に、世の中はいわゆるパンデミック状態になり、社会経済活動が麻痺しはじめた。その中で、交通にかかる問題も多く顕在化してきた。在宅勤務やテレワークが浸透し、人々の移動やその価値観も変化していった。そんな中、海外の先進都市では、徒歩や自転車の利用のさらなる推奨、路面電車や地下鉄などのいわゆる公共交通の事業支援が大々的に進んだ例がある。その一方で、我が国では、歩行者専用時間規制（歩行者天国）の運用中止、鉄道やバスの減便などが起きている面もある。

筆者は、パンデミックになってから、いくつかの講演では、①混雑を前提としないかたちで公共交通を支え、②徒歩や自転車の利用をより促すべく道路空間の運用を見直し、③近距離の多様な移動の潜在需要を、マイクロツーリズムのように顕在化させ、④必ずしも習慣的ではない普段行きなれない場所への移動の支援としてＭａａＳを活用する、というような提言をしていた。さらに、長期的には、ピークを減らしつつ都市の活力を持続させる政策が必要との思いから、現在では、「ピークレスな街づくり」と名付けて、推進することに意義があるという考え方を具現化するべく、東京大学の「三井不動産東大ラボ」にて、今も研究を続けている。

公共交通の危機については、同じ分野の多くの研究者が、より具体的な提案を発信し、書籍の出版もシンポジウムやセミナーの開催も多くなっている。本書は、サブタイトルに、「ニューローカルと公共交通」とつけているが、危機に対応するための公共交通にかかる国あるいは地方自治体の政策制度や、事業の工夫などについての議論は、プロジェクトの中でもそれほど行ってきていないし、本書の中でも多くは述べていない。むしろ、より幅広い立場で、前提となる都市のあり方、都市のあり方とつなげたかたちでの公共交通の位置づけの仕方、その考え方について、多くの先生方と議論をした結果をまとめ、「余韻」というキーワードを前面に、これからの方向のひとつを示した本になっている。編集を終えて、全体を通して、この点はなんとか仕上げられたと思っている。

とはいえ、まだまだ不十分な点もあるかもしれないし、ましてや、完成形のない都市の永遠に続く変化の中で、つねに課題やその構造も変化を続け、我々は必ずしも追いついていないかもしれない。それでも、これからの都市にかかわって生きていく各位にとって、本書から少しでもなにかのヒントを得ていただければ、編者として、このうえない幸せである。

執筆者紹介

中村 文彦

東京大学大学院新領域創成科学研究科特任教授、東京大学卒業後、同大学で工学博士取得、東京大学助手、横浜国立大学教授等を経て二〇二一年より現職。一般社団法人JCoMaaS代表理事。国土交通省交通政策審議会地域公共交通部会長。専門は、都市工学、都市交通計画、公共交通政策、モビリティ・デザイン。

猪井 博登

富山大学学術研究部都市デザイン学系准教授、博士（工学）（大阪大学）。二〇〇四年大阪大学大学院工学研究科土木工学専攻博士後期課程単位取得満期退学、大阪大学大学院助教を経て、二〇一八年より現職。専門は交通計画、住民参加。著書（執筆分担）に『緑の交通政策と市民参加――新たな交通価値の実現に向けて』（大阪大学出版会）『コミュニティ交通のつくりかた――現場が教える成功のしくみ』（学芸出版社）など。

岡田 潤

東京大学大学院新領域創成科学研究科社会文化環境学専攻出口敦研究室博士課程一年、修士（環境学）。二〇一九年東京大学工学部都市工学科卒業。二〇二一年東京大学大学院新領域創成科学研究科社会文化環境学専攻修了。

川端 祐一郎

京都大学大学院工学研究科助教。筑波大学（政治学専攻）卒業、京都大学大学院博士課程（都市社会工学専攻）修了、博士（工学）。日本郵政公社、郵便事業株式会社、日本郵便株式会社を経て二〇一七年より現職。専門は合意形成、交通行動、インフラ政策論。隔月刊言論誌『表現者クライテリオン』編集委員。

白石 真澄

関西大学政策創造学部教授。一九八五年関西大学工学研究科（建築計画学）修士課程修了、㈱ニッセイ基礎研究所、東洋大学を経て現職。専門は「少子・高齢化と地域システム」。著書に『バリアフリーのまちづくり』（日本経済新聞社）、『福祉の仕事』（共著、日経事業出版）、『分権型社会をつくる』（共著、ぎょうせい）など。

蒋 夢予

東京大学大学院新領域創成科学研究科社会文化環境学専攻博士課程、出口敦研究室所属。二〇一八年東京大学大学院新領域創成科学研究科修士課程修了（環境学）。

出口 敦

東京大学大学院新領域創成科学研究科教授、一九九〇年東京大学大学院工学系研究科博士課程修了（工学博士）。東京大学助手、九州大学助教授、教授を経て、二〇一一年より現職。専門分野は都市計画学、都市デザイン学。柏の葉アーバンデザインセンター（UDCK）センター長、一般社団法人UDCイニシアチブ代表理事を務める。

土井 健司

大阪大学大学院工学研究科地球総合工学専攻教授、工学博士。名古屋大学大学院工学研究科博士課程修了後、同大学助手、東京工業大学情報理工学研究科助教授、香川大学工学部教授などを経て、二〇一二年より現職。人に寄り添うモビリティシステム、都市交通政策デザイン、AIと人間との協働を専門とする。

中野 卓

国土交通省住宅局住宅政策課係長および国立研究開発法人建築研究所客員研究員、博士（環境学）。東京大学新領域創成科学研究科特任研究員、建築研究所研究員を経て現職。二〇二〇年日本都市計画学会優秀論文賞を受賞。専門は都市計画、社会調査。

藤井 聡

京都大学大学院工学研究科教授、京都大学レジリエンス実践ユニット長。京都大学卒業後、同大学で博士（工学）取得、東京工業大学教授等を経て二〇〇九年より現職。二〇一二年から二〇一八年まで安倍内閣内閣官房参与（防災減災ニューディール担当）。専門は公共政策論。日本学術振興会賞等受賞多数。『表現者クライテリオン』編集長。

松村 みち子

タウンクリエイター代表、博士（工学）。横浜国立大学大学院都市イノベーション学府博士課程修了。「たまごの割れない道づくり」（座長）で二〇〇〇年度グッドデザイン賞受賞、二〇〇七年から二〇二一年（一社）全国道路標識・標示業協会副会長、道路審議会専門委員ほか、著書（執筆分担）に『交通安全と街づくり』（勁草書房）『駐車場からのまちづくり』（学芸出版社）など。

三浦 詩乃

東京大学大学院新領域創成科学研究科特任助教、国際交通安全学会特別研究員、博士（環境学）。専門は公共空間のデザイン・マネジメント。国土交通省都市の多様性とイノベーションの創出に関する懇談会コア委員など、人間中心の街路施策への提言を行う。編著に『ストリートデザイン・マネジメント――公共空間を活用する制度・組織・プロセス』（学芸出版社）など。

吉田 長裕

大阪市立大学大学院工学研究科准教授、博士（工学）（大阪市立大学）。二〇〇〇年大阪市立大学大学院工学研究科土木工学専攻後期博士課程単位修得退学、大阪市立大学助手、講師を経て、二〇一三年より現職。専門は交通環境工学、都市交通計画。歩行者や自転車交通に関わるまちづくりとその空間設計に関する研究に従事。

吉見 俊哉

東京大学教授、東京大学出版会理事長。東京大学大学院社会学研究科単位取得退学。専門は社会学・文化研究・メディア研究。上演論的視座から都市論・メディア論を展開、日本の文化研究で中心的役割を果たす。著書に『都市のドラマトゥルギー』『博覧会の政治学』『万博と戦後日本』『夢の原子力』『視覚都市の地政学』『五輪と戦後』『東京復興ならず』など多数。

余韻都市《よいんとし》
ニューローカルと公共交通《こうきょうこうつう》

2022年3月15日　第1刷発行

編著者　中村文彦《なかむらふみひこ》
国際交通安全学会《こくさいこうつうあんぜんがっかい》
都市の文化的創造的機能を支える公共交通のあり方研究会

発行者　坪内文生
発行所　鹿島出版会　〒104-0028　東京都中央区八重洲2-5-14
電話　03-6200-5200　振替　00160-2-180883

装幀・組版　北田雄一郎
印刷・製本　壮光舎印刷

ISBN 978-4-306-07360-9 C3052

URL: https://www.kajima-publishing.co.jp/
e-mail: info@kajima-publishing.co.jp